U0793659

工业机器人技术及应用

广东汇邦智能装备有限公司　组　编

主　编　陈　乾　刘静文　李志卿

副主编　钟启东　禹　华　刘　叶

参　编　冉鹏峰　任建坤　王　凯

　　　　熊海林　虞同恩

主　审　王少华

机械工业出版社

CHINA MACHINE PRESS

本书是根据工业机器人应用岗位的基础技能要求与工业机器人相关职业技能等级认定所需知识来编写的。全书以 ABB 工业机器人为研究对象，通过企业中常用的应用案例和工业机器人技术岗位技能要求，介绍了工业机器人的基本知识、工业机器人操作及简单编程。全书共有 20 个学习任务，每个任务都是根据企业需求设计的，并配有实操演示视频。本书还配有学习资源包和教学资源包。学习资源包中配备有 ABB 离线仿真软件 RobotStudio 6.08 和任务工作站源文件以及实操视频。教学资源包中包含 PPT 课件、课程标准、教案、试卷等资源，方便教师在教学中使用。

本书可作为应用型本科、高职高专、技师学院等院校机器人工程、工业机器人技术、工业机器人应用与维护等相关专业的教材，也可供从事工业机器人相关工作的工程技术人员学习参考。

图书在版编目（CIP）数据

工业机器人技术及应用/陈乾，刘静文，李志卿主编. —北京：机械工业出版社，2024.7（2025.7重印）

ISBN 978-7-111-75829-7

Ⅰ. ①工…　Ⅱ. ①陈…　②刘…　③李…　Ⅲ. ①工业机器人　Ⅳ. ①TP242.2

中国国家版本馆 CIP 数据核字（2024）第 098900 号

机械工业出版社（北京市百万庄大街22号　邮政编码100037）
策划编辑：王振国　　　　　责任编辑：王振国
责任校对：龚思文　张亚楠　　封面设计：马若濛
责任印制：李　昂
北京联兴盛业印刷股份有限公司印刷
2025年7月第1版第3次印刷
184mm×260mm・9.25印张・243千字
标准书号：ISBN 978-7-111-75829-7
定价：49.80 元

电话服务	网络服务
客服电话：010-88361066	机　工　官　网：www.cmpbook.com
010-88379833	机　工　官　博：weibo.com/cmp1952
010-68326294	金　　书　　网：www.golden-book.com
封底无防伪标均为盗版	机工教育服务网：www.cmpedu.com

前言

工业机器人是打造自动化生产线、智能制造车间、数字化工厂、智能工厂的重要基础装备之一。高端制造需要工业机器人，产业转型升级也离不开工业机器人。但目前我国工业机器人技术应用人才缺口达到20万人以上，并且还在以每年20%~30%的速度递增。面对企业对工业机器人人才需求的不断增加，广东汇邦智能装备有限公司结合工业机器人技术岗位的技能需求，联合湖南省汽车技师学院共同开发编写了这本工业机器人技术及应用教材，致力于培养能适应工业机器人技术岗位生产、建设、管理、服务等一线需要的高素质技术技能人才。

本书以ABB工业机器人为研究对象，配套使用的仿真软件版本为RobotStudio 6.08。本书针对工业机器人基础知识、应用领域与基本操作编程等内容进行详细讲解，并为每个任务配备了实操演示视频。读者可以通过视频中的演示跟着学，轻松上手，然后在仿真软件中可以对自己的任务进行仿真运行，解决了学习难、操作编程不当等问题。全书采用任务驱动形式编排，适合职业院校学生技能人才培养的模式，更加方便学生的学习及教师的教学安排。

本书还配有学习资源包和教学资源包。学习资源包中配备有ABB离线仿真软件RobotStudio 6.08和任务工作站源文件以及实操视频。教学资源包中包含PPT课件、课程标准、教案、试卷等资源，方便教师在教学中使用。

本书由广东汇邦智能装备有限公司和湖南省汽车技师学院校企合作联合编写，陈乾、刘静文、李志卿担任主编，钟启东、禹华、刘叶担任副主编，冉鹏峰、任建坤、王凯、熊海林、虞同恩参与编写。同时，湖南生物机电职业技术学院王少华教授对本书进行了审稿工作，在此表示衷心的感谢！

由于编者水平有限，书中难免存在错误和不足之处，欢迎读者提出宝贵的意见和建议。

编　者

目　录

前言

任务一　认识工业 4.0 与智能制造 …… 1

任务二　认识机器人 …… 8

任务三　国内外工业机器人的发展与品牌 …… 12

任务四　工业机器人的分类 …… 20

任务五　工业机器人本体 …… 28

任务六　工业机器人控制系统 …… 35

任务七　工业机器人示教器 …… 39

任务八　工业机器人的技术参数与选型 …… 44

任务九　焊接机器人 …… 50

任务十　喷涂机器人 …… 56

任务十一　码垛机器人 …… 61

任务十二　搬运机器人 …… 66

任务十三　装配机器人 …… 70

任务十四　机器人仿真系统 …… 76

任务十五　机器人仿真工作站的建立 …… 83

任务十六　机器人的手动操作 …… 89

任务十七 机器人程序的建立 96
任务十八 机器人轨迹编程 103
任务十九 机器人搬运工作站编程 118
任务二十 工业机器人应用岗位与发展前景 136
参考文献 142

任务一 认识工业 4.0 与智能制造

扫码看视频

任务目标

1. 知识目标
（1）掌握工业 4.0 的含义及特点。
（2）掌握工业 4.0 的九大技术支柱。
（3）掌握智能制造的含义。
2. 技能目标
（1）查阅、研读有关智能制造的学习资料。
（2）交流讨论对智能制造发展的认识与看法。
3. 素质目标
（1）培养与时俱进的工业发展意识。
（2）保持对中国智能制造发展的关注。

任务布置

通过教材，了解工业 4.0 的含义及特点、九大技术支柱，以及智能制造的含义，通过互联网查找国内外关于智能制造的一些先进应用案例，并完成练习题。

任务分析

了解从工业萌芽发展到智能制造过程中的趣事，查阅、研读有关智能制造的学习资料，思考研读中遇到的问题，加深对智能制造的认识。

相关知识

工业革命又叫产业革命，它会在生产领域和社会关系上引起根本性变化。工业革命不仅是一次技术革命，也是一场深刻的社会变革，对我们人类社会的各方面都产生了极其深远的影响。到现在为止，工业发展经历了三次革命性的阶段，今天我们正在经历第四次工业革命。

一、工业 4.0 概述

1. 什么是工业 4.0

（1）从工业 1.0 到工业 4.0 的发展历程

1）工业 1.0。18 世纪 60 年代，英国蒸汽机开始被广泛应用。随着蒸汽驱动的机械制造设备的出现，工业生产方式实现了机械化，人类进入了“蒸汽时代”，这是第一次工业革命，也被称为工业 1.0。工业 1.0 以蒸汽机为标志，用蒸汽动力驱动机器取代人力，从此，手工业从农业中分离出来，正式进化为工业。

2）工业 2.0。从 19 世纪 70 年代开始，随着电力的发明和使用，以及内燃机、新交通工具和新通信方式的出现，特别是新能源电力的广泛应用，使工业生产方式实现了电气化，人类进入了“电气时代”，这是第二次工业革命，也被称为工业 2.0。工业 2.0 以电力的广泛应用为标志，用电力驱动机器取代蒸汽动力，从此，零部件生产与产品装配实现分工，工业进入大规模生产时代。

3）工业 3.0。20 世纪四五十年代以来，在原子能、电子计算机、微电子技术、航天技术、分子生物学和遗传工程等领域取得重大突破，特别是电子计算机的迅速发展和广泛应用，使工业生产方式实现了自动化，标志着人类开始进入“自动化时代”，这是第三次工业革命，也被称为工业 3.0。工业 3.0 以 PLC（可编程逻辑控制器）和 PC（电子计算机）的应用为标志，从此，机器不但接管了人的大部分体力劳动，同时也接管了一部分脑力劳动，工业生产能力也自此超越了人类的消费能力，人类进入了产能过剩时代。

4）工业 4.0。从现阶段开始，基于物联信息融合系统，将生产中的供应、制造、销售信息数据化和智能化，新能源、新材料、新环境、新生物科技不断出现和应用，工业生产方式将向着智能化前进，人类开始进入以“智能制造”为核心的“绿色工业时代”。这将是第四次工业革命，也被称为工业 4.0。工业 4.0 以智能制造为主导，运用信息物理系统，实现生产方式的现代化。简而言之，工业 4.0 就是“互联网+制造”。

（2）工业 4.0 的概念　德国政府首先提出“工业 4.0”战略，并在 2013 年 4 月的汉诺威工业博览会上正式推出，其目的是为了提高德国工业的竞争力，使德国在新一轮工业革命中占领先机。而这一概念，在美国叫“工业互联网”，我国叫“中国制造 2025”，这三者本质内容是一致的，都指向一个核心，就是智能制造。

工业 4.0 的概念包含了由集中式控制向分散式增强型控制的基本模式转变，目标是建立一个高度灵活的个性化和数字化的产品与服务的生产模式。工业 4.0 主要包括以下内容：

1）智能工厂：重点研究智能化生产系统及过程，以及网络化分布式生产设施的实现。工业 4.0 智能工厂如图 1-1 所示。

图 1-1　工业 4.0 智能工厂

2）智能生产：主要涉及整个企业的生产物流管理、人机互动以及 3D 技术在工业生产过程中的应用等。

3）智能物流：主要通过互联网、物联网、物流网，整合物流资源，充分发挥现有物流资源供应方的效率，而需求方则能够快速获得服务匹配，得到物流支持。

2. 工业 4.0 的主要特点

（1）互联　工业 4.0 的核心是连接，要把设备、生产线、工厂、供应商、产品和客户紧密地联系在一起。

（2）数据　工业 4.0 连接产品数据、设备数据、研发数据、工业链数据、运营数据、管理数据、销售数据、消费者数据。

（3）集成　工业 4.0 将无处不在的传感器、嵌入式终端系统、智能控制系统、通信设施通过信息物理系统形成一个智能网络，使人与人、人与机器、机器与机器、服务与服务之间能够形成一个互联，从而实现横向、纵向和端到端的高度集成。

（4）创新　工业4.0的实施过程是制造业创新发展的过程，制造技术、产品、模式、业态、组织等方面的创新将会层出不穷，从技术创新到产品创新，到模式创新再到业态创新，最后到组织创新。

（5）转型　对于中国的传统制造业而言，转型实际上是从传统的工厂（如2.0、3.0的工厂）转型到4.0的工厂，在整个生产形态上从大规模生产转向个性化定制，从而使整个生产的过程更加柔性化、个性化、定制化。

3. 工业4.0的九大技术支柱

工业4.0九大技术支柱中的很多技术其实已经应用在制造业中，但工业4.0将这些技术整合到一起，使其成为完整的生产流程，这将改变供应商、制造商和消费者之间的关系，以及人与机器之间的关系。工业4.0的九大技术支柱如图1-2所示。

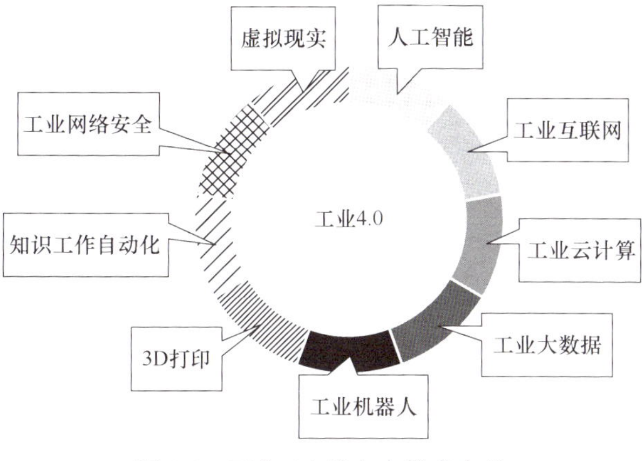

图1-2　工业4.0的九大技术支柱

（1）工业互联网　随着互联网时代的到来，越来越多的设备，甚至包括一些半成品，都将装备嵌入式计算技术，并通过标准技术实现互联。届时，身处不同地理位置的产品设备将能进行互动和沟通，并由中央处理器集中控制。互联网将实现决策的中心化，互联设备能进行自动分析和决策，对环境变化进行实时反应。

（2）工业云计算　随着工业4.0的到来，越来越多与生产相关的任务需要更多的跨地域和跨公司的数据分享。与此同时，云技术的性能也会不断增强，使反应速度达到几毫秒。机器数据和功能将逐渐迁移到云端，越来越多的生产系统数据服务也会应运而生。未来，检测和控制生产流程的系统也会搬到云端。一些制造执行系统供应商已经开始提供云端服务解决方案。

（3）工业大数据　在制造业领域，基于海量数据的分析方兴未艾，但它已经能帮助企业优化生产质量、节省能源并改进设备服务。在工业4.0的环境下，对不同数据源（生产设备和系统，以及企业和客户管理系统等）的大数据进行收集和分析将成为未来企业进行实时决策的标准配备。

（4）工业机器人　很多行业制造商已经广泛采用机器人完成复杂的生产任务，但未来的机器人技术将更加强大，机器人也将更加灵活且智能。最终，这些机器人之间不但可以互通互联，更可以安全地与人类一起工作，甚至从人类身上学习新的技能。这些新机器人不但在性能上远超今天的工业机器人，更大大降低了成本。

（5）3D打印　3D打印是制造史上最大的技术突破。3D打印在美国、德国有很多新的技术突破，可以看到3D打印的衣服、汽车甚至心脏支架。

（6）知识工作自动化　在过去，我们讲究生产流程的标准化、生产设备的自动化。其实，未来社会是一个知识工作者联合作战的时代，知识工作者的工作会变得更加自动化，这是一个数万亿的新市场。工业时代的管理模式、大师、理论在互联网时代大部分都将不复存在，针对互联网的管理模式尚未形成。知识工作者的形态、标准还未形成。

（7）工业网络安全　在服务业的网络安全领域，现在有企业级的网络安全服务，具有一定的防范和安全指数。但是在工业领域，过去的数据基于PC和PC的互联，那么未来将是机器和机器互联，数据保存在云端，数据的安全性变得至关重要。所以，工业网络安全在工业4.0技术里面非常重要，工业网络安全服务也是近些年来中国增长最快的一类服务。

（8）虚拟现实　在工程设计领域，不少公司都采用了3D模拟技术来设计产品的结构和材料。未来，模拟技术将在工厂运营中扩展到更广的范围。人们可以用实时数据来模仿包括机器、产品和人在内的物理世界，例如将新产品放入虚拟生产环境中，在进行实际生产前对这些新产品进行测试和优化，从而减少设备装配调试的时间并提高产品质量。

（9）人工智能　在未来的工业4.0时代，软件决定一切，软件定义机器。所有的工厂都是软件企业，也都是数据企业，所有工业软件在工业4.0时代是至关重要的，所以说软件定义一切。美国硅谷有一个未来学家预测，2045年机器的智能将超过人工。

二、智能制造

1. 智能制造的概念

智能制造（Intelligent Manufacturing，IM）是一种由智能机器和人类专家共同组成的人机一体化智能系统，它在制造过程中能进行智能活动，如分析、推理、判断、构思和决策等。通过人与智能机器的合作共事，去扩大、延伸和部分地取代人类专家在制造过程中的脑力劳动。它把制造自动化的概念更新，扩展到柔性化、智能化和高度集成化。

智能制造是工业4.0的核心，广域的智能制造概念包含五个方面，即生产方式智能化、服务智能化、产品智能化、装备智能化、管理智能化。未来的智能工厂中将是人与机器智能并存。

实现智能制造需跨越五个阶段，即从督导阶段到产供销阶段，到制造业价值链阶段，再到物联网阶段，最后到4.0阶段。

毫无疑问，智能化是制造自动化的发展方向，即在制造过程的各个环节几乎都广泛应用人工智能技术。专家系统技术可以用于工程设计、工艺过程设计、生产调度、故障诊断等。也可以将神经网络和模糊控制技术等先进的计算机智能方法应用于产品配方、生产调度等，实现制造过程智能化。而人工智能技术尤其适合于解决特别复杂和不确定的问题。

2. 我国智能制造的发展现状

随着生产成本的不断上升，我国传统制造业的优势不断削弱，过去制造业是依靠发达国家来拉动，现在这种局面正在发生着改变。如何实现从制造向创造的转变，将长期成为我国制造业内思考的问题。然而智能制造对于我国制造业来说是个发展的好机会，应该把握好这次机遇，从而提升我国制造业综合水平，脱离低效率和高消耗的困境。

实际上，我国早期也对智能制造进行了初步的研究，早在1993年，就对智能制造系统关键技术进行了探讨研究。最近这几年政府和企业更加注重智能制造的发展，国家持续颁布了一些政策推动智能制造的发展，如《“十四五”智能制造发展规划》。当前，我国已具备发展智能制造的基础与条件：

1）我国已经取得了一大批相关的基础研究成果，掌握了长期制约我国产业发展的部分智能制造技术，如机器人技术、感知技术、复杂制造系统、智能信息处理技术等。以新型传感器、智能控制系统、工业机器人、自动化成套生产线为代表的智能制造装备产业体系初步形成。

2）我国制造业数字化具备一定的基础。目前规模以上工业企业在研发设计方面应用数字化工具普及率已经达到54%，生产线上数控装备比重已经达到30%。

然而，与发达国家相比，我国还有一定差距，主要体现在以下几个方面：

1）技术水平。目前，发达国家在智能制造技术方面已经非常成熟，而我国在某些领域还需要进一步研发和突破。

2）数字化程度。发达国家在数字化制造方面应用已经非常广泛，而我国在数字化制造方面还需要提高数字化程度，以实现生产过程的全面数字化。

3）智能化水平。发达国家已经开始向智能化制造方向发展，而我国还需要加强智能化制造技术的研发和应用，提高生产效率和产品质量。

4）人才储备。智能制造需要大量高素质的人才支持，而我国在智能制造方面的人才储备相对较少，需要加强人才培养和引进。

但是，随着我国政府对智能制造的重视和支持，以及企业不断加大投入和创新力度，相信差距会逐渐缩小。同时，我国在智能制造方面也拥有一些优势，如市场规模大、劳动力成本低等，这些优势也将为我国智能制造的发展提供有力支持。

3. 我国智能制造的未来发展趋势

就目前来看，国内现阶段智能制造的发展主要涉及以下几个方向：

（1）工业体系的转型　在“互联网+”背景下的制造业正在急速变化，智能制造表现为产品更新换代加快、设计周期减少、生产效率提高。在这种趋势的推动下，中国传统的工业体系会向智能的工业体系转型。

（2）制造业服务化　在信息时代，企业和用户是通过产品和服务建立关系的。服务融合在制造业的各个环节，有利于提升价值链。

（3）智能制造装备　企业需求具有感知、分析、控制等多种功能的智能装备，包括高档数控机床、智能控制系统、智能仪器设备、智能工业机器人等。

当前，国内急需促进传统制造业的结构调整和优化升级，从而提升我国经济在全球竞争中的地位。在信息时代我国应把握住这次发展时机，在“互联网+”和大数据的驱动下，实现“中国制造”向“中国智造”的转型。

智能制造推动企业转型升级，先进制造技术的加速融合使得制造业的设计、生产、管理、服务各个环节日趋智能化，智能制造正在引领制造企业全流程的价值最大化。归纳来看，智能制造至少能从以下6个方面推动企业转型升级：

（1）智能设计　指应用智能化的设计手段及先进的设计信息化系统（CAX、网络化协同设计、设计知识库等），支持企业产品研发设计过程各个环节的智能化提升和优化运行。例如，实践中，建模与仿真已广泛应用于产品设计，新产品进入市场的时间实现大幅压缩。

（2）智能产品　在智能产品领域，互联网技术、人工智能、数字化技术嵌入传统产品设计，使产品逐步成为互联网化的智能终端。例如将传感器、存储器、传输器、处理器等设备装入到产品当中，使生产出的产品具有动态存储、通信与分析能力，从而使产品具有可追溯、可追踪、可定位的特性，同时还能广泛采集消费者个体对创新产品设计的个性化需求，令智能产品更加具有市场活力。

（3）智能装备　智能制造模式下的工业生产装备需要与信息技术和人工智能等技术进行集成与融合，从而使传统生产装备具有感知、学习、分析与执行能力。生产企业在装备智能化转型过程中可以从单机智能化或者单机装备互联形成智能生产线或者智能车间两方面着手。但是值得注意的是，单纯地将生产装备智能化还不能算真正意义上的装备智能化，只有将市场和消费者需求融入装备升级改造中，才算真正实现全产业链装备智能化。

（4）智能生产、个性化定制　在传统工业时代，产品的价值与价格完全由生产厂商主导，厂家生产什么，消费者就只能购买什么，生产的主动权完全由厂家掌控。而在智能制造时代，产品的生产方式不再是生产驱动，而是用户驱动，即生产智能化可以完全满足消费者的个性化定制需求，产品价值与定价不再是企业一家独大，而是由消费者需求决定。

（5）智能管理　随着大数据、云计算等互

联网技术、移动通信技术以及智能设备的成熟，管理智能化也成为可能。在整个智能制造系统中，企业管理者使用物联网、互联网等实现智能生产的横向集成，再利用移动通信技术与智能设备实现整个智能生产价值链的数字化集成，从而形成完整的智能管理系统。此外，生产企业使用大数据或者云计算等技术可以提高企业搜集数据的准确性与及时性，使智能管理更加高效与科学。

（6）智能服务　智能服务作为智能制造系统的末端组成部分，起到连接消费者与生产企业之间的作用。服务智能化最终体现在线上与线下的融合服务，即一方面生产企业通过智能化生产不断拓展其业务范围与市场影响力，另一方面生产企业通过互联网技术、移动通信技术将消费者连接到企业生产当中，通过消费者的不断反馈与意见，提升产品服务质量，提高客户体验度。

智能服务强调知识性、系统性和集成性，强调以人为本的精神，为客户提供主动、在线、全球化的服务。它采用智能技术提高服务、环境感知、服务规划、决策、控制水平，提升服务质量，扩展服务内容，促进现代制造服务业这一新业态的不断发展和壮大。

智能制造可实现整个制造业价值链的智能化，而工业互联网是实现智能制造的关键基础设施，在智能制造发展的大势所趋下，制造企业应凭借自身在核心技术领域的实力，加快建设智慧物联平台，着力提升产品智能化生产水平、制造质量和整体运营效率，逐步实现“机器换人”“软件换人”“智能运营”阶段目标，推动企业转型升级。

智能制造已成为我国建设制造强国的主攻方向，加快发展智能制造解决方案是推动中国制造迈向高质量发展、形成国际竞争新优势的必由之路。中国制造企业必须通过数字化转型提升产品创新与管理能力，提质增效，从而赢得竞争优势，实现“制造”向“智造”的转变。

任务总结

1）工业 4.0 以智能制造为主导，运用信息物理系统，实现生产方式的现代化。简而言之，工业 4.0 就是“互联网＋制造”。

2）智能制造是一种由智能机器和人类专家共同组成的人机一体化智能系统，它在制造过程中能进行智能活动，如分析、推理、判断、构思和决策等。

任务评价

任务评价见表 1-1。

表 1-1　任务评价表

评价内容	评价标准	配分	得分
工业 4.0 的含义与特点	掌握工业 4.0 的含义及 5 个主要特点（互联、数据、集成、创新、转型）	30	
工业 4.0 的九大技术支柱	掌握工业 4.0 的九大技术支柱，了解其相关内容	20	
智能制造的含义	掌握智能制造的含义，知道其是工业 4.0 的核心	30	
智能制造的发展趋势	了解我国智能制造的未来发展趋势	20	

每课寄语

智能制造，引领未来。

拓展练习

一、填空题

1. 工业 4.0 即是以____________为主导的第四次工业革命，它运用信息物理系统，实现生产方式的现代化。简而言之，工业 4.0 就是“__________”。

2. 广域的智能制造概念包含五个方面，即__________、服务智能化、__________、装备智能化、__________。

3. 智能制造是一种由____________和____________共同组成的人机一体化智能系统。

二、选择题

1. 工业 4.0 的主要特点是（　　）。

①互联　②数据　③集成　④创新　⑤转型

A. ①②　　B. ③④

C. ①②④⑤　　D. ①②③④⑤

2. 工业 4.0 的核心是（　　）。

A. 智能制造　　B. 人工制造

C. 工业制造　　D. 农业制造

三、问答题

1. 简述四次工业革命分别使工业生产方式发生了什么变化。

2. 工业 4.0 的九大技术支柱是什么？

3. 简述工业 4.0 的主要特点。

4. 简述我国智能制造的未来发展趋势。

任务二　认识机器人

扫码看视频

任务目标

1. 知识目标

（1）了解机器人名称的来源。

（2）了解机器人三定律。

（3）了解国内外对机器人的定义。

2. 技能目标

（1）认知机器人的定义。

（2）查阅、研读有关机器人的学习资料。

3. 素质目标

（1）养成对科技发展探索的意识。

（2）形成不断学习、持续进步的习惯。

任务布置

查看各种机器人的图片，并讲述机器人名称的来源、机器人三定律，以及国内外对机器人的定义，查阅、研读有关机器人的学习资料，获得相应成果并完成练习题。

任务分析

了解机器人发展过程中的趣事，查阅、研读有关机器人的学习资料，思考研读中遇到的问题，加深对机器人的认识。

相关知识

在科技界，科学家会给每一个科技术语一个明确的定义，但对机器人的定义仍然仁者见仁、智者见智，没有一个统一的意见。原因之一是机器人还在发展，新的机型、新的功能不断涌现，领域不断扩展。但根本原因主要是机器人涉及了人的概念，对它的定义成为一个难以回答的哲学问题。就像机器人一词最早诞生于科幻小说之中一样，人们对机器人充满了幻想。也许正是由于机器人定义的模糊，才给了人们充分的想象和创造空间。科幻作品中的智能机器人如图 2-1 所示。

图 2-1　科幻作品中的智能机器人

一、机器人名称的来源

1920 年，捷克作家卡雷尔·卡佩克发表了科幻剧本《罗萨姆的万能机器人》，在该剧本中，卡佩克把捷克语“Robota”写成了“Robot”，“Robota”是奴隶的意思。该剧预告了机器人的发展对人类社会的悲剧性影响，引起了大家的广泛关注，被当成了机器人一词的起源。在该剧中，机器人按照其主人的命令默默地工作，没有感觉和感情，以呆板的方式从事繁重的劳动。后来，罗萨姆公司取得了成功，使机器人具有了感情，导致机器人的应用部门迅速增加。在工厂和家务劳动中，机器人成了必不可少的成员。机器人发觉人类十分自私和不公正，终于造反了，机器人的体能和智能都非常优异，因此消灭了人类。但是机器人不知道如何制造它们自己，认为它们自己很快就会灭绝，所以它们开始寻找人类的幸存者，但没有结果。最后，一对感知能力优于其他机器人的男女机器人相爱了。这时机器人进化为人类，世界又起死回生了。

二、机器人三定律

卡佩克提出的是机器人的安全、感知和自我繁殖问题。科学技术的进步很可能引发人类不希望出现的问题。虽然科幻世界只是一种想象，但人类社会将可能面临这种现实。

目前关于对机器人行为的描述中，以科幻小说家以撒·艾西莫夫在小说《我，机器人》中所订立的机器人三定律最为著名。艾西莫夫为机器人提出的三条“定律”（Law），程序上规定所有机器人必须遵守：

1）机器人不得伤害人类，且确保人类不受伤害。

2）在不违背第一法则的前提下，机器人必须服从人类的命令。

3）在不违背第一及第二法则的前提下，机器人必须保护自己。

订立机器人三定律的目的是保护人类不受伤害，但艾西莫夫在小说中也探讨了在不违反三定律的前提下伤害人类的可能性，甚至在小说中不断地挑战这三定律，在看起来完美的定律中找到许多漏洞。在现实中，机器人三定律成为机械伦理学的基础，机器人学术界一直将这三条定律作为机器人开发的准则。

三、国内对机器人的定义

我国科学家对机器人的定义是：“机器人是一种自动化的机器，所不同的是这种机器具备一些与人或生物相似的智能能力，如感知能力、规划能力、动作能力和协同能力，是一种具有高度灵活性的自动化机器”。

在研究和开发未知及不确定环境下作业的机器人的过程中，人们逐步认识到机器人技术的本质是感知、决策、行动和交互技术的结合。随着人们对机器人技术智能化本质认识的加深，机器人技术开始源源不断地向人类活动的各个领域渗透。

结合这些领域的应用特点，人们发展了各式各样的具有感知、决策、行动和交互能力的特种机器人和各种智能机器人，如移动机器人、微机器人、水下机器人（见图 2-2）、医疗机器人、军用机器人、空中空间机器人、娱乐机器人等。对不同任务和特殊环境的适应性，也是机器人与一般自动化装备的重要区别。

图 2-2　鳍源水下机器人

这些机器人从外观上已远远脱离了最初仿人型机器人和工业机器人所具有的形状，更加符合各种不同应用领域的特殊要求，其功能和智能程度也大大增强，从而为机器人技术开辟出更加广阔的发展空间。

四、国外对机器人的定义

1967 年，日本召开了第一届机器人学术会议，提出了两个有代表性的定义。一是森政弘与合田周平提出的：“机器人是一种具有移动性、个体性、智能性、通用性、半机械半人性、自动性、奴隶性 7 个特征的柔性机器。”从这一定义出发，森政弘又提出了用自动性、智能性、个体性、半机械半人性、作业性、通用性、信息性、柔性、有限性、移动性等 10 个特性来表示机器人的形象，如图 2-3 所示。

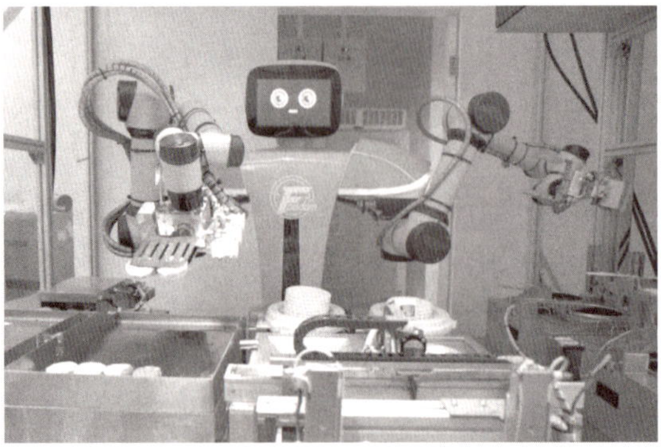

图 2-3　机器人餐厅

另一个是加藤一郎提出的，他认为具有如下 3 个条件的机器才能称为机器人：

1）具有脑、手、脚等三要素的个体。

2）具有非接触传感器（用眼、耳接收远方信息）和接触传感器。

3）具有平衡觉和固有觉的传感器。

该定义强调了机器人应当仿人的含义，即它靠手进行作业，靠脚实现移动，由脑来完成统一指挥的作用。非接触传感器和接触传感器相当于人的五官，使机器人能够识别外界环境。而平衡觉和固有觉则是机器人感知本身状态所不可缺少的传感器。这里描述的不是工业机器人而是自主机器人。

机器人的定义是多种多样的，其原因是它具有一定的模糊性。动物一般具有上述这些要素，所以在把机器人理解为仿人机器的同时，也可以广义地把机器人理解为仿动物的机器。

1988 年，法国的埃斯皮奥将机器人定义为“能根据传感器信息实现预先规划好的作业的系统”。

1987 年，国际标准化组织对工业机器人进行了定义：“工业机器人是一种具有自动控制的操作和移动功能，能完成各种作业的可编程操作机。”机器人车间如图 2-4 所示。

图 2-4　机器人车间

任务总结

机器人一词最早诞生于科幻剧本之中，因为机器人涉及了人的概念，人们对机器人充满了幻想。机器人自 20 世纪 60 年代初问世以来，经历了几十年的发展，新的机型、新的功能不断涌现，领域不断扩展。机器人是 20 世纪人类最伟大的发明之一。工业机器人不断走向成熟，各种用途的特种机器人开始实用化，昭示着机器人技术灿烂的明天。

任务评价

任务评价见表 2-1。

表 2-1　任务评价表

评价内容	评价标准	配分	得分
机器人名称的来源	知道机器人名称的起源	30	
机器人三定律	知道机器人三定律的内容，了解其订立的目的	30	

（续）

评价内容	评价标准	配分	得分
国内对机器人的定义	了解国内对机器人的定义	20	
国外对机器人的定义	了解国外对机器人的定义	20	

每课寄语

机器人领跑高效生产，信息化畅享制造未来。

拓展练习

一、填空题

1. 1920 年，捷克作家卡雷尔·卡佩克发表了科幻剧本__________。在该剧本中，卡佩克把捷克语“Robota”写成了“__________”。

2. 1967 年，日本召开了第一届机器人学术会议，森政弘与合田周平提出：“机器人是一种具有__________、__________、__________、__________、__________、__________、奴隶性 7 个特征的柔性机器。”

二、问答题

1. 著名的机器人三定律是什么？
2. 订立机器人三定律的目的是什么？

任务三　国内外工业机器人的发展与品牌

任务目标

1. 知识目标

（1）了解国内外工业机器人的发展。

（2）了解国外知名工业机器人品牌。

（3）了解国内知名工业机器人品牌。

2. 技能目标

（1）认知国内外知名工业机器人品牌。

（2）交流讨论国内外工业机器人的作用与差异。

3. 素质目标

（1）关注国内外工业机器人行业的高速发展。

（2）保持对工业机器人学习的兴趣。

（3）培养重视差距、迎难而上的精神。

任务布置

查看国内外知名机器人品牌的图片，了解国内外工业机器人的发展、国外知名工业机器人品牌、国内知名工业机器人品牌，查阅、研读有关机器人的学习资料，感受国内外工业机器人的作用与差异，并完成练习题。

任务分析

了解国内外机器人发展中的趣事，查阅、研读有关机器人的学习资料，思考研读中遇到的问题，加深对机器人发展的认识。

相关知识

一、国外工业机器人的发展

现代机器人的研究始于20世纪中期，其技术背景是计算机和自动化的发展，以及原子能的开发利用。自1946年第一台数字电子计算机问世以来，计算机取得了惊人的进步，向高速度、大容量、低价格的方向发展。大批量生产的迫切需求推动了自动化技术的进展，其结果之一便是1952年数控机床的诞生。与数控机床相关的控制、机械零件的研究又为机器人的开发奠定了基础。

另一方面，原子能实验室的恶劣环境要求某些操作机械代替人处理放射性物质。在这一需求背景下，美国原子能委员会的阿尔贡研究所于1947年开发了遥控机械手，1948年又开发了机械式的主从机械手。

1. 工业机器人在美国的发展

美国是机器人的诞生地，早在1962年就研制出世界上第一台工业机器人，比号称“机器人王国”的日本起步至少要早五六年。经过多年的发展，美国现已成为世界上的机器人强国之一，基础雄厚，技术先进。综观它的发展史，道路是曲折的、不平坦的。

（1）初期探索阶段（20世纪60年代—70年代）　在这个阶段，美国工业机器人技术还处于初级阶段，主要用于简单的重复性工作，如焊接、搬运等。这个时期的工业机器人主要基于示教编程的方式，需要工程师手动操作机器人进行示范，然后机器人按照示范的动作进行重复操作。

（2）技术突破阶段（20 世纪 80 年代—90 年代） 在这个阶段，随着计算机技术和传感器技术的不断发展，美国工业机器人技术取得了重大突破。工业机器人开始具备更高的灵活性和智能化水平，可以进行更复杂的操作，如装配、检测等。此外，随着机器视觉和人工智能技术的引入，工业机器人也开始具备自主决策和自适应能力。

（3）应用拓展阶段（21 世纪初至今） 在这个阶段，美国工业机器人的应用领域不断拓展，涉及汽车、电子、航空、医疗等多个领域。同时，随着机器人技术的不断进步和成本的降低，越来越多的中小型企业也开始使用工业机器人来提高生产效率和降低成本。

目前，美国工业机器人市场已经成为全球最大的工业机器人市场之一，其市场份额和技术水平均处于领先地位。未来，随着人工智能、物联网等技术的不断发展，美国工业机器人行业还将继续保持快速增长的态势，并为全球制造业的发展做出更大的贡献。

2. 工业机器人在日本的发展

工业机器人在日本的发展可以追溯到 20 世纪 70 年代。从那时起，随着日本对机器人需求的不断增加，以及人口老龄化和劳动力成本的不断提高，日本工业机器人技术得到了不断的创新和提升。

在 20 世纪 80 年代和 90 年代，日本工业机器人开始被广泛应用于汽车、电子和机械等行业。随着技术的不断发展，这些机器人不仅能够执行简单的重复性任务，还能够进行更复杂的操作，如装配、焊接、搬运等。

进入 21 世纪后，随着人工智能和工业自动化技术的快速发展，日本工业机器人也开始向智能化、自主化方向发展。许多日本企业开始研发具有自主学习和决策能力的机器人，以适应不断变化的市场需求和工作环境。

目前，日本已经成为全球最大的工业机器人生产国之一，其工业机器人技术已经处于世界领先地位。许多知名的工业机器人制造商，如发那科、安川电机等，都在日本设有研发中心和生产基地。

总的来说，工业机器人在日本的发展经历了从简单到复杂、从自动化到智能化的过程。随着技术的不断进步和应用领域的不断扩大，日本工业机器人的发展前景仍然非常广阔。

3. 工业机器人在德国的发展

工业机器人在德国的发展可以追溯到 20 世纪 70 年代，当时德国开始引进并生产工业机器人。随着技术的不断进步和应用领域的扩大，德国工业机器人的发展逐渐加速。

德国作为全球领先的工业制造业国家，对工业机器人的需求非常大。因此，德国政府和企业都非常重视工业机器人的研发和生产。在政府的支持下，德国的工业机器人技术得到了不断的创新和提升，企业也不断加大投入，推动工业机器人产业的快速发展。

在德国，工业机器人的应用领域非常广泛，涵盖了汽车、机械、电子、物流等多个行业。德国的工业机器人企业也具有较强的竞争力，其产品质量和性能得到了广泛的认可。同时，德国还积极开展与其他国家的合作，推动工业机器人技术的国际交流与合作。

目前，德国已经成为全球工业机器人产业的重要领导者之一，其工业机器人产量和销售额均居世界前列。在未来，随着工业 4.0 的深入推进和智能制造的快速发展，德国工业机器人产业仍有很大的发展空间和潜力。

总的来说，工业机器人在德国的发展得到了政府和企业的大力支持，其技术水平和应用领域不断扩大，为推动德国工业制造业的发展做出了重要贡献。

二、国内工业机器人的发展

我国机器人起步于 20 世纪 70 年代初，经历了四个发展阶段：20 世纪 70 年代的萌芽期、20 世纪 80 年代的开发期、20 世纪 90 年代的实用化期和服务机器人的发展期。

1. 20 世纪 70 年代的萌芽期

我国于 1972 年开始研制工业机器人，上海、天津、吉林、哈尔滨、广州和昆明等地的十几个研究单位和院校分别开发了固定程序、结合式、液压伺服型机器人，并开始了机构学（包括步行机构）、计算机控制和应用技术的研究，这些机器人大约有 1/3 用于生产。

在该技术的推动下，随着改革开放方针的实施，我国机器人技术的发展得到政府的重视和支持，在 20 世纪 80 年代中期，国家组织了对工业机器人需求的行业调研，结果表明，对第二代工业机器人的需求主要集中于汽车行业（占总需要的 60%~70%）。

2. 20 世纪 80 年代的开发期

在众多专家的建议和规划下，于“七五”期间，由机电部主持，中央各部委、中科院及地方十几所科研院所和大学参加，国家投入相当的资金，进行了工业机器人基础技术、基础元器件、几类工业机器人整机及应用工程的开发研究，完成了示教再现式工业机器人成套技术（包括机械手、控制系统、驱动传动单元、测试系统的设计、制造、应用和小批量生产的工艺技术等）的开发，研制出喷涂、弧焊、点焊和搬运等作业机器人整机。

在应用方面，在第二汽车厂建立了我国第一条采用国产机器人的生产线——东风系列驾驶室多品种混流机器人喷涂生产线，该线由 7 台国产 PJ 系列喷涂机器人和 PM 系列喷涂机器人和周边设备构成，很好地完成喷涂东风系列驾驶室的生产任务，成为国产机器人应用的一个窗口；此外，还建立了几个弧焊和点焊机器人工作站。与此同时，还研制了几种 SCARA 装配机器人样机，并进行了试应用。

在基础技术研究方面，解剖了国外 10 余种先进的机型，并进行了机构学、控制编程、驱动传动方式、检测等基础理论与技术的系统研究，开发出具有国际先进水平的测量系统，编制了我国工业机器人标准体系和 12 项国标、行标。为了跟踪国外的高新技术，在 20 世纪 80 年代的国家高技术计划中，安排了智能机器人的研究开发，包括水下无缆机器人、高功能装配机器人和各类特种机器人。应用于汽车行业的国产机械臂如图 3-1 所示。

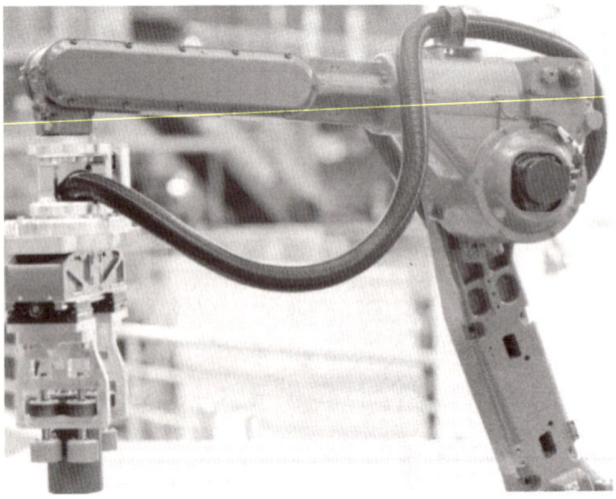

图 3-1　应用于汽车行业的国产机械臂

3. 20 世纪 90 年代的实用化期

20 世纪 90 年代后期是实现国产机器人的商品化、为产业化奠定基础的时期。国内一些机器人专家认为：应继续开发和完善喷涂、点焊、弧焊、搬运等机器人系统应用成套技术，完成交钥匙工程。在掌握机器人开发技术和应用技术的基础上，进一步开拓市场，扩大应用领域，从汽车制造业逐渐扩展到其他制造业并渗透到非制造业领域；开发第二代工业机器人及各类适合我国国情的经济型机器人，以满足不同行业多层次的需求；开展机器人柔性装配系统的研究，充分发挥工业机器人在 CIMS（计算机集成制造系统）中的核心技术作用。在此过程中，嫁接国外技术，促进国际合作，促使我国工业机器人得到进一步发展，为 21 世纪机器人产业化奠定更坚实的基础。

4. 服务机器人的发展期

相对于已经成熟的工业机器人来说，我国服务机器人起步较晚，与国外存在较大的差距。我国服务机器人的研究始于 20 世纪 90 年代。

仿人机器人走出实验室，使我国成为继日本之后投入实际展示应用的第二个国家；烹饪机器人实现小规模量产，它能做出 50 多种美味菜肴，烹饪水平不低于专业厨师；机器人护理床、智能轮椅等各种助老助残服务机器人相继问世，并积极推进服务机器人产业化进程；国内的大型玩具企业正在和科研院所合作，研发高端玩具机器人产品，企业的积极参与将推动以高端玩具为代表的教育娱乐机器人的产业化进程。服务机器人如图 3-2 所示。

图 3-2　服务机器人

2005 年，我国服务机器人市场开始初具规模。同年，发展服务机器人被列为国家 863 计划先进制造与自动化技术领域重点项目。2006 年，发展智能服务机器人被列入《国家中长期科学和技术发展规划纲要（2006—2020 年）》。2008 年，科技部将北京四季青模范敬老院和上海徐家汇福利院列为服务机器人应用示范区。目前，我国的服务机器人主要有吸尘器机器人，教育、娱乐、保安机器人，智能轮椅机器人，智能穿戴机器人，智能玩具机器人等，同时还有一批为服务机器人提供核心控制器、传感器和驱动器功能部件的企业。

三、国外知名工业机器人品牌

机器人产业是发达国家工业化的重要标志，在劳动力成本不断飙升和机器人成本日趋下降的大背景下，机器人及智能装备产业的发展愈来愈受到社会各界的广泛关注。

随着智能装备的高速发展，工业机器人在工业制造中的优势和作用越来越显著，机器人企业也如雨后春笋般出现。然而，占据主导地位的还是那些龙头企业，素有工业机器人“四大家族”之称的 ABB、KUKA、FANUC（发那科）、安川（YASKAWA）仍拥有半壁江山。

1. ABB

1988 年创立于欧洲的 ABB 公司于 1994 年进入中国，于 1995 年成立 ABB（中国）有限公司。2005 年起，ABB 机器人的生产、研发、工程中心都开始转移到中国，可见国际机器人巨头对中国市场的重视。目前，中国已经成为 ABB 全球第一大市场。ABB 机器人如图 3-3 所示。

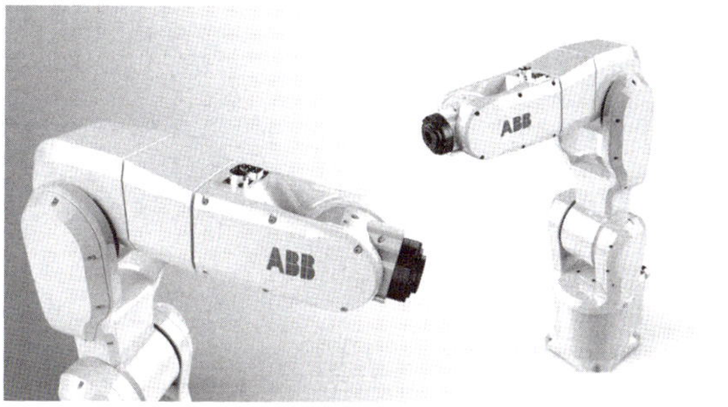

图 3-3　ABB 机器人

2011 年，ABB 集团销售额达 380 亿美元，其中在华销售额达 51 亿美元，同比增长了 21%。近年来，国际上一些先进的机器人企业瞄准了中国庞大的市场需求，大举进入中国。

目前，ABB 机器人产品和解决方案已广泛应用于汽车制造、食品饮料、计算机和消费电子等众多行业的焊接、装配、搬运、喷涂、精加工、包装和码垛等不同作业环节，帮助客户大大提高其生产率。例如，安装到雷柏公司深圳厂区生产线上的 70 台 ABB 最小的机器人 IRB120，不仅将工人从繁重枯燥的机械化工作中解放出来，实现生产效率的成倍提高，成本也降低了一半。另外，这些机器人的柔性特点还帮助雷柏公司降低了工程设计难度，将自动设备的开发时间比预期缩短了 15%。

2. KUKA

KUKA 及其德国母公司是世界工业机器人和自动控制系统领域的顶尖制造商，它于 1898 年在德国奥格斯堡成立，当时称“克勒与克纳皮赫奥格斯堡”（KellerundKnappichAugsburg）。1995 年，KUKA 公司分为 KUKA 机器人公司和 KUKA 焊接设备有限公司（即现在的 KUKA 制造系统），2011 年 3 月中国公司更名为库卡机器人（上海）有限公司。KUKA 机器人如图 3-4 所示。

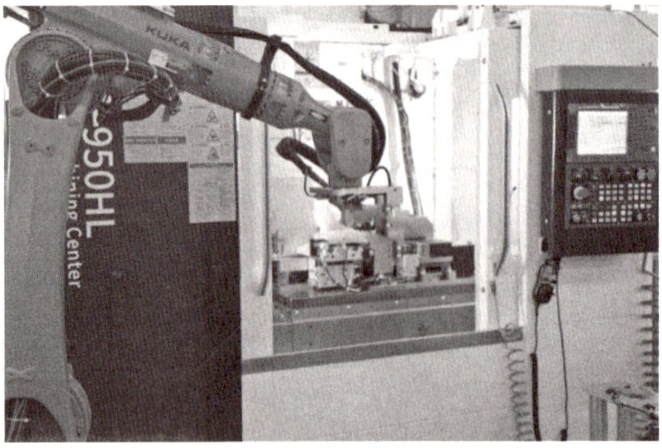

图 3-4　KUKA 机器人

KUKA 产品广泛应用于汽车、冶金、食品和塑料成形等行业。KUKA 机器人公司在全球拥有 20 多个子公司，其中大部分是销售和服务中心。KUKA 在全球的运营点分布在美国、墨西哥、巴西、日本、韩国、印度和欧洲各国。

1973 年，KUKA 研发其第一台工业机器人，即名为 FAMULUS，这是世界上第一台机电驱动的六轴机器人。该公司四轴和六轴机器人的有效载荷范围达 3~1300kg，机械臂的臂展达 350~3700mm，机型包括 SCARA、码垛机、门式及多关节机器人，皆采用基于通用 PC 的控制器平台控制。

KUKA 的机器人产品最通用的应用范围包括工厂焊接、操作、码垛、包装、加工和其他自动化作业，同时还适用于医院，如脑外科及放射造影。

3. FANUC

FANUC 是一家专门研究数控系统的日本公司，成立于 1956 年，是世界上最大的专业数控系统生产厂家，占据了全球 70% 的市场份额。FANUC 于 1959 年首先推出了电液步进电动机，在后来的若干年中逐步发展并完善了以硬件为主的开环数控系统。进入 20 世纪 70 年代，微电子技术、功率电子技术，尤其是计算技术得到了飞速发展，FANUC 毅然舍弃了使其发家的电液步进电动机数控产品，从 GETTES 公司引进直流伺服电动机制造技术。

1976 年，FANUC 研制成功数控系统 5，随后又与西门子公司联合研制了数控系统 7，此后，FANUC 逐步发展成为世界上最大的专业数控系统生产厂家。FANUC 机器人如图 3-5 所示。

图 3-5　FANUC 机器人

FANUC 机器人产品系列众多，广泛应用在装配、搬运、焊接、铸造、喷涂、码垛等不同生产环节，满足客户的不同需求。

自 1974 年 FANUC 首台机器人问世以来，FANUC 致力于机器人技术上的领先与创新，是世界上唯一一家由机器人来做机器人的公司，是世界上唯一提供集成视觉系统的机器人企业，是世界上唯一一家既提供智能机器人又提供智能机器的公司。

4. 安川

日本安川电机株式会社创立于 1915 年，

是有百年历史的专业电气厂商，其AC伺服和变频器市场份额位居全球第一。截至2020年1月，安川公司的机器人累计出售台数已突破40万台，活跃在焊接、搬运、装配、喷涂，以及放置在无尘室内的液晶显示器、等离子显示器和半导体制造的搬运搬送等各种各样的产业领域中。安川机器人如图3-6所示。

图3-6　安川机器人

四、国内知名工业机器人品牌

我国工业转型升级迫在眉睫，机器换人进行得如火如荼，在政府的大力扶持和传统产业转型升级的拉动下，机器人概念或将持续火爆，市场参与热度继续上升。国内涌现出了一批代表着我国目前工业机器人生产水平和发展方向的制造生产企业。

下面就我国四个比较著名的机器人企业进行简单的介绍（排名不分先后）。

1. 埃夫特智能装备股份有限公司

埃夫特智能装备股份有限公司成立于2007年8月，注册资本52178万元，是一家专门从事工业机器人、大型物流储运设备及非标生产设备设计和制造的高新技术企业。埃夫特机器人如图3-7所示。

埃夫特公司于2009年11月被认定为高新技术企业，2010年3月通过ISO9001国际质量体系认证。埃夫特公司所研制的国内首台重载165kg机器人载入中国企业创新纪录，荣获2012年中国国际工业博览会银奖。

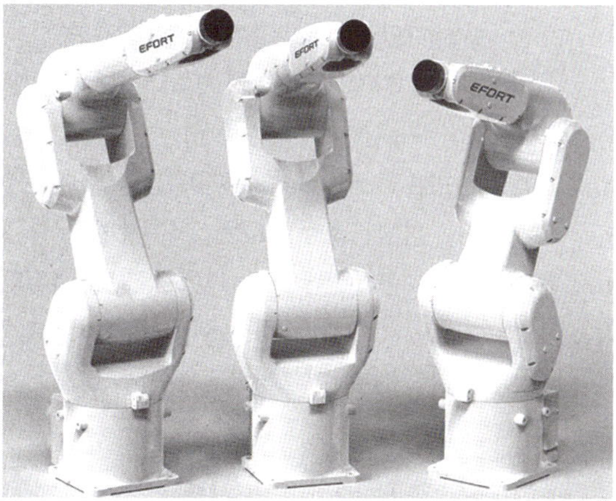

图3-7　埃夫特机器人

埃夫特机器人在奇瑞汽车等企业历经五年的苛刻考验和充分验证之后，被广泛推广到汽车及零部件行业、家电行业、电子行业、卫浴行业、机床行业、机械制造行业、日化行业、食品和药品行业、光电行业、钢铁行业等。

2. 南京埃斯顿自动化股份有限公司

南京埃斯顿自动化股份有限公司于1993年成立，是一家智能装备核心控制功能部件制造企业。埃斯顿机器人如图3-8所示。

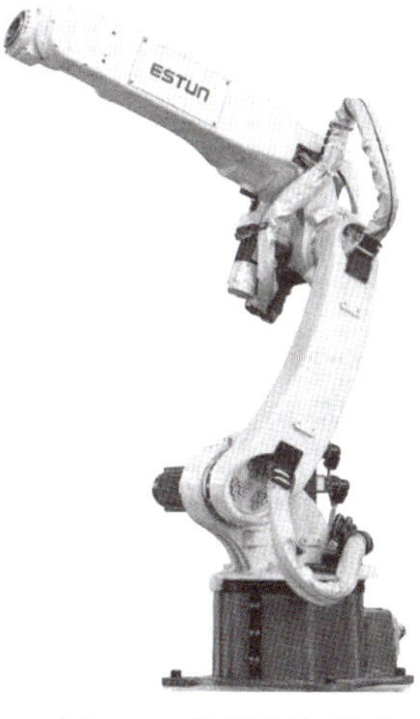

图3-8　埃斯顿机器人

埃斯顿公司已经具有全系列工业机器人产品，包括 Delta 和 SCARA 工业机器人系列，其中标准工业机器人规格覆盖 6~300kg，应用领域有点焊、弧焊、搬运、机床上下料等。

3. 上海新时达电气股份有限公司

上海新时达电气股份有限公司是专业研发、生产、销售工业控制、传动控制、运动控制和机器人产品并服务于全球的高新技术企业，创立于 1995 年，注册商标 STEP。公司管理体系通过德国 TUV 机构的 ISO9001 认证、ISO14001 认证，产品通过欧洲 CE、EN-81、北美 CSA 等国际认证。新时达机器人如图 3-9 所示。

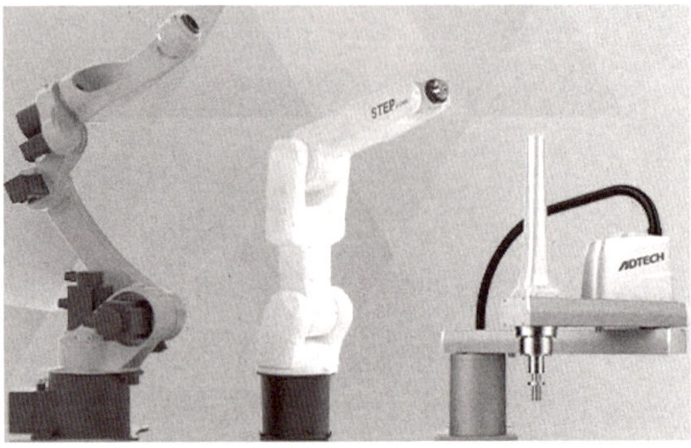

图 3-9 新时达机器人

新时达凭借多年积累的驱动与控制的技术实力，推动驱、控一体化机器人控制系统的开发，已经具备了机器人全系统开发能力，在满足通用机器人产品需求的基础上，能够根据客户的应用需求，为客户定制开发专用领域的机器人产品。

新时达现已形成 275、50、16、6kg 等系列机器人产品，应用领域涵盖电梯、机加工、食品、印刷包装、汽车零部件、电子、橡胶、陶瓷等众多行业。

4. 沈阳新松机器人自动化股份有限公司

新松公司隶属中国科学院，是一家以机器人独有技术为核心，致力于数字化智能高端装备制造的高科技上市企业，同时也是国内唯一一家进入工业机器人全球前十品牌的企业。

新松公司的机器人产品线涵盖工业机器人、洁净（真空）机器人、移动机器人、特种机器人及智能服务机器人五大系列，其中工业机器人产品填补多项国内空白，创造了中国机器人产业发展史上 88 项第一的突破；洁净（真空）机器人多次打破国外技术垄断与封锁，大量替代进口；移动机器人产品综合竞争优势在国际上处于领先水平，被美国通用等众多国际知名企业列为重点采购目标；特种机器人在国防重点领域得到批量应用。新松机器人如图 3-10 所示。

图 3-10 新松机器人

新松公司在高端智能装备方面已形成智能物流、自动化成套装备、洁净装备、激光技术装备、轨道交通、节能环保装备、能源装备、特种装备产业群组。

任务总结

工业机器人指的是能在人的控制下智能工作，并能完美替代人力在生产线上工作的多关节机械手或多自由度的机器装置。与人力相比，工业机器人具有低成本、高效率以及 24 小时工作的特点。近年来，我国工业机器人产业需求旺盛，市场高速增长，已基本形成从上游核心零部件制造，到中游本体制造，再到下游系统集成服务的完整产业链条。

当前，全球工业机器人市场规模持续扩大，随着我国工业机器人企业自主研发水平的不断提升，工业机器人应用领域不断扩大，已经由汽车、电子、食品包装等传统领域逐渐向新能源电池、环保设备、高端装备、仓储物流等新兴领域加快布局，带动相关产业加速发展。

任务评价

任务评价见表 3-1。

表 3-1 任务评价表

评价内容	评价标准	配分	得分
国外工业机器人的发展	了解国外对机器人的研究及机器人发展历程	20	
国内工业机器人的发展	了解国内对机器人的研究及机器人发展历程	20	
国外知名工业机器人品牌	了解工业机器人“四大家族”，关注其未来发展趋势	30	
国内知名工业机器人品牌	了解国内知名工业机器人品牌，关注其未来发展趋势	30	

每课寄语

技能报国，为中华民族伟大复兴而奋斗。

拓展练习

一、填空题

1. 有工业机器人“四大家族”之称的是__________、__________、__________、__________。

2. FANUC 致力于机器人技术上的领先与创新，是世界上唯一一家由__________来做机器人的公司，是世界上唯一提供__________的机器人企业，是世界上唯一一家既提供智能机器人又提供智能机器的公司。

3. 新松公司的机器人产品线涵盖工业机器人、__________、移动机器人、__________及智能服务机器人五大系列。

二、问答题

1. 我国机器人发展经历了哪四个阶段？

2. 工业机器人“四大家族”是哪四家公司？

任务四　工业机器人的分类

任务目标

1. 知识目标

（1）了解工业机器人按应用环境的分类。

（2）了解工业机器人按技术等级的分类。

（3）了解工业机器人按驱动方式的分类。

（4）了解工业机器人按坐标系统的分类。

2. 技能目标

（1）认知各种工业机器人的特点。

（2）学会网上查阅工业机器人学习资料。

3. 素质目标

（1）认识差异，感受各种工业机器人的不同。

（2）与其他人合作完成工业机器人学习资料查找，养成团队合作精神。

（3）培养学习的主观能动性，保持对工业机器人学习的兴趣。

任务布置

查看多种机器人图片，了解工业机器人按应用环境、技术等级、驱动方式、坐标系统的分类，查阅、研读有关工业机器人的学习资料，进一步感受各类工业机器人的作用与差异。

任务分析

了解工业机器人的各种分类，查阅、研读有关工业机器人分类的学习资料，思考研读中遇到的问题，加深对工业机器人分类的认识。

相关知识

我国的机器人专家从应用环境出发，将机器人分为两大类——制造环境下的工业机器人和非制造环境下的特种机器人。

所谓工业机器人就是面向工业领域的多关节机械手或多自由度机器人，包括焊接机器人、搬运机器人、装配机器人、处理机器人、喷涂机器人等。

而特种机器人则是除工业机器人之外的、用于非制造业并服务于人类的各种先进机器人，包括服务机器人、水下机器人、娱乐机器人、军用机器人、农业机器人、机器人化机器等。在特种机器人中，有些分支发展很快，有独立成体系的趋势，如服务机器人、水下机器人、军用机器人、微操作机器人等。

实际中，常用的工业机器人分类方式有以下四种：

一、按应用环境分类

工业机器人按应用环境的分类见表 4-1。

表 4-1　工业机器人按应用环境的分类

大类	细分
焊接机器人	点焊机器人
	弧焊机器人

（续）

大类	细分
搬运机器人	上下料机器人
	码垛机器人
	分拣机器人
	自动导引车（AGV）
装配机器人	装配机器人
处理机器人	切割机器人
	冲压锻造机器人
	打磨抛光机器人
喷涂机器人	喷涂机器人

1. 焊接机器人

焊接机器人是把焊枪固定在机器人手臂上，然后通过一系列的程序控制电焊机启动、焊接、停止，同时控制机器人手臂旋转、摆动等，实现全自动焊接的工作站，如图 4-1 所示。

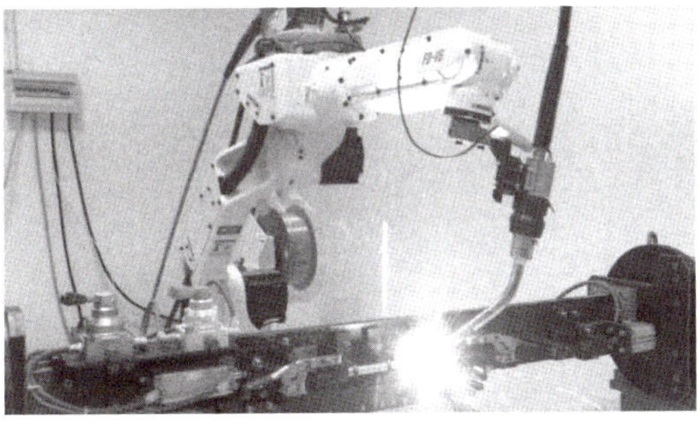

图 4-1　焊接机器人

2. 上下料机器人

上下料机器人是将待加工工件送装到加工位置和将已加工工件从加工位置取下的工件自动上下料的工作站，如图 4-2 所示。

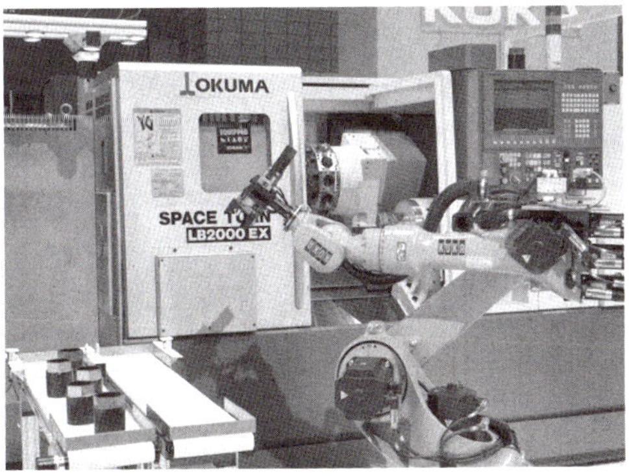

图 4-2　上下料机器人

3. 码垛机器人

码垛机器人是通过定位信息，将已输送到抓取工位的工件，由机器人自动抓取到码垛位置进行码垛，然后重复抓取工件进行新垛的码放的工作站，如图 4-3 所示。

图 4-3　码垛机器人

4. 分拣机器人

分拣机器人是一种具备传感器、物镜和电子光学系统，可以快速进行货物分拣的工作站，如图 4-4 所示。

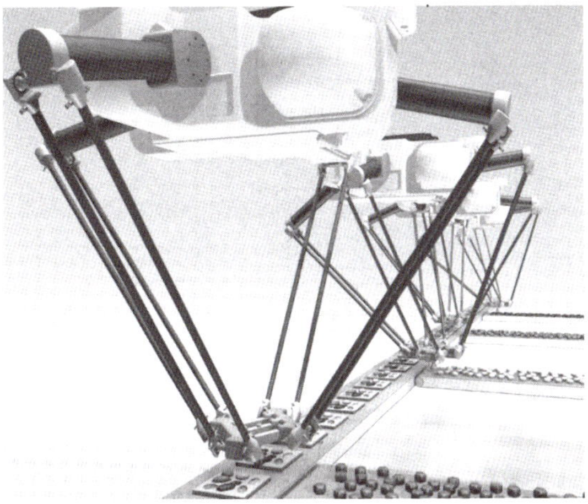

图 4-4　分拣机器人

5. 自动导引车

自动导引车是装备有电磁或光学等自动导向系统，可以保障系统在不需要人工引航的情况下就能够沿预定的路线自动行驶，将货物或物料自动从起始点运送到目的地的无人驾驶运输车，如图 4-5 所示。

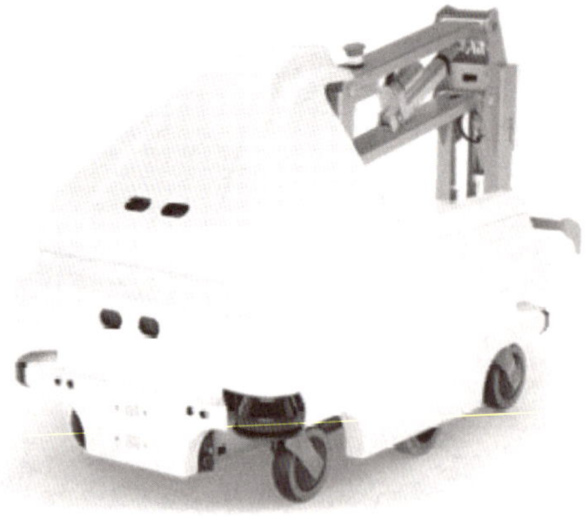

图 4-5　自动导引车

6. 装配机器人

装配机器人是通过机器人、控制器、智能传感器和末端执行器，根据机器人的作业指令程序和从传感器反馈回来的信号，自动控制末端执行器来完成工件装配的工作站，如图 4-6 所示。

图 4-6　装配机器人

7. 切割机器人

水切割机器人是利用高压水流切割技术，完成材料切割的工作站。

激光切割机器人是利用高功率密度激光束照射技术，完成材料切割的工作站，如图 4-7 所示。

图 4-7　激光切割机器人

8. 冲压锻造机器人

冲压锻造机器人是利用冲压锻造机械的锤头、砧块、冲头或通过模具对坯料施加压力，使之产生塑性变形，从而获得所需形状和尺寸的制件的工作站，如图 4-8 所示。

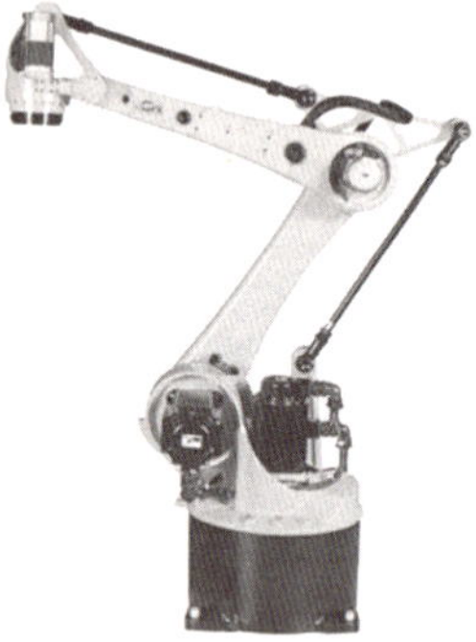

图 4-8　冲压锻造机器人

9. 打磨抛光机器人

打磨抛光机器人是应用压力控制技术，通过数字化编程在工件上准确地控制磨料的磨损补偿，以自动化抛光、打磨系统为核心的工作站，如图 4-9 所示。

图 4-9　打磨抛光机器人

10. 喷涂机器人

喷涂机器人是在产品生产加工完成后，控

制喷涂设备借助压力或离心力，使涂料分散成均匀而微细的雾滴，自动喷涂于被涂物表面的工作站，如图 4-10 所示。

图 4-10　喷涂机器人

二、按技术等级分类

按照机器人的技术等级，可以将工业机器人分为三代。

1. 示教再现型机器人

第一代工业机器人是示教再现型机器人，如图 4-11 所示。这类机器人能够按照人类预先示教的轨迹、行为、顺序和速度重复作业。示教可以由操作人员手把手地进行。例如操作人员握住机器人上的喷枪，沿喷漆路线示范一遍，机器人中记住这一连串运动，工作时自动重复这些运动，从而完成给定位置的喷涂工作。这种方式即所谓的“直接示教”。

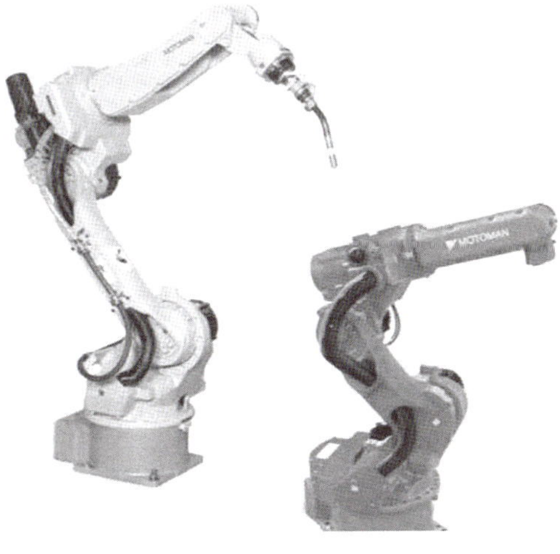

图 4-11　示教再现型机器人

2. 感知型机器人

第二代工业机器人称为感知型机器人，是具有环境感知装置，是具有感觉功能的工业机器人，包括具有光觉、视觉、触觉、声觉等，如图 4-12 所示。这类机器人能在一定程度上适应环境变化，目前已进入应用阶段。

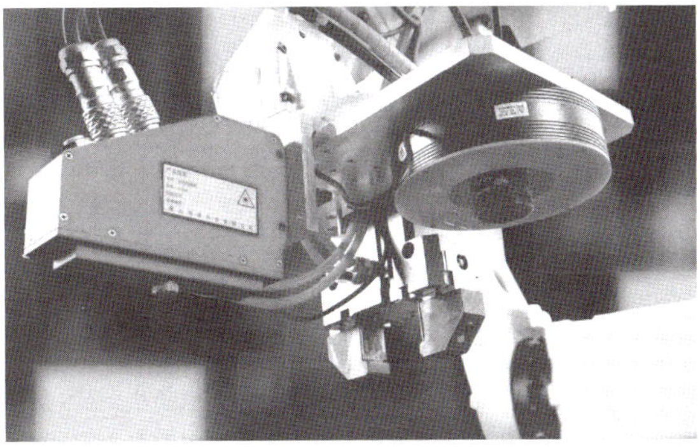

图 4-12　感知型机器人

以焊接机器人为例，机器人焊接的过程一般是通过示教方式给出机器人的运动曲线，机器人携带焊枪沿着该曲线进行焊接。这就要求工件的一致性要好，即工件被焊接位置必须十分准确，否则，机器人携带焊枪沿所走的曲线和工件的实际焊缝位置会有偏差。为解决这个问题，第二代工业机器人（应用于焊接作业时）采用焊缝跟踪技术，通过传感器感知焊缝的位置，再通过反馈控制，机器人就能够自动跟踪焊缝，从而对示教的位置进行修正，即使实际焊缝相对于原始设定的位置有变化，机器人仍然可以很好地完成焊接工作。

3. 智能机器人

第三代工业机器人称为智能机器人，具有发现问题并且能自主地解决问题的能力，尚处于实验研究阶段。作为发展目标，这类机器人具有多种传感器，不仅可以感知自身的状态，如所处的位置、自身的故障情况等，而且能够感知外部环境的状态，如自动发现路况，测出协作机器的相对位置、相互作用的力等。更为重要的是，它能够根据获得的信息，进行逻辑推理、判断决策，在变化的内部状态与变化的外部环境中自主决定自身的行为。智能工业机器人如图 4-13 所示。

图 4-13 智能机器人

这类机器人具有高度的适应性和自治能力。尽管经过多年来的不懈研究，人们研制了很多各具特点的试验装置，提出大量新思想、新方法，但现有工业机器人的自适应技术还是十分有限的。

三、按驱动方式分类

机器人驱动器是用来使机器人发出动作的动力机构，可将电能、液压能和气压能转化为机器人的动力。因而，按机器人的驱动方式可以将工业机器人分为电气驱动、液压驱动、气压驱动三类，见表 4-2。

表 4-2 工业机器人常用的驱动方式性能对比

驱动方式	输出力	控制性能	维修使用	结构体积	使用范围	制造
电气驱动	输出力较小或较大	容易与 CPU 连接，控制性能好，响应快，可精确定位，但控制系统复杂	维修使用较复杂	需要减速装置，体积较小	高性能、运动轨迹要求严格的机器人	成本较高
液压驱动	压力高，可获得大的输出力	油液不可压缩，压力、流量均容易控制，可无级调速，反应灵敏，可实现连续轨迹控制	维修方便，液体对温度变化敏感，油液泄漏易着火	在输出力相同的情况下，体积比气压驱动方式小	中、小型及重型机器人	液压元件成本较高，油路比较复杂
气压驱动	气体压力低，输出力较小，如所需输出力较大时，其结构尺寸过大	可高速运行，冲击较严重，精确定位困难，气体压缩性大，阻尼效果差，低速不易控制，不易与 CPU 连接	维修简单，能在高温、粉尘等恶劣环境中使用，泄漏无影响	体积较大	中、小型机器人	结构简单，介质来源成本低

1. 电气驱动

电气驱动装置包括直流伺服电动机、步进电动机和交流伺服电动机等。电气驱动机器人如图 4-14 所示。

图 4-14 电气驱动机器人

2. 液压驱动

液压驱动装置包括液压步进马达和液压缸等。液压驱动机器人如图 4-15 所示。

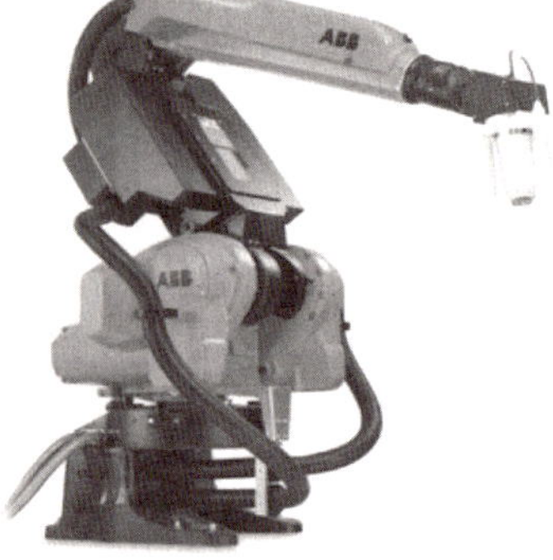

图 4-15 液压驱动机器人

3. 气压驱动

气压驱动装置包括气缸和气动马达等。

四、按坐标系统分类

工业机器人的机械配置形式多种多样，典型工业机器人的机构运动特征是用其坐标特性来描述的。根据其基本动作机构，工业机器人通常可分为直角坐标机器人、圆柱坐标机器人和多关节机器人等类型。

1. 直角坐标机器人

直角坐标机器人是只具有移动关节的工业机器人，如图 4-16 所示。其具有空间上相互垂直的多个直线移动轴，通过直角坐标方向的 3 个独立自由度确定其手部的空间位置，其动作空间为一长方体。

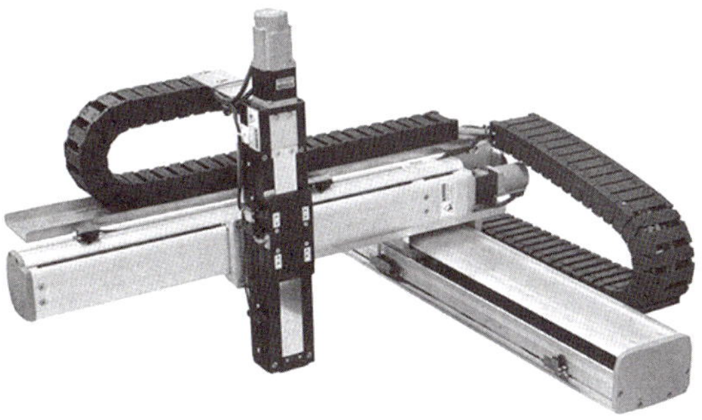

图 4-16　直角坐标机器人

直角坐标机器人结构简单、定位精度高、空间轨迹易于求解，但其动作范围相对较小，设备的空间因数较低，实现相同的动作空间要求时，机体本身的体积较大。

2. 圆柱坐标机器人

圆柱坐标机器人是具有 3 个转动关节和 1 个移动关节的工业机器人，如图 4-17 所示。其具有 3 个回转自由度和 1 个平移自由度，动作空间呈圆柱体。

圆柱坐标机器人结构简单、刚性好，主要应用在分拣、装配等场合。

3. 多关节机器人

多关节机器人是由多个旋转和摆动机构组合而成的工业机器人。这类机器人结构紧凑、工作空间大，动作最接近人的动作，对喷涂、装配、焊接等多种作业都有良好的适应性，应用范围越来越广。不少著名的工业机器人都采用了这种型式。其摆动方向主要有垂直方向和水平方向两种，因此这类机器人又可分为垂直多关节机器人和水平多关节机器人。如美国 Unimation 公司 20 世纪 70 年代末推出的机器人 PUMA 就是一种垂直多关节机器人，而日本山梨大学研制的机器人 SCARA 则是一种典型的水平多关节机器人。目前世界工业界装机最多的工业机器人是串联关节型垂直六轴机器人和 SCARA 四轴机器人。多关节机器人如图 4-18 所示。

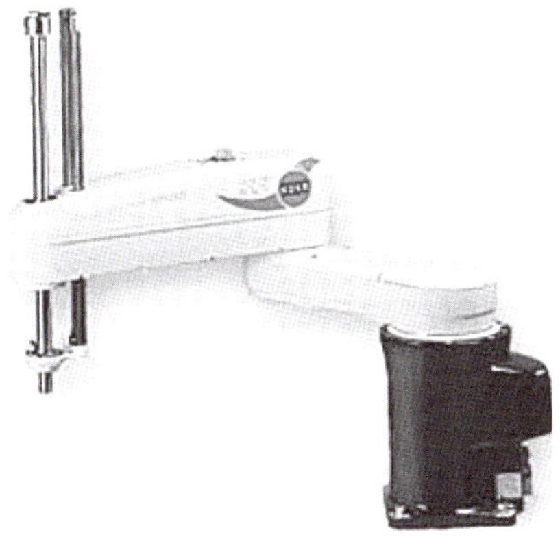

图 4-17　圆柱坐标机器人

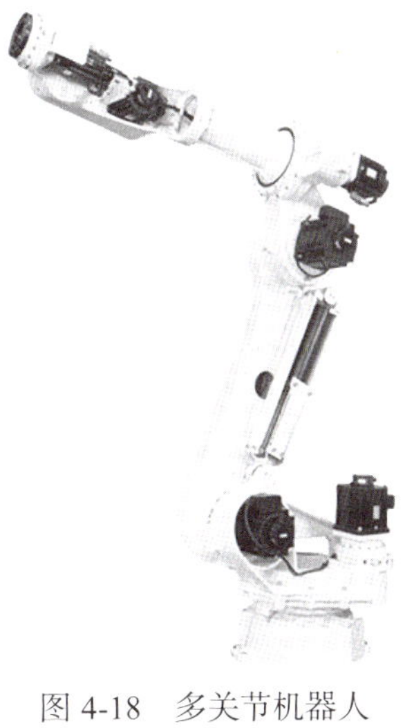

图 4-18　多关节机器人

任务总结

工业机器人是机器人的一种，是由计算机、控制技术、机构学、信息及传感技术、人工智能等多学科交叉领域形成的具有高新技术的机器人。

关于机器人如何分类，国内外都没有制定统一的标准，但是按照实际应用来划分，大致可分为按应用环境分类、按技术等级分类、按驱动方式分类、按坐标系统分类等，可见机器人的分类方式很多。

任务评价

任务评价见表 4-3。

表 4-3　任务评价表

评价内容	评价标准	配分	得分
按应用环境分类	了解焊接机器人、搬运机器人、装配机器人、处理机器人、喷涂机器人	25	
按技术等级分类	了解示教再现型机器人、感知型机器人、智能机器人	25	
按驱动方式分类	了解电气驱动机器人、液压驱动机器人、气压驱动机器人	25	
按坐标系统分类	了解直角坐标机器人、圆柱坐标机器人、多关节机器人	25	

每课寄语

初心不忘青春志，匠心共筑中国梦。

拓展练习

一、填空题

1. 我国的机器人专家从应用环境出发，将机器人分为两大类，即________和________。

2. 工业机器人就是面向工业领域的____________或多自由度机器人。

3. 按照机器人的技术等级，可以将工业机器人分为三代，第一代是__________型，第二代是__________型，第三代是__________型。

4. 按照机器人的驱动方式可以将工业机器人分为_________、_________、_________三类。

二、选择题

1. 机器人按坐标系统分为（　　）。

①直角坐标机器人　②圆柱坐标机器人　③多关节机器人

A. ①②　　B. ①②③

C. ①③　　D. ②③

2. 归类于工业机器人的是（　　）。

①焊接机器人　②码垛机器人　③农业机器人　④喷涂机器人

A. ①②③　　B. ②③④

C. ①②④　　D. ①③④

3. 归类于特种机器人的是（　　）。

①军用机器人　②装配机器人　③娱乐机器人　④空间机器人

A. ①②③　　B. ②③④

C. ①②④　　D. ①③④

4. 机器人按技术级别分为（　　）。

①第一代工业机器人（示教再现控制操作的工业机器人）

②第二代工业机器人（具有感觉功能的工业机器人）

③第三代工业机器人（具有发现问题并且能自主地解决问题能力的工业机器人）

A. ①②　　B. ①②③

C. ①③　　D. ②③

三、判断题

1. 娱乐机器人的应用一般包括机器人学科

教学、机器人辅助教育、机器人与传统学科相互渗透等三个方面的内容。(　　)

2. 特种机器人是除工业机器人之外的，用于非制造业并服务于人类的各种先进机器人。(　　)

3. 按机器人的驱动方式可以将工业机器人分为电气驱动、气压驱动两类。(　　)

4. 圆柱坐标机器人是只具有移动关节的工业机器人。(　　)

四、问答题

1. 工业机器人可以分为哪几类?

2. 特种机器人可以分为哪几类?

3. 工业机器人的主要特点有哪些?

4. 工业机器人按坐标系统分为哪几类?

任务五　工业机器人本体

扫码看视频

任务目标

1. 知识目标

（1）掌握六轴多关节机器人的结构。

（2）掌握平面关节机器人的结构。

（3）掌握并联机器人的结构。

（4）掌握工业机器人本体的线路连接。

2. 技能目标

（1）掌握六轴、平面关节、并联机器人的本体结构。

（2）掌握工业机器人本体与控制器的线路连接。

3. 素质目标

（1）了解减速机的生产工艺，培育精益求精的工匠精神。

（2）了解国内伺服电动机与国外先进品牌的差距，培育科技创新的精神。

任务布置

通过机器人本体通信接线图，完成工业机器人本体通信线的连接，重点掌握机器人本体的动力电缆插口、SMB 电缆插口的具体位置及连接对象。ABB 工业机器人本体通信接口如图 5-1 所示。

图 5-1　ABB 工业机器人本体通信接口

任务分析

先找出机器人本体的通信接口的插口，然后将动力电缆、SMB 电缆依次与对应的插口连接。拆下机器人底座后盖完成 SMB 电池的更换，SMB 电池更换完成后将底座后盖拧紧，完成任务。

相关知识

一、六轴多关节机器人

1. 机械臂

机械臂是工业机器人的机械主体，是用来完成各种作业的执行机构。图 5-2 所示为六轴多关节机器人的本体结构，其各关节见表 5-1。为适应不同的用途，机器人本体最后一个轴的接口通常为一个法兰，可以安装不同的操作装置（习惯上称为末端执行器），如夹紧爪、吸盘、焊枪等。

关节机器人的机械臂是由关节连在一起的许多机械连杆的集合体，它的每一个关节均采用 1 台交流伺服电动机驱动。

关节通常是移动关节和旋转关节。移动关节允许连杆做直线移动，旋转关节仅允许连杆之间发生旋转运动。由关节 - 连杆结构所构成的机械臂大体可分为基座、腰部、手臂（大臂和小臂）和手腕 4 个部分，由 4 个独立旋转关节（腰关节、肩关节、肘关节和腕关节）串联而成。

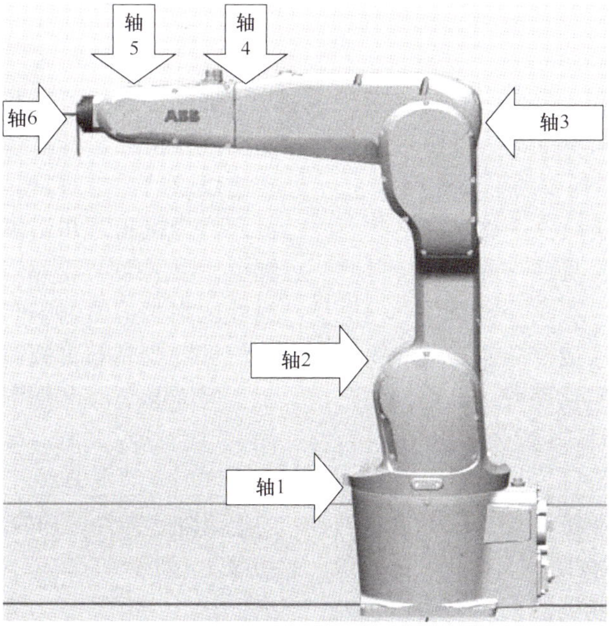

图 5-2　六轴多关节机器人的本体结构

表 5-1　六轴多关节机器人的各关节

轴号	图示	轴号	图示
轴 1	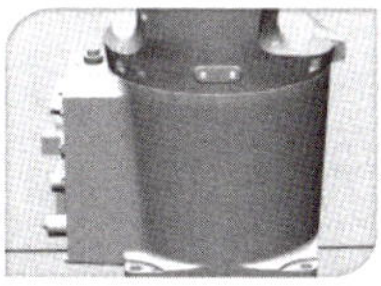	轴 2	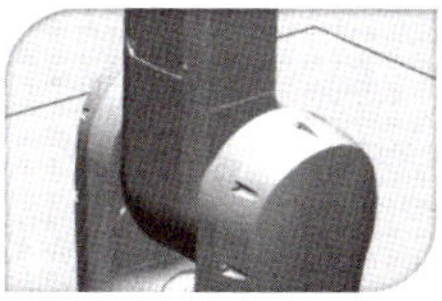
轴 3	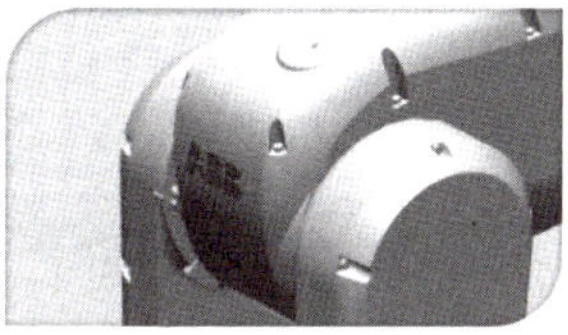	轴 4	
轴 5	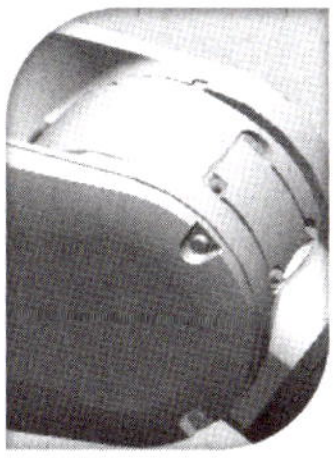	轴 6	

（1）基座　基座是机器人的基础部分，起支撑作用。整个执行机构和驱动装置都安装在基座上。对于固定机器人，基座直接连接在地面基础上；对于移动机器人，基座则安装在移动机构上，可分为有轨和无轨两种。

（2）腰部　腰部是机器人手臂的支撑部分。根据执行机构坐标系的不同，腰部可以在基座上转动，也可以和基座制成一体。有时腰部也可以通过导杆或导槽在基座上移动，从而增大工作空间。

（3）手臂　有大臂和小臂。手臂是连接机身和手腕的部分，由机械臂的动力关节和连接杆件等构成。它是执行结构中的主要运动部件，也称主关节轴，主要用于改变手腕和末端执行器的空间位置，满足机器人的作业空间，并将各种载荷传递到基座。

（4）手腕　手腕是连接末端执行器和手臂的部分，将作业载荷传递到手臂，也称副关节轴，主要用于改变末端执行器的空间姿态。

2. 驱动装置

驱动装置是驱使工业机器人机械臂运动的装置，如图 5-3 所示。其按照控制系统发出的指令信号，借助动力元件使机器人产生动作。工业机器人常用的驱动方式主要有液压驱动、气压驱动和电气驱动 3 种类型。目前除了个别精度要求不高、重负或有防爆要求的机器人采用液压、气压驱动以外，工业机器人大多都采用电气驱动，而其中交流伺服电动机用得最广，而且一般都是每个关节由一个驱动独立控制。

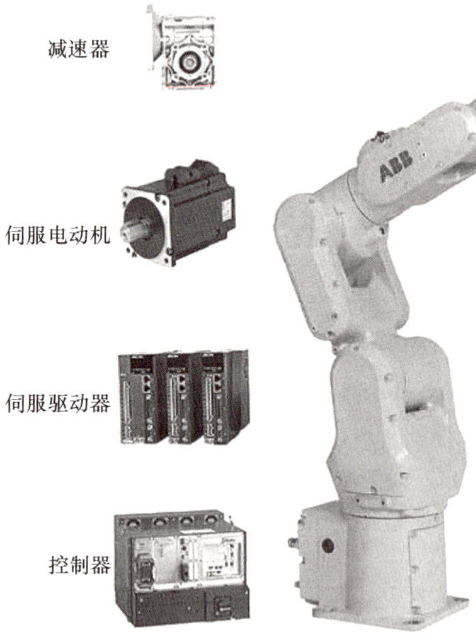

图 5-3　工业机器人的驱动装置

（1）伺服电动机　伺服电动机是指在伺服系统中控制机械元件运转的发动机，是一种补助马达间接变速装置。

伺服电动机可控制速度，通过控制速度来控制位置精度，可以将电压信号转化为转矩和转速以驱动控制对象。伺服电动机转子转速受输入信号控制，并能快速反应，在自动控制系统中，用作执行元件，且具有机电时间常数小、线性度高、始动电压低等特性，可把所收到的电信号转换成电动机轴上的角位移或角速度输出。伺服电动机可分为直流伺服电动机和交流伺服电动机两大类。其主要特点是，当信号电压为零时无自转现象，转速随着转矩的增加而匀速下降。其外形和内部结构示例分别如图 5-4 和图 5-5 所示。

图 5-4　伺服电动机的外形示例

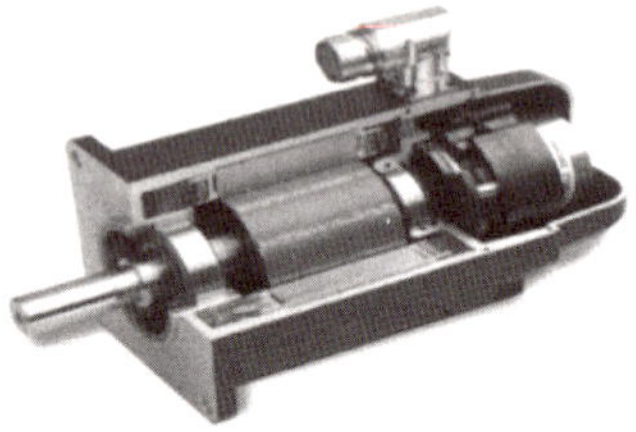

图 5-5　伺服电动机的内部结构示例

（2）伺服驱动器　伺服驱动器又称为伺服控制器、伺服放大器，是用来控制伺服电动机的一种控制器，其作用类似于变频器作用于普通交流电动机，属于伺服系统的一部分，主要应用于高精度的定位系统。它一般通过位置、速度和力矩 3 种方式对伺服电动机进行控制，实现高精度的传动系统定位，目前是传动技术的高端产品。伺服驱动器如图 5-6 所示。

图 5-6　伺服驱动器

伺服驱动器是现代运动控制的重要组成部分，被广泛应用于工业机器人及数控加工中心等自动化设备中。尤其是应用于控制交流永磁同步电动机的伺服驱动器，已经成为国内外研究的热点。

当前交流伺服驱动器设计中普遍采用基于矢量控制的电流、速度、位置闭环控制算法。该算法中速度闭环设计合理与否，对于整个伺服控制系统，特别是速度控制性能的发挥起到关键作用。

（3）减速器　驱动装置的受控运动必须通过传动单元带动机械臂产生运动，以精确保证末端执行器所要求的位置、姿态和实现其运动。目前，工业机器人广泛采用的机械传动单元是减速器，关节减速器要求具有传动链短、体积小、功率大、质量轻和易于控制等特点。精密减速器使机器人伺服电动机在一个合适的速度下运转，并精确地将转速降到工业机器人各部位所需要的速度，在提高机械本体刚性的同时输出更大的转矩。

大量用在关节机器人上的减速器主要有两类：谐波减速器和 RV 减速器。一般将谐波减速器放在手臂、腕部或手部等轻负载位置（20kg 以下机器人关节）；而将 RV 减速器放置在基座、腰部、大臂等重负载位置（20kg 以上机器人关节）。此外，机器人还采用齿轮传动、链条（带）传动、直线运动单元等。

1 ）谐波减速器。谐波减速器主要由谐波发生器、柔性齿轮和刚性齿轮 3 个基本构件组成。谐波减速器是一种靠谐波发生器使柔性齿轮产生可控弹性变形，并与刚性齿轮相啮合来传递运动和动力的齿轮传动装置。谐波减速器如图 5-7 所示。

图 5-7　谐波减速器

谐波齿轮传动减速器是利用行星齿轮传动原理发展起来的一种新型减速器，谐波齿轮传动简称为谐波传动。

2 ）RV 减速器。RV 减速器主要由摆线针轮和行星支架组成。RV 传动是新兴起的一种传动，它是在传统针摆行星传动的基础上发展出来的，不仅克服了一般针摆传动的缺点，而且以其体积小、抗冲击力强、扭矩大、定位精度高、振动小、减速比大等诸多优点被广泛应用于工业机器人、机床、医疗检测设备、卫星接收系统等领域。RV 减速器如图 5-8 所示。

图 5-8　RV 减速器

与谐波传动相比，RV 传动具有较高的疲劳强度和刚度，以及较长的寿命，而且回差精度稳定，不像谐波传动，随着使用时间的增长，运动精度就会显著降低，故高精度机器人传动多采用 RV 减速器，且有逐渐取代谐波减速器的趋势。

二、平面关节机器人

平面关节机器人如图 5-9 所示。其在结构上具有串联配置的两个能够在水平面内旋转的手臂，其自由度可以根据用途选择 2~4 个，动作空间为一圆柱体。

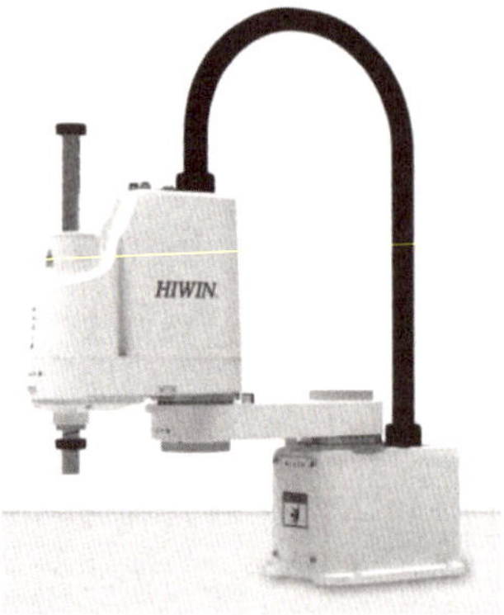

图 5-9　平面关节机器人

平面关节机器人的优点是在垂直方向上的刚性好，能方便地实现二维平面上的动作，在装配作业中得到广泛应用。

三、并联机器人

并联机器人如图 5-10 所示，它是一个封闭的运动链，并联机构（Parallel Mechanism，PM）可以定义为动平台和定平台通过至少两个独立的运动链相连接。该机构是具有两个或两个以上自由度，且以并联方式驱动的一种闭环机构。

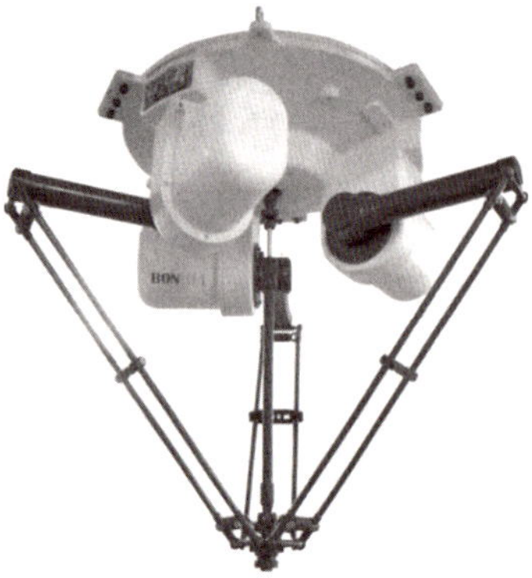

图 5-10　并联机器人

并联机器人的主要结构包括机座、大臂、小臂、电动机和抓手安装法兰。

并联机器人和传统工业用串联机器人在应用上构成互补关系，它是一个封闭的运动链。和串联机器人相比较，并联机器人具有以下特点：

1）不易有动态误差，无累积误差，精度较高。

2）运动惯性小。

3）结构紧凑稳定，输出轴大部分承受轴向应力，机器刚性高，承载能力大。

4）为热对称性结构设计，热变形量较小。

5）在位置求解上，串联机构正解容易、反解困难，而并联机构正解困难、反解容易。

6）工作空间较小。

7）驱动装置可置于定平台上或接近定平台的位置，这样运动部分重量轻，速度高，动态响应好。

8）完全对称的并联机构具有较好的各向同性。

由于具有这些特点，并联机器人在需要高刚度、高精度、大荷重、工作空间精简的领域内得到了广泛应用，尤其在拾取分拣领域。

四、机器人本体与控制器的线路连接

机器人本体与控制器之间需要连接两条电缆：动力电缆和 SMB 电缆（见图 5-11 和图 5-12）。

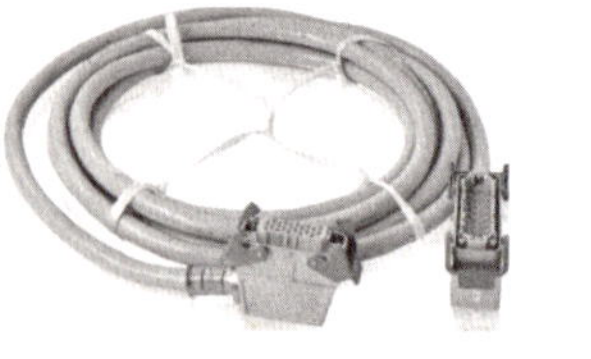

图 5-11　动力电缆

图 5-12　SMB 电缆

1. 机器人本体与控制器的连接方式

1）将标注为 R1.MP 的动力电缆插头接入对应机器人本体底座的插口上，如图 5-13 所示。

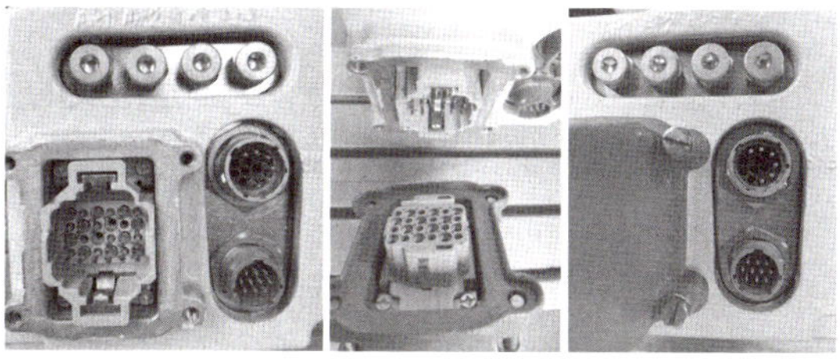

图 5-13　动力电缆接入机器人本体

2）将 SMB 电缆（弯头）接头插到机器人本体底座的 SMB 端口上，如图 5-14 所示。

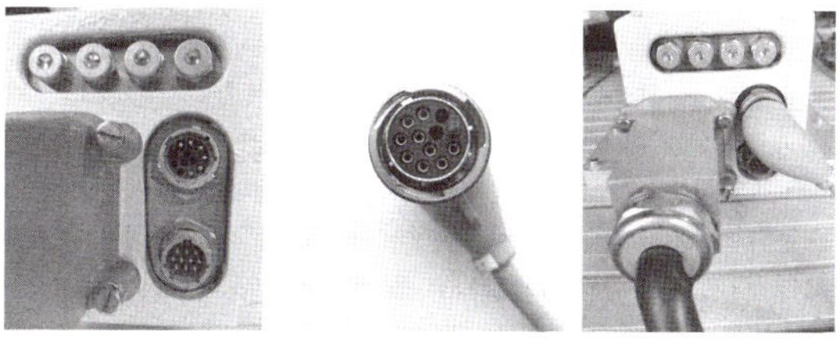

图 5-14　SMB 电缆接入机器人本体

2. 电源线接头的制作

1）此任务中 IRB1200 使用单相 220V 供电，最大功率为 0.5kW。根据此参数，准备电源线的接头，如图 5-15 所示。

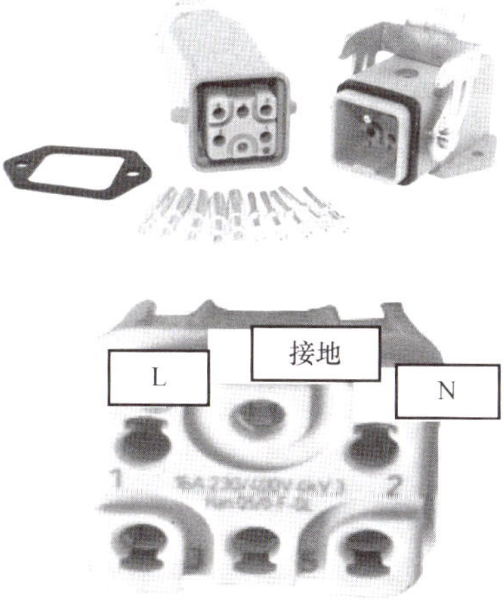

图 5-15　电源线接头

2）将电源线根据定义进行接线，将电线涂锡后插入接头压紧，如图 5-16 所示。

3）已制作好的电源线如图 5-17 所示。

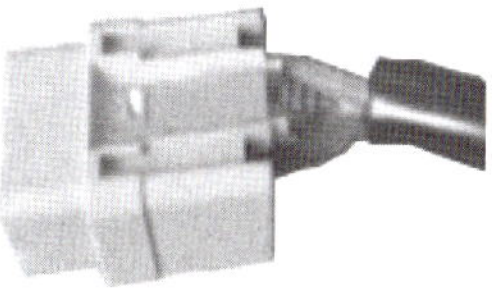

图 5-16　电源线接线

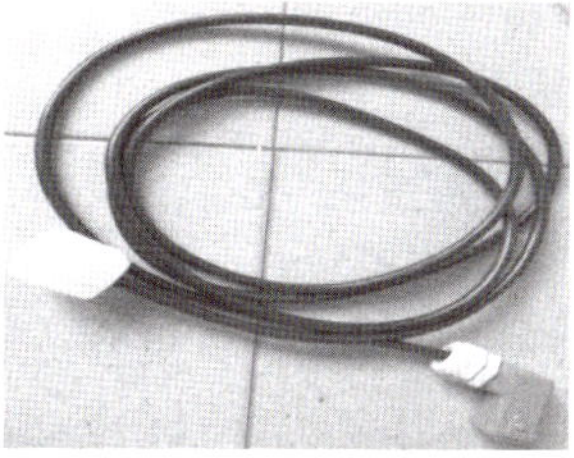

图 5-17　电源线

任务总结

本任务主要讲述了工业机器人本体的结构和通信插口。机器人本体机构中需要重点掌握的是减速器和伺服电动机，机器人本体通信接口处需要注意的是动力电缆、SMB 电缆、具体对应的插口的具体位置，最后需要注意及时切断电源，保证最基本的人身安全。

任务评价

任务评价见表 5-2。

表 5-2　任务评价表

评价内容	评价标准	配分	得分
六轴多关节机器人的结构	了解基座、腰部、手臂（大臂和小臂）和手腕，以及伺服电动机、伺服驱动器、减速器	30	
平面关节机器人的结构	了解平面关节机器人的结构	20	
并联机器人的结构	了解机座、大臂、小臂、电动机和抓手安装法兰	20	
机器人本体与控制器的连接	掌握机器人的本体与控制器的连接方式	30	

每课寄语

匠心追梦，技能成才，技能报国。

拓展练习

一、填空题

1. 谐波减速器是工业机器人本体上常用的减速器，它是由__________、__________和__________组成的。

2. 并联机器人的主要结构包括__________、__________、__________、__________和抓手安装法兰。

二、选择题

1. 机器人主要是由（　　）3 部分组成的。

A. 减速器、伺服电动机、控制器

B. 减速器、伺服电动机、驱动器

C. 机器人本体、控制系统、示教器

D. 伺服电动机、驱动器、传感器

2. 机器人本体最后一个轴的接口通常为一个（　　）。

A. 电动机　　B. 法兰

C. 气缸　　D. 负载

三、问答题

1. 简述并联机器人的特点。

2. 简述 RV 减速器的优点。

任务六　工业机器人控制系统

扫码看视频

任务目标

1. 知识目标

（1）了解工业机器人控制器的结构。

（2）了解工业机器人控制器的基本功能。

（3）了解工业机器人控制器的分类。

（4）了解工业机器人控制器的基础操作。

2. 技能目标

（1）掌握机器人控制器的结构、基本功能及分类。

（2）掌握工业机器人控制器的接线。

（3）掌握机器人控制器的通电开机及手动 / 自动切换操作。

3. 素质目标

（1）认识工业机器人控制系统的重要性。

（2）了解国内控制系统与国外品牌的差距，培育科技创新的精神。

任务布置

根据工业机器人控制器接线图完成工业机器人控制器的接线，重点掌握控制器上的电源总开关、手动 / 自动切换开关、电动机通电 / 复位按钮、急停按钮等重要按钮。工业机器人控制器实物接线图如图 6-1 所示。

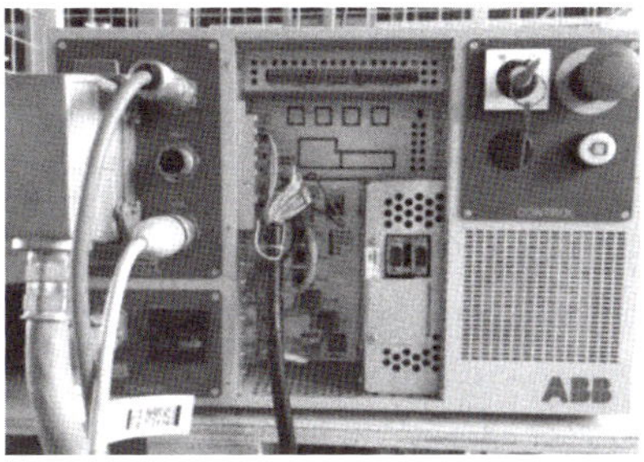

图 6-1　工业机器人控制器实物接线图

任务分析

首先可以简单地拆开机器人控制器，自己认知控制器内部构成组件，其次找到与机器人本体连接的通信接口，将动力电缆、SMB 电缆、示教器电缆依次与对应的插口连接，最后完成电源总开关、手动 / 自动切换开关、电动机通电 / 复位按钮、急停按钮等重要按钮的实际操作。

相关知识

如果说工业机器人本体是机器人的“肢体”，那么控制系统则是工业机器人的“大脑”。工业机器人控制系统是根据指令以及传感信息控制工业机器人完成一定动作或作业任务的装置，是决定工业机器人功能和性能的主要因素，也是工业机器人系统中更新和发展最快的部分。

一、工业机器人控制器的结构

工业机器人控制器由计算机硬件、软件和一些专用电路构成，其软件包括控制器系统软件、机器人专用语言、机器人运动学和动力学软件、机器人控制软件、机器人自诊断和自保护功能软件等，它处理机器人工作过程中的全部信息和控制其全部动作。

工业机器人控制器的功能模块包括：计算机模块、电动机驱动单元模块、机箱控制模块、分布式输入 / 输出（通信）模块。

二、工业机器人控制器的分类

控制器是工业机器人控制功能的结构实现。依据控制系统的开放程度，机器人控制器可分为封闭型、开放型和混合型 3 类。目前应用中的工业机器人控制器，基本上都是封闭型（如日系机器人）或混合型（如欧系机器人）。依据计算机结构、控制方式和控制算法的处理方法，机器人控制器又可分为集中式和分布式两种。

1. 集中式控制器

集中式控制器利用一台微型计算机实现系统的全部控制功能，早期机器人常采用这种结构。集中式控制器的优点是硬件成本较低，便于信息的采集和分析，易于实现系统的最优控制，整体性与协调性较好，基于 PC 的系统硬件扩展较为方便。但其缺点也显而易见：系统控制缺乏灵活性，控制危险容易集中，一旦出现故障，影响面广，后果严重；由于工业机器人的实时性要求很高，当系统进行大量数据计算时，会降低系统实时性，系统对多任务的响应能力也会与系统的实时性相冲突；系统连线复杂，会降低系统的可靠性。

2. 分布式控制器

分布式控制器的主要控制思想是“分散控制，集中管理”，即系统对其总体目标和任务可以进行综合协调和分配，并通过子系统的协调工作来完成控制任务，整个系统在功能、逻辑和物理等方面都是分散的。子系统是由控制器和不同被控对象或设备构成的，各个子系统之间通过网络等进行相互通信。分布式控制结构提供了一个开放、实时、精确的机器人控制系统。

分布式系统中常采用两级控制方式，由上位机和下位机组成。

上位机负责整个系统管理以及运动学计算、轨迹规划等，下位机由多 CPU 组成，每个 CPU 控制一个关节运动。上、下位机通过通信总线（如 RS-232、RS-485、以太网等）相互协调工作。

分布式控制系统的优点在于：系统灵活性好，控制系统的危险性降低；采用多处理器的分散控制有利于系统功能的并行执行，提高系统的处理效率，缩短响应时间。

三、工业机器人控制器的接线

1）将标注为 XP1 的动力电缆插头接入控制器的 XS1 端口，如图 6-2 所示。

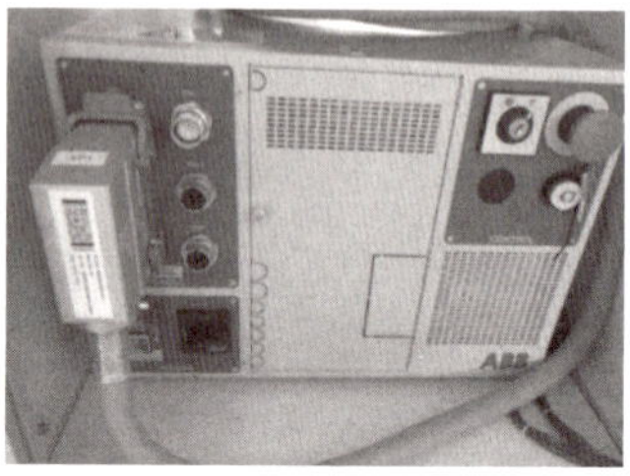

图 6-2　动力电缆接入控制器

2）将 SMB 电缆（直头）接头插到控制器的 XS2 端口，如图 6-3 所示。

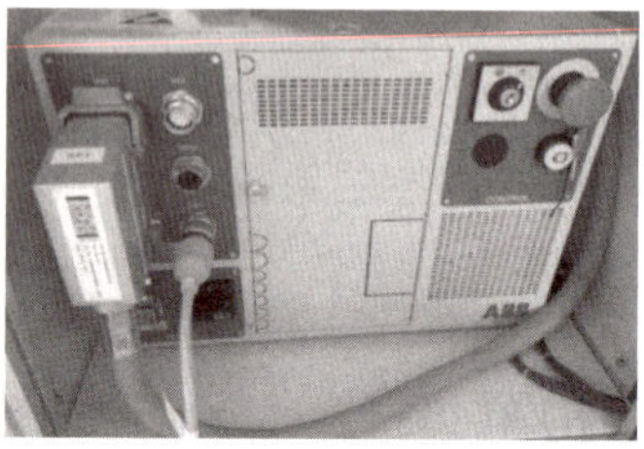

图 6-3　SMB 电缆接入控制器

3）将示教器电缆（红色）接头插到控制器的 XS4 端口，如图 6-4 所示。

图 6-4　示教器电缆接入控制器

四、工业机器人控制器的基础操作

工业机器人控制器的电源总开关、急停按钮、电动机通电 / 复位按钮、自动 / 手动切换开关见表 6-1。

表 6-1　工业机器人控制器上的主要开关 / 按钮

名称	图片	名称	图片
电源总开关	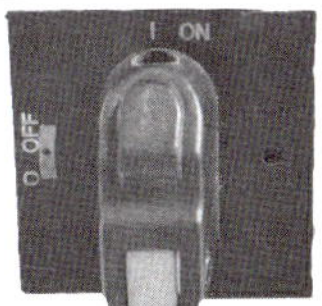	电动机通电 / 复位按钮	
急停按钮	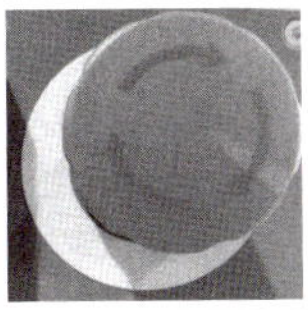	自动 / 手动切换开关	

1. 控制系统通电操作

1）电源总开关转动到 ON 位置，控制器通电启动。

2）将控制器上的自动 / 手动切换开关切换到手动限速状态（小手标志）。

3）在状态栏中，确认机器人的状态已切换为“手动”，如图 6-5 所示。

4）单击左上角主菜单按钮，打开主菜单，如图 6-6 所示。

图 6-5　切换为手动状态

2. 紧急停止后的恢复操作

机器人系统在紧急停止后，需要进行以下的操作后才可恢复到正常状态。

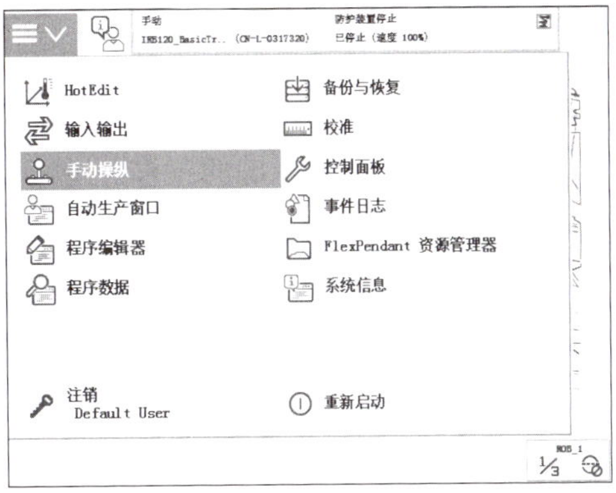

图 6-6　主菜单

1）机器人处于紧急停止状态，如图 6-7 所示。

2）松开急停按钮。

3）按下电动机通电 / 复位按钮。

4）机器人系统恢复到正常状态，如图 6-8 所示。

图 6-7　紧急停止状态

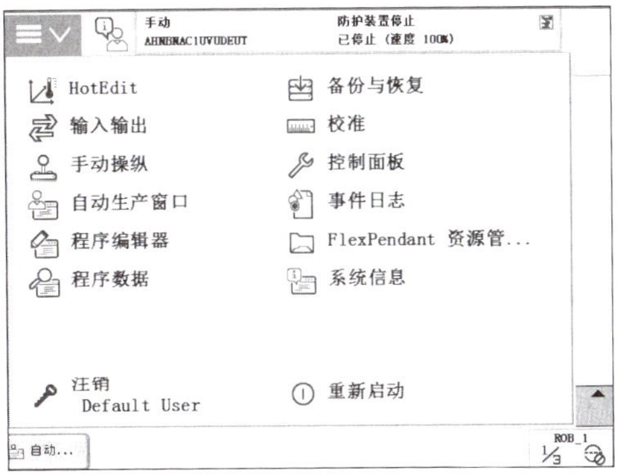

图 6-8　正常状态

五、工业机器人控制器的基本功能

机器人控制器是工业机器人的重要组成部分，是工业机器人的神经中枢、大脑，用于对操作机的控制，以完成特定的工作任务。其基本功能如下：

（1）记忆功能　存储作业顺序、运动路径、运动方式、运动速度和与生产工艺有关的信息。

（2）示教功能　离线编程、在线示教、间接示教。在线示教包括示教盒和导引示教两种。

（3）与外围设备联系功能　输入和输出接口、通信接口、网络接口、同步接口。

（4）坐标设置功能　有关节、绝对、工具、用户自定义 4 种坐标系。

（5）人机接口　示教盒、操作面板、显示屏。

（6）传感器接口　位置检测、视觉、触觉、力觉等。

（7）位置伺服功能　机器人多轴联动、运动控制、速度和加速度控制、动态补偿等。

（8）故障诊断和安全保护功能　运行时的系统状态监视、故障状态下的安全保护和故障自诊断。

任务总结

本任务主要讲述了工业机器人控制器的结构和通信插口。工业机器人控制器机构中需要重点掌握的是通信接口，掌握动力电缆、SMB 电缆、示教器电缆依次与对应插口的连接，以及电源总开关、手动 / 自动切换开关、电动机通电 / 复位按钮、急停按钮等重要按钮 / 开关的实际操作。

任务评价

任务评价见表 6-2。

表 6-2　任务评价表

评价内容	评价标准	配分	得分
工业机器人控制器的结构	了解工业机器人控制器的结构组成	20	
工业机器人控制器的分类	了解集中式控制器与分布式控制器的区别	20	
工业机器人控制器的接线	掌握机器人本体与控制器之间电缆连接的方法	30	
工业机器人控制器的基础操作	掌握工业机器人控制器的电源总开关、急停按钮、电动机通电 / 复位按钮、自动 / 手动切换开关的操作方法	30	

每课寄语

实用技术学到手，天南地北任我走。

拓展练习

一、填空题

1. 机器人紧急停止后的恢复操作：先松开__________按钮，再按下__________按钮，机器人系统即可恢复到正常状态。

2. 工业机器人控制器的功能模块包括__________模块、__________模块、__________模块、分布式输入 / 输出（通信）模块。

二、问答题

1. 简述工业机器人控制器的基本功能。
2. 简述工业机器人控制器的结构。

任务七　工业机器人示教器

扫码看视频

任务目标

1. 知识目标

（1）掌握工业机器人示教器的基本功能。

（2）掌握工业机器人示教器按键的作用。

2. 技能目标

（1）掌握机器人示教器的语言设置。

（2）能正确使用示教器的使能器按钮。

3. 素质目标

（1）重视工业机器人基础内容的掌握。

（2）培养底层逻辑思维意识。

任务布置

通过学习掌握图 7-1 所示 ABB 机器人示教器各个按键的作用、示教器触摸屏各菜单的功能、示教器使用过程中的注意事项。

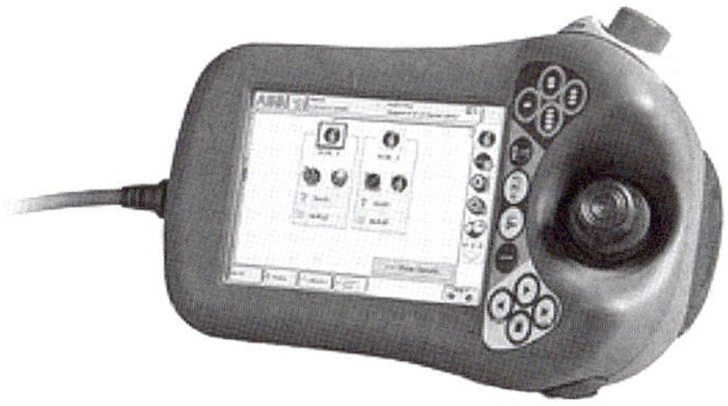

图 7-1　ABB 机器人示教器

任务分析

示教器又叫示教编程器，是机器人与人的交互接口，是通过电缆与机器人控制系统相连接的手持式操作设备。ABB 机器人示教器由硬件和软件组成，其本身就是一套完整的计算机系统。其与机器人系统操作相关的功能有连接机器人控制系统、手动操作机器人、编辑和运行程序、参数配置及监控等。示教器硬件由触摸屏和操作按键组成。示教 - 再现型机器人的所有操作均可通过示教器来完成，所以掌握示教器各个按键的功能和操作方法是使用示教器操作机器人的前提。

相关知识

一、示教器基本介绍

在示教器上，绝大多数的操作都是在触摸屏上完成的，同时也设置了必要的按键与操作装置，如图 7-2 和图 7-3 所示。

在了解了 ABB 机器人示教器的构造以后，下面介绍应该如何去使用示教器。为了便于现场操作，通常需要手持示教器实时操作，ABB 机器人示教器是按照人体工程学设计的，习惯右手在触摸屏上操作的人员通常会左手持设备。

手持示教器时，手执的手掌整个托起示教器，同时除大拇指外的四指穿过安全皮带轻放在使能器按钮上，这样就能轻松地把示教器放在手掌上。在需要时，就可以一手按使能器按钮，另外一只手操作按键或操纵杆控制机器人运动，如图 7-4 和图 7-5 所示。

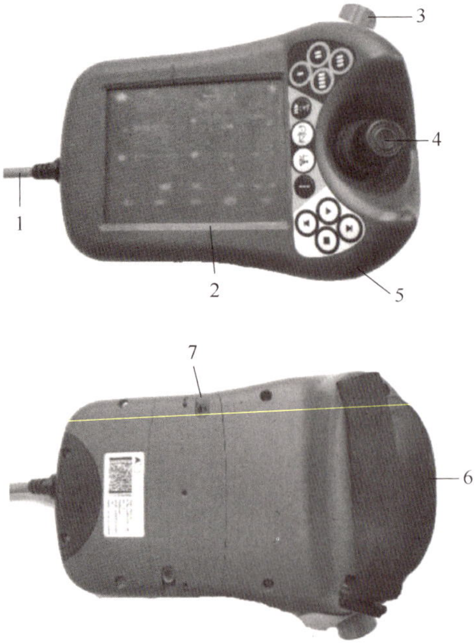

图 7-2　示教器结构

1—连接电缆　2—触摸屏　3—急停按钮　4—手动操作操纵杆　5—USB 接口　6—使能器按钮　7—触摸屏用笔

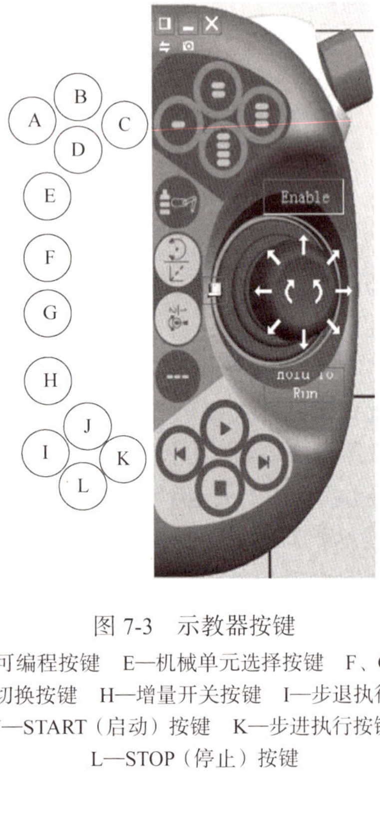

图 7-3　示教器按键

A~D—可编程按键　E—机械单元选择按键　F、G—动作模式切换按键　H—增量开关按键　I—步退执行按键　J—START（启动）按键　K—步进执行按键　L—STOP（停止）按键

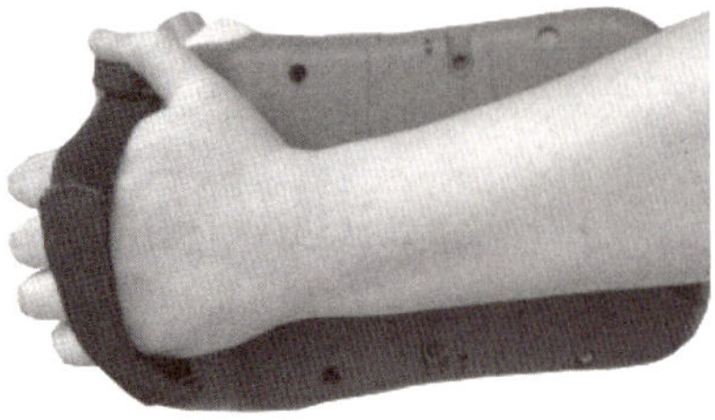

图 7-4　手持示教器

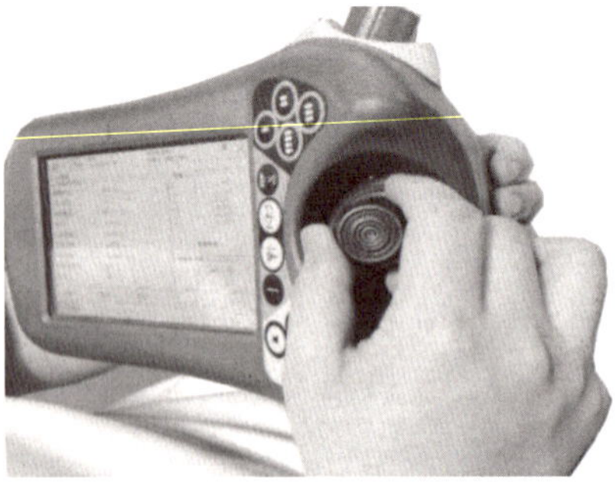

图 7-5　操作示教器操纵杆

使能器按钮是工业机器人示教器为保护操作人员人身安全而设置的。只有在按下使能器按钮，并保持在“电机开启”的状态时，才可对机器人进行手动操纵与程序调试。当发生危险时，人会本能地将使能器按钮松开或按紧，则机器人会立即停止运行，以保证安全。

使能器按钮的操作有 3 个状态：按下一半、完全松开和完全按下。必须将使能器按钮按下一半才能启动机器人电动机，此时示教器状态栏显示“电机开启”，如图 7-6 所示。在完全松

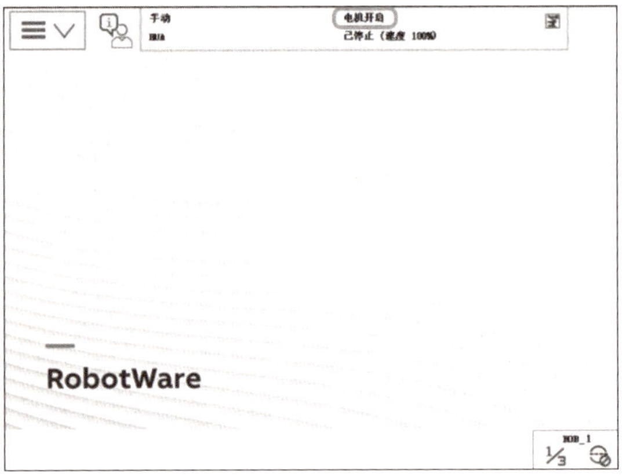

图 7-6　电机开启状态

开和完全按下使能器按钮时，示教器状态栏显示“防护装置停止”，此时电动机处于关闭状态，无法对机器人进行手动操纵与程序调试，如图 7-7 所示。

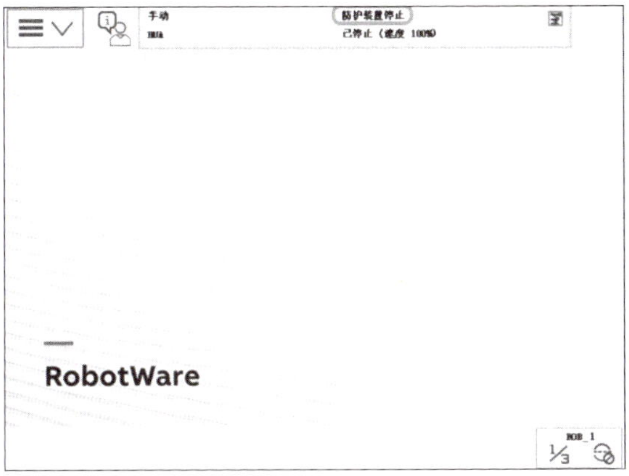

图 7-7　防护装置停止状态

二、设置示教器的显示语言

示教器出厂时，默认的显示语言是英语，为了方便操作，下面介绍把显示语言设置为中文的操作步骤：

1）单击左上角主菜单按钮。

2）选择“Control Panel”，如图 7-8 所示。

3）选择“Language”，如图 7-9 所示。

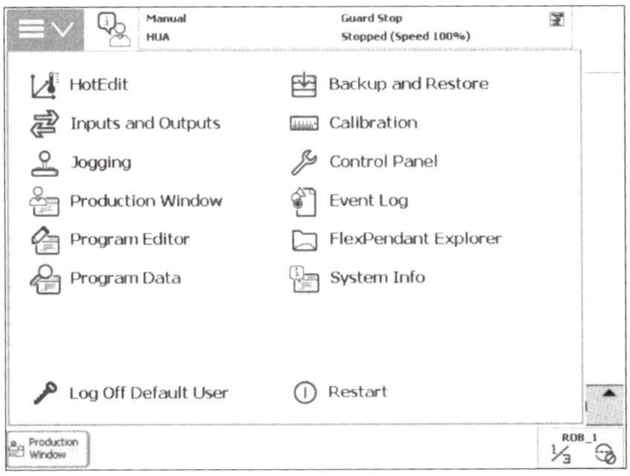

图 7-8　选择“Control Panel”

4）选择“Chinese”，单击“OK”，如图 7-10 所示

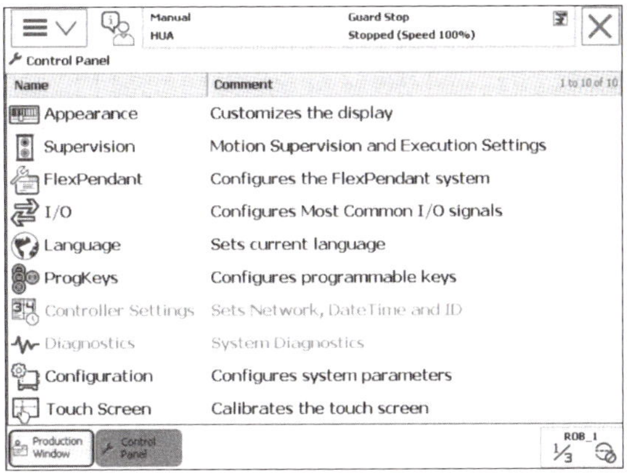

图 7-9　选择“Language”

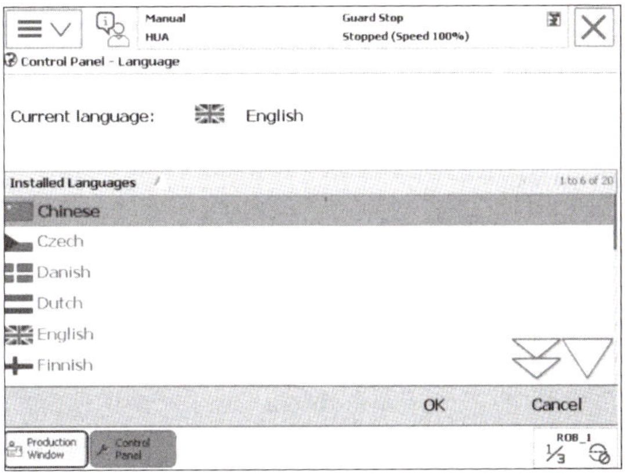

图 7-10　选择“Chinese”

5）单击“Yes”后，系统重启，如图 7-11 所示。

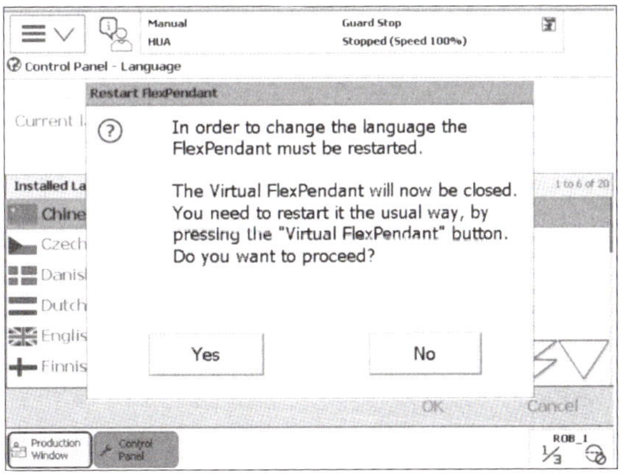

图 7-11　单击“Yes”

6）重启后，就能看到示教器界面已切换成中文，如图 7-12 所示。

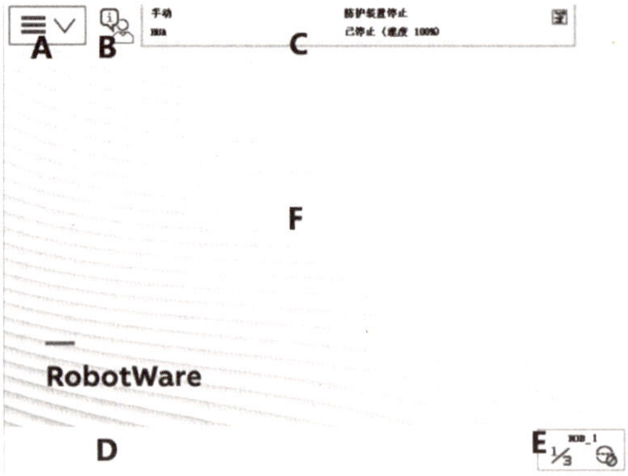

图 7-12　示教器中文界面

三、示教器主界面认知

示教器主界面如图 7-12 所示，其主要组成部分及功能见表 7-1。

表 7-1　示教器主界面主要组成部分及功能

序号	名称	功能
A	主菜单按钮	单击该按钮可进入示教器主菜单，包括 HotEdit、备份与恢复、输入输出、校准、手动操纵、控制面板、自动生产窗口、事件日志、程序编辑器、FlexPendant 资源管理器、程序数据、系统信息等
B	操作员窗口	操作员窗口显示来自机器人程序的消息；程序需要操作员做出某种响应以便继续时，此处往往会出现这种提示
C	状态栏	状态栏显示与系统状态有关的重要信息，如操作模式、电动机开启 / 关闭、程序运行状态以及速率、当前激活的机械单元等
D	任务栏	通过主菜单可以打开最多 6 个视图，但 1 次只能操作 1 个；任务栏显示所有打开的视图，并可用于视图切换
E	快速设置菜单	快速设置菜单包含对手动操作和程序执行进行的设置
F	显示界面	显示视图打开的详细信息

四、示教器使用注意事项

示教器是一款高品质手持式终端，它配备了高灵敏度的先进电子设备。为避免操作不当引起的故障或损坏，请在操作时遵循以下说明：

1）小心搬运。切勿摔打、抛掷或用力撞击示教器，这样会导致破损或故障。如果示教器受到撞击，务必要验证并确认其安全功能（使能器按钮和急停按钮）工作正常且未损坏。

2）设备不使用时，请将其置放于立式壁架上存放，防止意外脱落。使用和存放示教器时始终要确保电缆不会将人绊倒。

3）切勿使用锋利的物体（例如螺丝刀或笔尖）操作触摸屏，这样可能会损坏触摸屏，请使用手指或触摸屏用笔操作触摸屏。

4）定期清洁触摸屏。灰尘和小颗粒可能会挡住触摸屏造成故障。切勿使用溶剂、洗涤剂或擦洗海绵清洁触摸屏，请使用软布蘸少量水或中性清洁剂进行清洁。

5）没有连接 USB 设备时务必盖上 USB 端口的保护盖。如果端口暴露到灰尘中，那么它可能会中断或发生故障。

任务总结

示教器是操作和控制机器人的主要部件，只有掌握示教器各个功能按键的作用，看懂触摸屏显示的内容，才能为接下来深入学习工业机器人知识打下良好的基础。本任务主要介绍的是 ABB 工业机器人示教器，关于其他国内外品牌工业机器人示教器的相关知识，可以到其官网下载资料查看。

任务评价

任务评价见表 7-2。

表 7-2　任务评价表

评价内容	评价标准	配分	得分
工业机器人示教器的硬件组成及按键	掌握工业机器人示教器的硬件组成及按键作用，能正确使用使能器按钮	25	
设置机器人示教器显示语言	掌握工业机器人示教器设置显示语言的步骤	25	
工业机器人示教器的主界面内容	掌握工业机器人示教器的主界面内容	25	
工业机器人示教器使用注意事项	掌握工业机器人示教器使用注意事项	25	

每课寄语

“企业 9S 管理：整理、整顿、清扫、清洁、节约、安全、服务、满意、素养”。

拓展练习

一、填空题

1. 工业机器人示教器的主要功能有__________、__________、__________、__________。

2. 示教器也称示教编程器，主要由__________和__________组成。

3. 示教器使能器按钮有__________、__________、__________3 个状态。

二、问答题

1. 工业机器人示教器的外部按键及操作装置有哪些？

2. 简述工业机器人示教器的操作注意事项。

任务八　工业机器人的技术参数与选型

任务目标

1. 知识目标

（1）了解工业机器人的主要技术指标。

（2）了解工业机器人的选型基础。

2. 技能目标

（1）掌握工业机器人的五大技术指标。

（2）掌握工业机器人选型的基本要求。

3. 素质目标

（1）认识工业机器人技术指标的重要性。

（2）培养对工业机器人的选型能力。

任务布置

通过学习本章节内容，了解工业机器人主要的技术指标以及如何对机器人进行选型。

任务分析

工业机器人的技术指标反映了工业机器人的适用范围和工作性能，是选择、使用机器人必须考虑的问题。尽管各工业机器人厂商所提供的技术指标不完全一样，工业机器人的结构、用途以及用户的要求也不尽相同，但其主要技术指标一般均为自由度、额定负载、重复定位精度、工作范围和最大工作速度等。

相关知识

一、工业机器人的五大技术指标

工业机器人的技术指标是选择、使用机器人的重要依据。表 8-1 是 ABB IRB1200 工业机器人（见图 8-1）的五大技术指标。

表 8-1　ABB IRB1200 工业机器人的五大技术指标

自由度	6
额定负载	5kg
重复定位精度	± 0.01mm
工作范围	0.9m
最大工作速度	320° /s

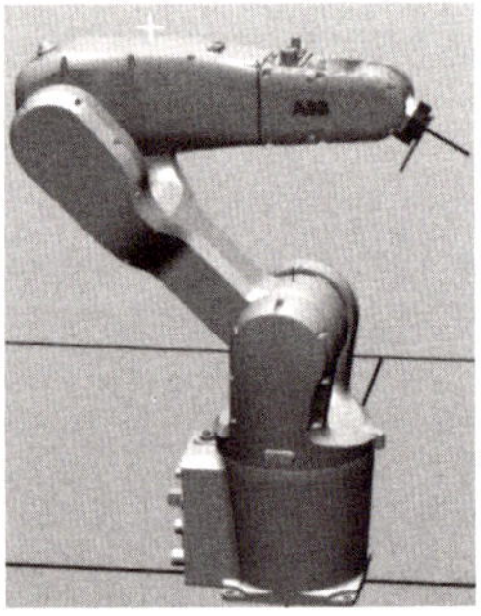

图 8-1　ABB IRB1200 工业机器人本体

1. 自由度

自由度是指机器人所具有的独立坐标轴的数目（末端执行器的自由度不包括在内）。作为机器人的技术指标，自由度通常反映机器人动作的灵活性，常用轴的直线移动、摆动或旋转动作的数目来表示。采用空间开链连杆机构的机器人，因每个关节运动仅有一个自由度，所以机器人的自由度数就等于它的关节数。由于具有 6 个旋转关节的铰接开链式机器人从运动学上已被证明能以较小的结构尺寸获取最大的工作空间，并且能以较高的位置精度和最优的路径到达指定位置，因而关节机器人在工业领域得到广泛应用。目前，焊接和涂装作业机器人多为 6 或 7 自由度，而搬运、码垛和装配机器人多为 4~6 自由度。

2. 额定负载

额定负载也称机器人的最大持重能力。如果持重超出额定范围，机器人零部件磨损较快，甚至损坏。在正常操作条件下，额定负载是指作用于机器人手腕末端，且不会使机器人性能降低的最大载荷。目前使用的工业机器人的负载范围为 0.5~1300kg。

3. 重复定位精度

重复定位精度是指机器人重复定位其末端执行器于同一目标位置的能力，即机器人重复一个动作 5 ~10 次，每次在同一个点的最大位置偏差。目前，工业机器人的重复定位精度可达 ±(0.01~0.2) mm。根据作业任务和末端持重的不同，机器人的重复定位精度要求也不同，装配机器人、上下料机器人、焊接机器人的重复定位精度要求高一些，而码垛机器人要求就低一些。

4. 工作范围

工业机器人在执行任务时，其手腕参考点掠过的空间称为工作范围，常用图 8-2 表示。

由于工作范围的形状和大小反映了机器人工作能力的大小，因而它对于机器人的应用十分重要。工作范围不仅与机器人各连杆的尺寸有关，还与机器人的总体结构有关。为能真实反映机器人的特征参数，厂家所给出的工作范围一般指不安装末端执行器时可以到达的区域。

5. 最大工作速度

最大工作速度是指在各轴联动情况下，机器人手腕中心所能达到的最大线速度。这是在生产中影响生产效率的重要指标。它因生产厂家不同而标注不同，一般都会在技术参数中加以说明。很明显，最大工作速度越高，生产效率也越高；然而，工作速度越高，对机器人最大加速度要求也越高。

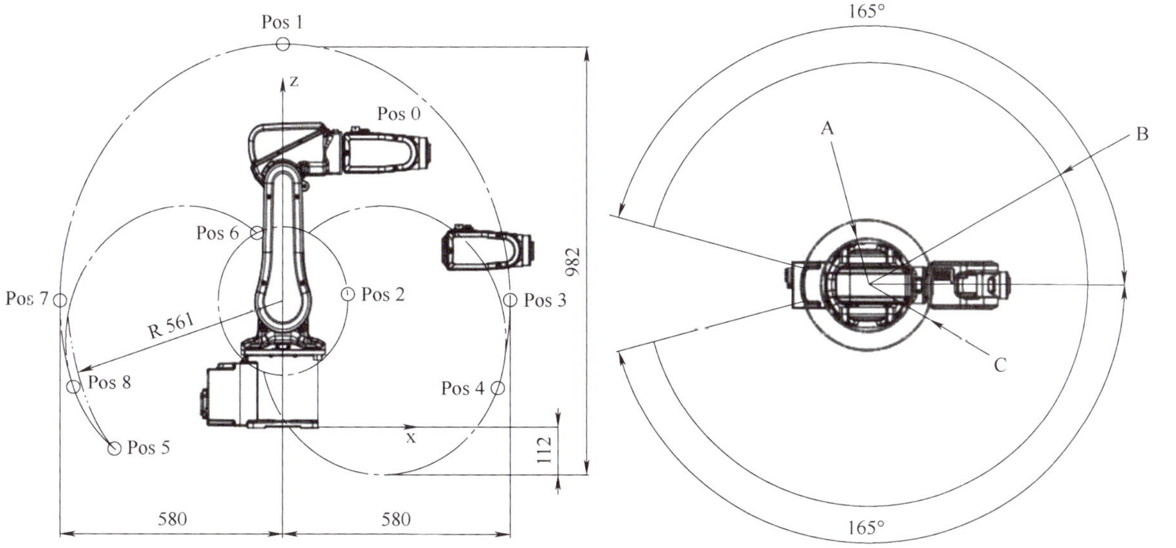

图 8-2　工业机器人的工作范围

除上 5 项指标以外，还应注意机器人的控制方式、驱动方式、安装方式、存储容量、自诊断及自保护、安全保障等。

二、工业机器人的选型

工厂里常用的机器人类型如图 8-3 所示。对于自动化行业的资深机电工程师来说，选择合适的机器人也许是一个简单的工作。但是对于第一次准备购买、导入机器人的工厂或设计人员来说，也许会有些迷茫。下面从 9 个方面，讨论如何选择一个合适的工业机器人。

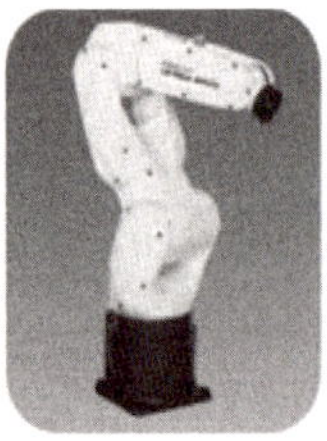

a) 多关节机器人

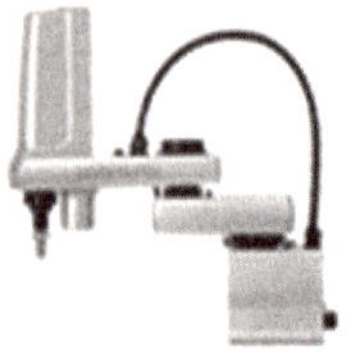

b) 水平关节机器人

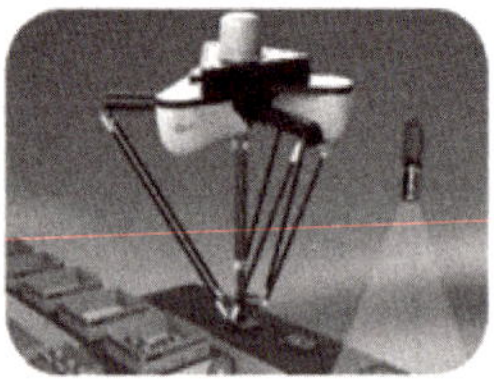

c) 并联机器人

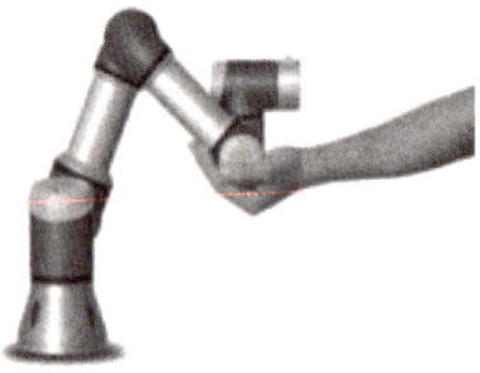

d) 协作机器人

图 8-3　工厂里常用的机器人类型

1. 应用场合

首先，最重要的是评估导入的机器人用于怎样的场合及制程。

1）如果应用制程需要在人工旁边由机器协同完成，对于通常的人机混合的半自动线，特别是需要经常变换工位或移位移线的情况，以及配合新型力矩感应器的场合，协作机器人（Cobots）应该是一个很好的选项。

2）如果是寻找一个紧凑型的取放料机器人，可选择一个平面关节型机器人（SCARA）。

3）如果是寻找小型物件并快速取放的场合，并联机器人（Delta）最适合这样的需求。

4）如果应用制程可以适应一个非常大范围的应用，如从取、放料到码垛，以及喷涂、去毛刺、焊接等专用制程，多关节轴机器人（Multi-axis）应该是一个很好的选项。

现在，工业机器人制造商基本上针对每一种应用制程都有相应的机器人方案。你所需做的只是明确机器人要为你做哪种工作，从而在不同的种类当中选择最适合的类型。

2. 有效负载

有效负载是指机器人在其工作空间内可以携带的最大负荷，从 3~1300kg 不等。如果希望机器人将目标工件从一个工位搬运到另一个工位，需要注意将工件的重量以及机器人手爪的重量加总到其工作负荷。

另外特别需要注意的是机器人的负载曲线，在空间范围内不同距离的位置，其实际负载能力会有差异。

3. 自由度（轴数）

机器人配置的轴数直接关联其自由度。如果是一个简单的直来直去的场合，如从一条输送带取放到另一条，简单的四轴机器人就足以应对。

但是，如果应用场景在一个狭小的工作空间，且机器人手臂需要很多的扭曲和转动，六轴或七轴机器人将是最好的选择。

轴数一般取决于其应用场合。应当注意，在成本允许的前提下，轴数多的机器人灵活性更高，到达能力更强，柔性化也更高；另外，也方便后续重复利用改造机器人到另一个应用制程，能适应更多的工作任务。

机器人制造商倾向于使用各自略有不同的轴或关节命名。基本上，第一关节（J1）是最接近机器人基座的那个。接下来的关节称为 J2、J3、J4，依此类推，直至手腕末端，如图 8-4 所示。而有的公司则使用字母命名机器人的轴，如安川、Motoman 公司。

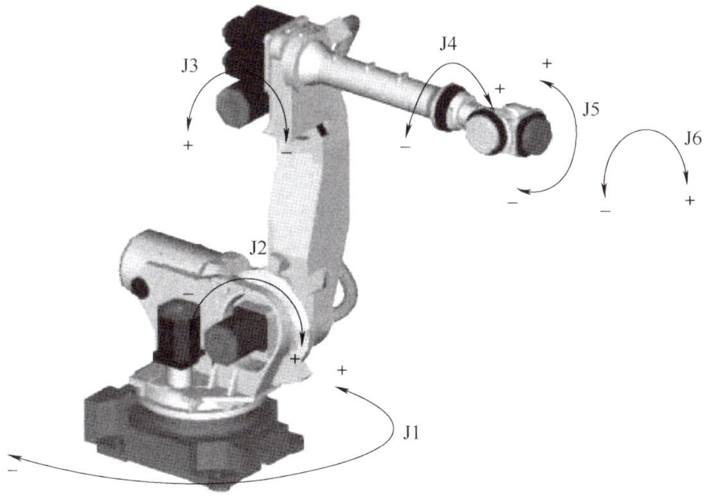

图 8-4　工业机器人的自由度

4. 最大动作范围

在评估目标应用场合时，还应了解机器人需要到达的最大距离。选择机器人时，不仅要考量它的有效载荷，也需要综合考量它到达的确切距离。每个公司都会给出相应机器人的动作范围图，由此可以判断，该机器人是否适合于特定的应用。

选择机器人的水平运动范围时，需注意机器人在近身及后方的一片非工作区域。机器人的最大垂直高度是从机器人能到达的最低点（常在机器人基座以下）到手腕可以达到的最大高度的距离（Y），最大水平动作距离是从机器人基座中心到手腕可以水平达到的最远点的中心的距离（X）。

5. 重复精度

同样的，这个因素也取决于机器人的应用场合。重复精度可以被描述为机器人完成例行的工作任务时每次到达同一位置的能力，其值一般在 ±（0.01～0.2）mm，甚至更小。例如，如果需要用机器人组装电子线路板，则需要选择超高重复精度的机器人；如果应用工序比较粗糙，如打包、码垛等，工业机器人也就不需要那么精密了。

另外，组装工程的机器人精度的选型要求，也关联组装工程各环节尺寸和公差的传递和计算，如来料物料的定位精度、工件本身在治具中的重复定位精度等。

这项指标从 2D 方面以正负（±）表示。事实上，由于机器人的运动重复点不是线性的，而是在空间内 3D 运动，该参数的实际情况可以是在公差半径球形空间内的任何位置。

当然，配合现在机器视觉技术的运动补偿，将减低机器人对来料精度的要求和依赖，提升整体的组装精度。

6. 速度

这个参数与每一个用户息息相关，事实上，它取决于在该作业内完成循环动作的时间。机器人的规格表中列出了该型号机器人的最大速度，但我们还应考量其在运行时从一个点到另一个点的加减速，因为实际运行的速度是在 0 和最大速度之间。速度的单位通常为“°/s”。有的机器人制造商也会标注机器人的最大加速度。

7. 本体重量

机器人本体重量是设计机器人单元时的一个重要因素。如果工业机器人必须安装在一个定制的机台甚至导轨上，则需要知道它的本体重量来设计相应的支撑。

8. 制动器和转动惯量

基本上每个机器人制造商都提供机器人制动系统的信息。有些机器人为所有的轴配备制动器，有的机器人型号不是所有的轴都配置制动器。要在工作区中确保精确和可重复的位置，需要有足够数量的制动器。另外，意外断电时不带制动器的负重机器人轴不会锁死，有造成意外的风险。

同时，某些机器人制造商也提供机器人的转动惯量。其实，对于设计的安全性来说，这将是一个额外的保障。另外，不同轴上的适用的扭矩也不同。例如，如果某动作需要一定量的扭矩才能正确完成，则需要检查在该轴上适用的最大扭矩是否正确，如果选型不正确，机器人则可能由于过载而停机。

9. 防护等级

根据机器人的使用环境，选择需达到的防护等级（IP 等级）。一些制造商提供相同的机械手针对不同场合的多防护等级的产品系列。如果机器人在与生产食品相关的产品、医药、医疗器具或易燃易爆的环境中工作时，防护等级会有所不同。防护等级多以两位数字用来明确表示。第一位数字表明设备防止固体异物进入的防护等级，最高级别是 6；第二位数字表明设备防水的程度，代表防止水进入的防护等级，最高级别是 9。其具体说明见表 8-2。

表 8-2 防护等级

数字	防护范围	说明
IP 后第一位数字：防固体等级		
0	无防护	—
1	防止直径不小于 50mm 的固体异物	直径 50mm 的球形物体试具不得完全进入壳内
2	防止直径不小于 12.5mm 的固体异物	直径 12.5mm 的球形物体试具不得完全进入壳内
3	防止直径不小于 2.5mm 的固体异物	直径 2.5mm 的物体试具完全不得进入壳内
4	防止直径不小于 1.0mm 的固体异物	直径 1.0mm 的物体试具完全不得进入壳内
5	防尘	不能完全防止尘埃进入，但进入的灰尘量不得影响设备的正常运行，不得影响安全
6	尘密	无灰尘进入
IP 后第二位数字：防水等级		
0	无防护	—
1	防止垂直方向滴水	垂直方向滴水应无有害影响
2	防止当外壳在 15° 倾斜时垂直方向滴水	当外壳的各垂直面在 15° 倾斜时，垂直滴水应无有害影响
3	防淋水	当外壳的垂直面在 60° 范围内淋水，无有害影响
4	防溅水	向外壳各方向溅水无有害影响
5	防喷水	向外壳各方向喷水无有害影响
6	防强烈喷水	向外壳各个方向强烈喷水无有害影响
7	防短时间浸水影响	浸入规定压力的水中经规定时间后外壳进水量不致达有害程度
8	防持续浸水影响	按生产厂和用户双方同意的条件（应比特征数字为 7 时严酷）持续潜水后外壳进水量不致达有害程度
9	防高温 / 高压喷水的影响	向外壳各方向喷射高温 / 高压水无有害影响

任务总结

随着技术的发展，工业机器人得到充分应用，在设备制造生产中逐渐演变出多种机型的机器人以适应不同环境、不同场合。在实际选择中，要根据应用场合、型号、负载等多方面考虑，选择合适型号的机器人。

任务评价

任务评价见表 8-3。

表 8-3 任务评价表

评价内容	评价标准	配分	得分
工业机器人的五大技术指标	掌握工业机器人的五大技术指标：自由度、额定负载、重复定位精度、工作范围、最大工作速度	50	
工业机器人的选型	掌握工业机器人的选型要求	50	

每课寄语

学技术，练技能，当能手，做贡献。

拓展练习

一、选择题

1. 以下关于 ABB IRB1200 工业机器人技术指标的描述，错误的是（　　）。

A. 工作范围是 120mm

B. 额定负载是 5kg

C. 有 6 个自由度

D. 重复定位精度是 ±0.01mm

2. 机器人所具有的独立坐标轴的数目是指（　　）。

A. 最大工作速度　　B. 自由度

C. 工作范围　　D. 额定负载

二、问答题

选择一个合适的工业机器人要考虑哪些因素？

任务九 焊接机器人

扫码看视频

任务目标

1. 知识目标

（1）了解焊接与焊接机器人的含义。

（2）了解各类焊接机器人的区别与应用。

（3）了解焊接机器人的系统组成。

2. 技能目标

（1）认知焊接机器人的组成和结构。

（2）简单认知焊接机器人工作站。

3. 素质目标

（1）与他人合作查阅焊接机器人相关资料，养成良好的团队精神。

（2）在焊接机器人工作站认知中，养成对工作区“7S”认知态度。

任务布置

焊接机器人工作站如图 9-1 所示。了解焊接机器人的各个分类以及各类的特点，掌握焊接机器人的系统组成。

图 9-1 焊接机器人工作站

任务分析

随着工业机器人发展的深度和广度以及机器人智能水平的提高，工业机器人已在众多领域得到了应用。焊接机器人应用广泛，不仅涉及汽车制造、电子元件制造，也涉及造船业、轨道交通业、压力容器业、工程机械业、航空航天业等。

焊接机器人可划分为弧焊机器人、点焊机器人、激光焊接机器人三类。我们要学习的就是焊接机器人的系统组成和这三类焊接机器人的各种应用。

相关知识

一、焊接与焊接机器人

焊接也称作熔接，是一种以加热、高温或者高压的方式接合金属或其他热塑性材料（如塑料）的制造工艺及技术。如图 9-2 所示，焊接给人体可能造成的伤害包括烧伤、触电、视力损害、吸入有毒气体、紫外线照射过度等。无论在何处，焊接都可能给操作者带来危险，所以在进行焊接时必须采取适当的防护措施。

焊接机器人（见图 9-3）作为当前广泛使用的先进自动化焊接设备，具有通用性强、工作稳定的优点，并且操作简便、功能丰富，越来越受到人们的重视。使用机器人完成一项焊接任务只需要操作者对它进行一次示教，机器人即可精确地再现示教的每一步操作。如果让机器人去做另一项工作，无须改变任何硬件，只要对它再做一次示教即可。

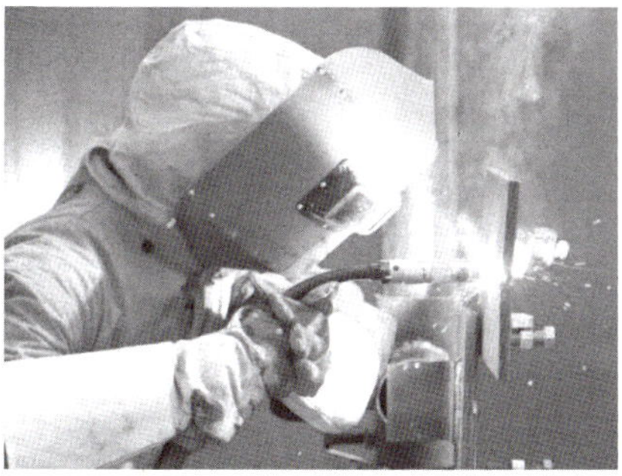

图 9-2　人工电弧焊接

图 9-3　焊接机器人焊接

焊接机器人可划分为弧焊机器人、点焊机器人、激光焊接机器人三类。

1. 弧焊机器人

弧焊是工业生产中应用最广泛的焊接方法，它的原理是利用电弧放电（俗称电弧燃烧）所产生的热量将工件互相熔化并在冷凝后形成焊缝，从而获得牢固接头的焊接过程。弧焊有熔化极弧焊和非熔化极弧焊之分。熔化极弧焊即引弧时熔化电极（焊丝）填充焊缝，也就是常说的添料焊接；而非熔化极弧接即不熔化电极，而是通过电极引燃电弧，高温熔化工件并冷凝后形成焊缝。熔化极弧焊和非熔化极弧焊的焊缝在外观上有明显区别：熔化极弧焊的焊缝是凸出焊接面的，而非熔化极弧焊的焊缝是凹下去的。

弧焊机器人如图 9-4 所示，一般由示教盒、控制盘、机器人本体及自动送丝装置、焊接电源等部分组成。它可以在控制器的控制下，利用直线插补和圆弧插补功能实现连续轨迹运动控制，以获得焊缝轨迹。焊缝一般是由直线及圆弧所组成的空间焊缝。弧焊机器人具有可长期进行焊接作业，可保证焊接作业的高生产率、高质量和高稳定性等特点。随着技术的发展，弧焊机器人正向着智能化的方向发展。

图 9-4　弧焊机器人

2. 点焊机器人

点焊也叫电阻焊，是将被焊工件压紧于两电极之间并施以电流，利用电流流经工件接触面及邻近区域产生的电阻热效应，将其加热到熔化或塑性状态，使之形成金属结合的一种方法。

点焊机器人是用于点焊作业的工业机器人，如图 9-5 所示，一般由机器人本体、控制系统、示教盒和点焊焊接系统几部分组成。点焊机器人一般具有 6 个自由度：腰转、大臂转、小臂转、腕转、腕摆及腕捻。

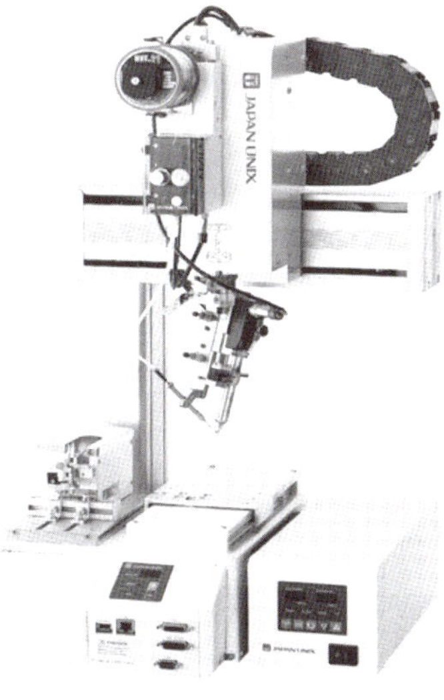

图 9-5　点焊机器人

点焊机器人的驱动方式有液压驱动和电气驱动两种。液压点焊机器人各关节的运动是靠液压缸驱动的，电动点焊机器人是用直流伺服电动机驱动或交流伺服电动机驱动的，后者具有保养维修简便、能耗低、速度高、精度高、安全性好等优点，因此点焊机器人多数是电动的。实用的点焊机器人一般属于示教再现机器人，操作者根据不同被焊件的需要，可以示教不同的程序。因此，点焊机器人对于不同生产要求及产品的改型换代具有很大的柔性和适应性。

除机器人之外，点焊焊接系统包括点焊焊机和焊钳两部分。焊钳有很多种形式，如C形焊钳、Y形焊钳等，所用焊钳的种类是由用户选择的。机器人本体和点焊焊接系统在计算机的控制下构成点焊机器人系统。操作者可以通过示教盒和计算机面板按键进行点焊机器人运动位置和动作程序的示教，设定运动速度、焊接参数等。点焊机器人按照示教程序规定的动作、顺序和参数进行点焊作业，其过程是完全自动化的。点焊机器人具有报警系统，如果在示教过程中操作者有错误操作或在点焊机器人再现作业过程中出现某种故障，点焊机器人的计算机系统便发出警报、自动停机，并显示错误或故障的种类。

点焊机器人具有与外部设备通信的接口，它可以通过这一接口接收上一级主控与管理计算机的控制命令。因此，在主控计算机的控制下，多台点焊机器人可以构成一个柔性点焊焊接生产系统，例如汽车厂的车身机器人点焊生产线。

3. 激光焊接机器人

激光焊接是利用高能量密度的激光束作为热源的一种高效精密焊接方法。

激光焊接是激光材料加工技术应用的重要方面之一。激光焊接在20世纪70年代主要用于焊接薄壁材料和低速焊接，其焊接过程属热传导型，即激光辐射加热工件表面，表面热量通过热传导向内部扩散，通过控制激光脉冲的宽度、能量、峰值功率和重复频率等参数，使工件熔化，形成特定的熔池。其由于独特的优点，已成功应用于微型、小型零件的精密焊接中。

和弧焊机器人一样，激光焊接机器人（见图9-6）也是由示教盒、控制盘、机器人本体及激光发射系统等部分组成的，可以在控制器的控制下，利用直线插补和圆弧插补功能实现连续轨迹运动控制，以获得焊缝轨迹。

图9-6　激光焊接机器人

二、焊接机器人的系统组成

焊接机器人就是在工业机器人的末轴法兰上装接焊钳或焊（割）枪，使之能进行焊接、切割或热喷涂。下面以汽车制造领域常用的弧焊机器人为例来进行介绍。

焊接机器人的系统组成主要包括的设备有机器人、焊机、焊枪、送丝机构、保护气瓶、焊丝、清枪剪丝系统等，如图9-7所示。

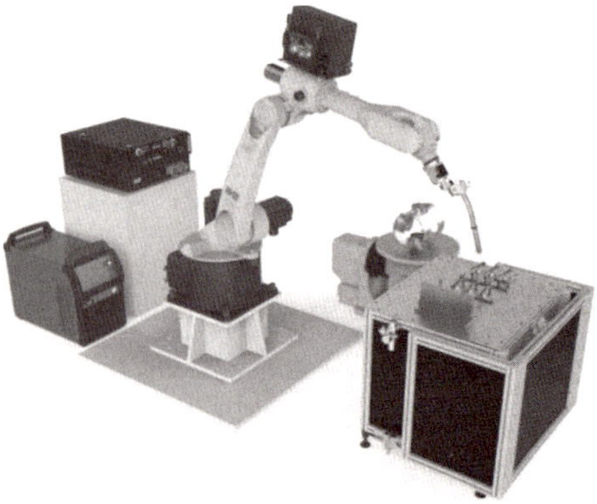

图9-7　焊接机器人的系统组成示意图

机器人焊接需要用到的设备和工装有焊接机器人、焊机、焊枪、焊丝、送丝机构、保护气瓶和焊接工装。

1. 焊接机器人

焊接机器人主要包括机器人和焊接设备两部分。机器人由机器人本体和控制器（硬件及软件）组成。

2. 焊机

焊机是为焊接提供一定特性电源的电器，如图 9-8 所示。常用的焊机按焊接电流分为直流、交流、脉冲三类，但常用的是交流和直流逆变电焊机。

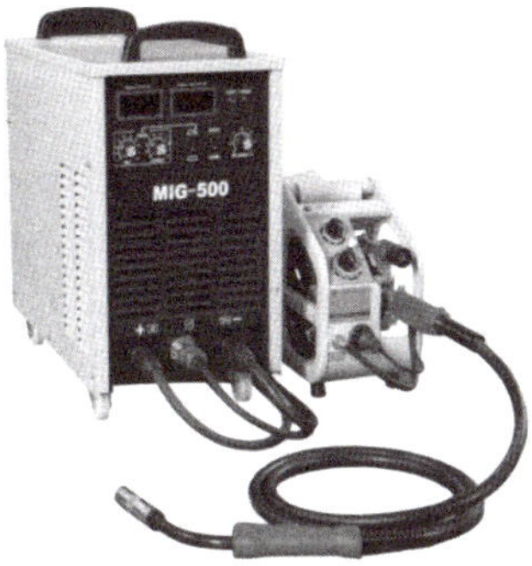

图 9-8　焊机

焊机的主要部件是一个降压变压器，二次绕组的两端是被焊接工件和焊丝，工作时引燃电弧，在电弧的高温中将焊丝熔接于工件的缝隙中。焊接时，可以根据焊接工件材料、厚度、速度、焊丝直径的不同，通过调节焊接输出的焊接电压、电流来获得满意的焊缝质量。

3. 焊枪

焊枪是在焊接过程中执行焊接操作的工具，如图 9-9 所示。焊枪将焊机的高电流、高电压产

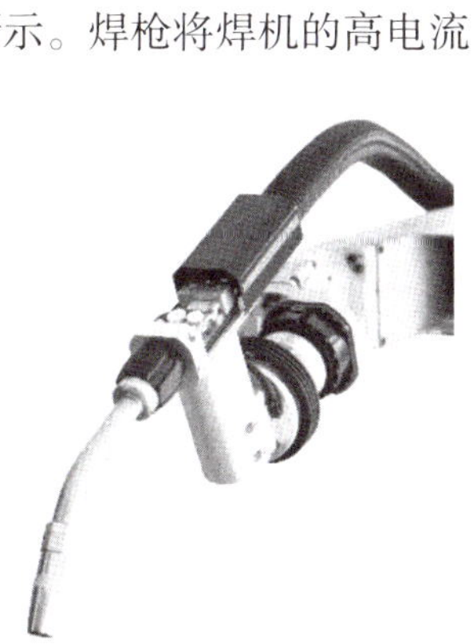

图 9-9　焊枪

生的热量聚集在焊枪终端，融化焊丝，融化的焊丝渗透到需焊接的部位，冷却后，被焊接的物体牢固地连接成一体。它的优点是使用灵活、方便快捷、工艺简单。

4. 焊丝

焊丝是作为填充金属或同时作为导电用的金属丝焊接材料。在气焊和钨极气体保护电弧焊时，焊丝用作填充金属；在埋弧焊、电渣焊和其他熔化极气体保护电弧焊时，焊丝既是填充金属，同时也是导电电极。焊丝通常盘成卷，便于实现机械化、自动化，如图 9-10 所示。

图 9-10　焊丝

不同直径的焊丝，对应不同的焊接电流和电压，见表 9-1。实际的焊接电压、电流、速度等重要参数需要经过现场调试，得出完美的焊缝后进行参数锁定，并纳入工艺管理文件进行标准化管理。

表 9-1　焊丝直径与电流、电压对应表

外径 /mm	电流 /A	电压 /V
0.8	50~100	18~21
1.0	70~120	18~22
1.2	90~150	19~23
1.6	140~200	20~24

5. 送丝机构

送丝机构是在添料焊接过程中负责输送焊丝的机构，并有校直焊丝的功能。要求其输送焊丝的过程稳定、匀速、无打滑现象、输送速度可调。

送丝机构工作时，由电动机驱动主动送丝轮及其主齿轮旋转，动力通过主、从动齿轮啮

合传到压紧轮上，焊丝经送丝导管从两轮之间通过，使进入焊枪的焊丝被修整得比较直，以便在焊接过程中不会出现卡丝现象。送丝机构一般由控制部分提供参数设置，驱动部分在控制部分的控制下进行送丝驱动，送丝嘴部分将焊丝送到焊枪位置。送丝机构如图 9-11 所示。

图 9-11　送丝机构

6. 保护气瓶

在金属弧焊中，通常采用气体来保护焊接的区域，其目的是防止焊缝在凝固时遭受大气的污染，以及保护焊接过程中燃烧的电弧。保护气瓶里储存的一般是混合气体，通常为 80%Ar+20%CO_2。保护气瓶及辅助设备如图 9-12 所示。

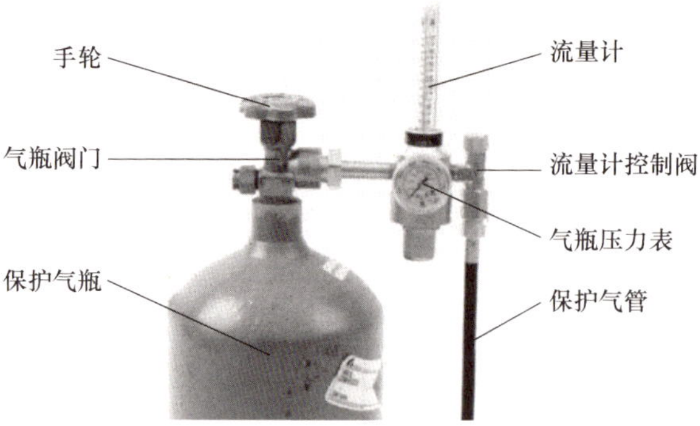

图 9-12　保护气瓶及辅助设备

7. 焊接工装

典型的机器人焊接工装如图 9-13 所示，还会带有变位机构。焊接时根据焊接位置的需要，可旋转改变焊接工件的位置，以便得到更好的焊接角度。焊接的工件被装夹在焊接工装上，通常采用快速机械夹紧或者气动夹紧。

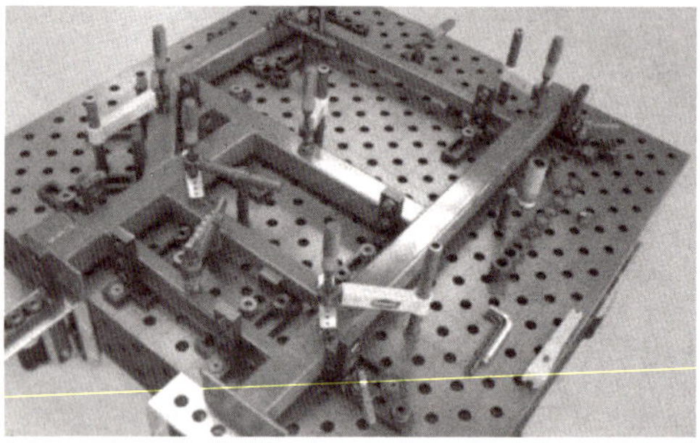

图 9-13　典型的机器人焊接工装

任务总结

本任务通过对焊接机器人系统组成的认知，直观地了解了焊接机器人的实际应用。在分析焊接机器人组成和结构的时候，要注意焊机、焊枪、焊丝、送丝机构、保护气瓶、焊接工装、焊接产品之间的系统配合性。

任务评价

任务评价见表 9-2。

表 9-2　任务评价表

评价内容	评价标准	配分	得分
焊接与焊接机器人的含义	了解焊接与焊接机器人的含义	20	
各类焊接机器人的区别与应用	掌握弧焊机器人、点焊机器人、激光焊接机器人各自的区别与应用	30	
焊接机器人的系统组成	掌握焊接机器人的系统组成	50	

每课寄语

劳动创造世界，技能成就未来，时代呼唤先锋。

拓展练习

一、填空题

1. 机器人焊接需要用到的设备和工装有__________、焊机、__________、焊丝__________、保护气瓶、焊接工装。

2. 焊接机器人主要包括______________和______________两部分。

二、判断题

1. 焊机的工作环境应与焊机技术说明书上的规定相符。如在气温过高或过低、湿度过大、气压过低以及在具有腐蚀性或爆炸性等的特殊环境中作业时，应使用适合特殊环境条件、性能的焊机，或采取防护措施。(　　)

2. 必须将焊机平稳地放在通风良好、干燥的地方，不准靠近高热以及易燃、易爆的危险环境。(　　)

三、问答题

1. 焊接机器人的系统组成包括哪些？它们有什么作用？

2. 弧焊和激光焊接有什么区别？

任务十　喷涂机器人

扫码看视频

任务目标

1. 知识目标

（1）了解喷涂与喷涂机器人的含义。

（2）了解喷涂机器人工作站的系统组成及结构。

2. 技能目标

（1）掌握喷涂机器人工作站的组成和结构。

（2）简单认知喷涂机器人的特点。

3. 素质目标

（1）与他人合作查阅喷涂机器人相关资料，养成良好的团队精神。

（2）在喷涂机器人工作站认知中，养成对工作区“7S”认知态度。

任务布置

掌握喷涂机器人的系统组成，了解喷涂机器人的特点及应用。喷涂机器人工作站如图 10-1 所示。

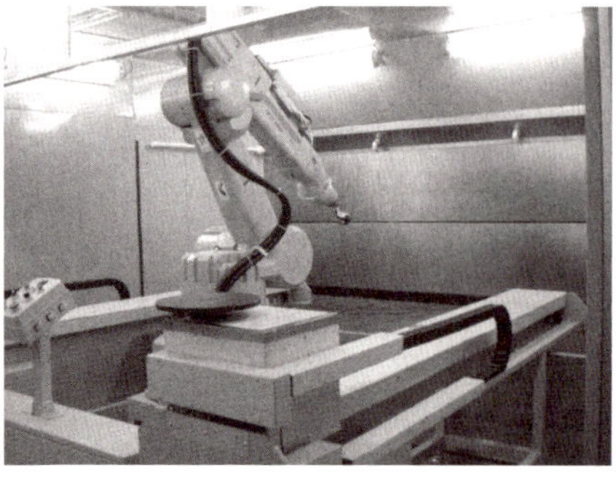

图 10-1　喷涂机器人工作站

任务分析

随着现代喷涂工艺的不断发展和完善，对喷涂机技术的改革也时刻进行着，如今对自动化工业生产的要求逐渐提高，安全生产、环保生产等原创的被贯彻执行，喷涂机器人的出现就成了必然，而这种高科技的喷涂设备也能很好地迎合各种工艺的要求。

相关知识

一、喷涂与喷涂机器人的含义

喷涂是指对金属或非金属表面覆盖保护层或装饰层，是一种较为常用的防腐、装饰、防污的表面处理方法，其规则之一需要喷枪在工件表面做往复运动。人工喷涂如图 10-2 所示。

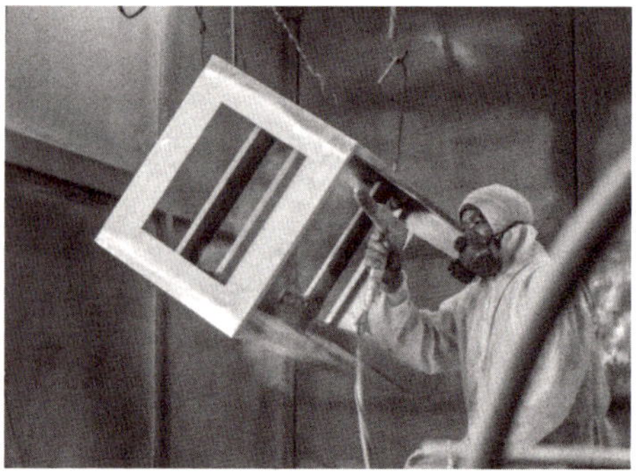

图 10-2　人工喷涂

随着工业技术的发展，喷涂已由手动向自

动化发展，伴随着自动化程度的提升，工业机器人已广泛地应用在喷涂生产线。喷涂是通过喷枪或碟式雾化器，借助压力或离心力，使涂料分散成均匀而微细的雾滴，施涂于被涂物表面的喷涂方法，可分为空气喷涂、无空气喷涂、静电喷涂以及上述基本喷涂形式的各种派生方式，如大流量低压力雾化喷涂、热喷涂、自动喷涂、多组喷涂等。

喷涂机器人多采用 5 或 6 自由度关节式结构，手臂有较大的运动空间，并可做复杂的轨迹运动，其腕部一般有 2~3 个自由度，可灵活运动。较先进的喷涂机器人腕部采用柔性手腕，既可向各个方向弯曲，又可转动，其动作类似人的手腕，能方便地通过较小的孔伸入工件内部，喷涂其内表面。喷涂机器人一般采用液压驱动，具有动作速度快、防爆性能好等特点，可通过手把手示教或点位示教来实现。喷涂机器人广泛用于汽车、仪表、电器、搪瓷等工艺生产部门。喷涂机器人喷涂如图 10-3 所示。

图 10-3　喷涂机器人喷涂

喷涂机器人作为一种典型的喷涂自动化装备，具有工件涂层均匀，重复精度好，通用性强，工作效率高，工作范围大，设备利用率高，易于操作和维护，离线编程可大大缩短现场调试时间，能够将工人从有毒、易燃、易爆的工作环境中解放出来等优点。

二、喷涂机器人的分类

喷涂机器人可以划分为有气喷涂机器人和无气喷涂机器人两类。

1. 有气喷涂机器人

有气喷涂机器人也称低压有气喷涂机器人，喷涂机依靠低压空气使涂料在喷出枪口后形成雾化气流作用于物体表面（墙面或木器面）。有气喷涂相对于手刷而言无刷痕，而且平面相对均匀，单位工作时间短，可有效地缩短工期。但有气喷涂有飞溅现象，存在涂料浪费；在近距离查看时，可见极细微的颗粒。有气喷涂一般采用装修行业通用的空气压缩机，相对而言一机多用、投资成本低。市场上也有抽气式有气喷涂机、自落式有气喷涂机等专用机械。有气喷涂机器人如图 10-4 所示。

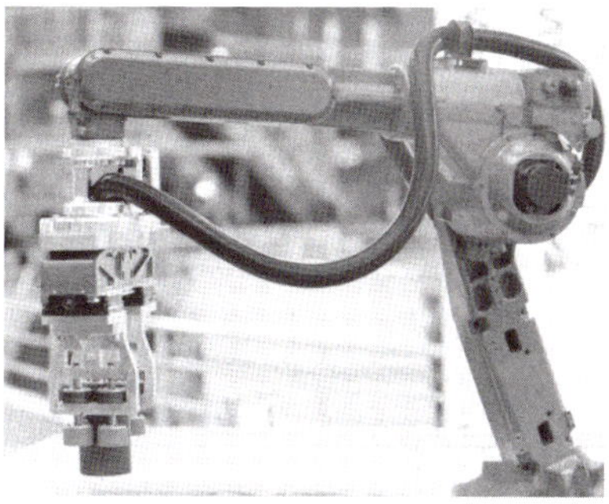

图 10-4　有气喷涂机器人

2. 无气喷涂机器人

无气喷涂机器人可用于高黏度油漆的施工，而且边缘清晰，甚至可用于一些有边界要求的喷涂项目。视机械类型，其可分为气动式无气喷涂机、电动式无气喷涂机、内燃式无气喷涂机、自动喷涂机等多种。另外要注意的是，如果要对金属表面进行喷涂处理，最好是选用金属漆（磁漆类）。无气喷涂机器人如图 10-5 所示。

图 10-5　无气喷涂机器人

三、喷涂机器人工作站的系统组成

典型的喷涂机器人工作站主要由喷涂机器人、机器人控制器、供漆系统、喷枪、喷房、防爆吹扫系统等组成，见表 10-1。

1. 喷涂机器人

国内外的喷涂机器人大多数从构型上仍采取与通用工业机器人相似的 5 或 6 自由度串联关节型机器人，在其末端加装自动喷枪，如图 10-6 所示。

表 10-1　喷涂机器人工作站的系统组成

喷涂机器人	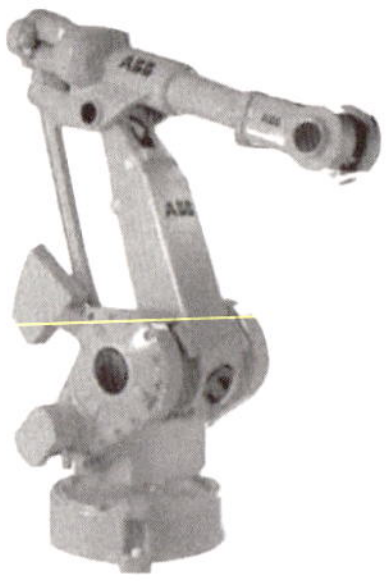	机器人控制器	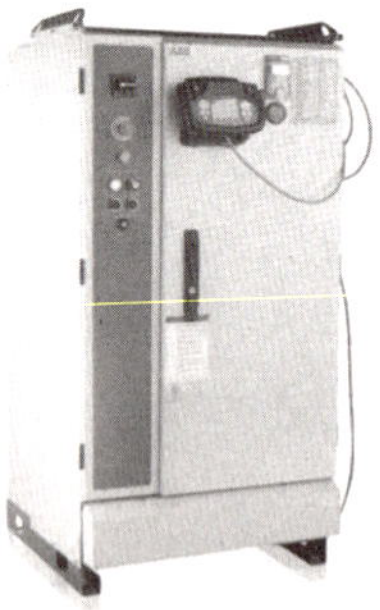
供漆系统		喷枪	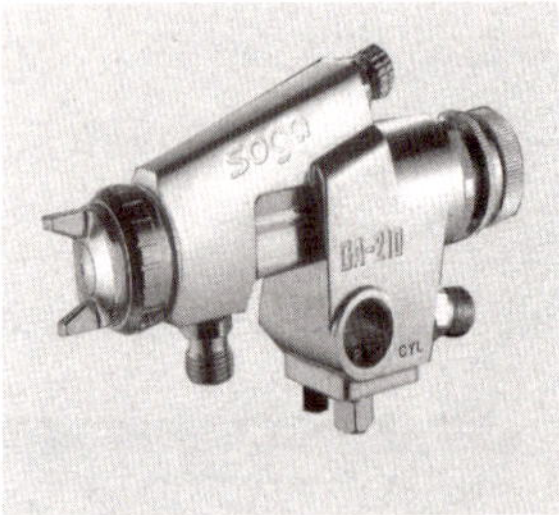
喷房	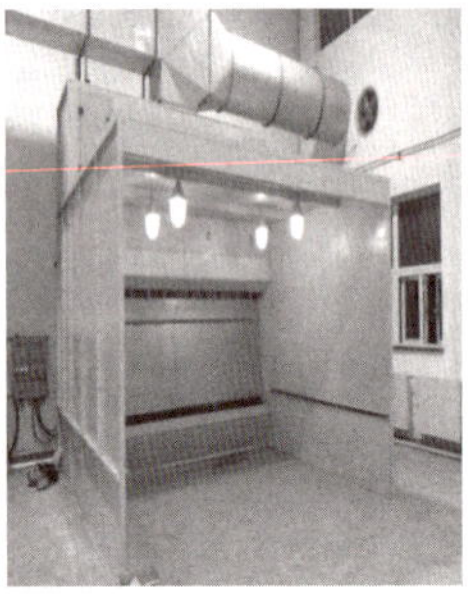	防爆吹扫系统	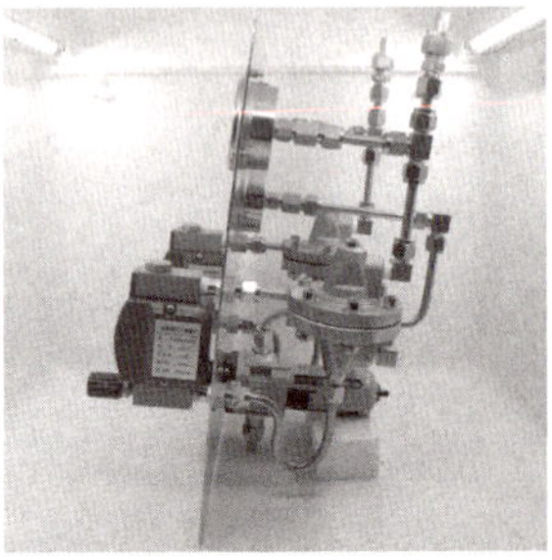

图 10-6　喷涂机器人

喷涂机器人与普通工业机器人相比，机器人本体在结构方面的差异除了采用球形手腕与非球形手腕外，主要是防爆、油漆及空气管路和喷枪的布置导致的机构差异。其特点有：

1）手臂工作范围宽大，进行喷涂作业时可以灵活避障。

2）手腕一般有 2~3 个自由度，轻巧快速，适合内部、狭窄的空间及复杂工件的喷涂。

3）较先进的喷涂机器人采用中空手臂和柔

性中空手腕。

4）一般在水平手臂上搭载喷漆工艺系统，从而缩短清洗、换色时间，提高生产效率，节约涂料及清洗液。

喷涂作业环境充满了易燃、易爆的有害挥发性有机物，除了要求喷涂机器人具有出色的重复定位精度和循径能力，以及对其防爆性能有较高的要求外，还要有如下特殊的要求：

1）能够通过示教器方便地设定流量、雾化气压、喷幅气压以及静电量等喷涂参数。

2）具有供漆系统，能够方便地进行换色、混色，确保可以进行高质量、高精度的工艺调节。

3）具有多种安装方式，如落地、倒置、角度安装和壁挂。

4）能够与转台、滑台、输送链等一系列的工艺辅助设备轻松集成。

5）结构紧凑，方便减少喷房尺寸、降低通风要求。

2. 控制系统

喷涂机器人的控制系统主要包括机器人本体的控制器和喷涂工艺供漆系统。控制器的控制原理、功能及组成与通用工业机器人基本相同。供漆系统主要由涂料单元控制盘、气源、流量调节器、齿轮泵、涂料混合器、换色阀、供漆供气管路及监控管线组成，其主要部件如图 10-7 所示。

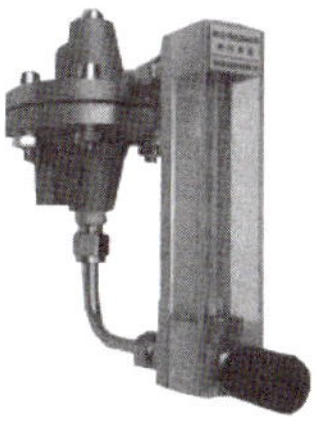
a) 流量调节器

b) 齿轮泵

c) 涂料混合器

d) 换色阀

图 10-7　供漆系统的主要部件

3. 喷枪

喷枪是使涂料和压缩空气混合后，喷出雾状漆雾的工具，如图 10-8 所示。

图 10-8　喷枪

喷枪的种类：按空气和涂料的混合方式，喷枪可分为内部混合型和外部混合型；按涂料供给方式的不同，喷枪可分为吸上式、重力式和压送式三种。

4. 防爆吹扫系统

防爆吹扫系统主要由危险区域之外的吹扫单元、操作机内部的吹扫传感器、控制器内的吹扫控制单元三部分组成，见表 10-2。

表 10-2　防爆吹扫系统的组成

吹扫单元	
吹扫传感器	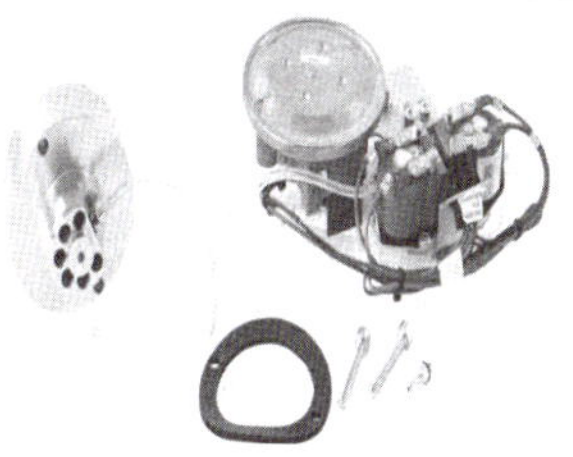
吹扫控制单元	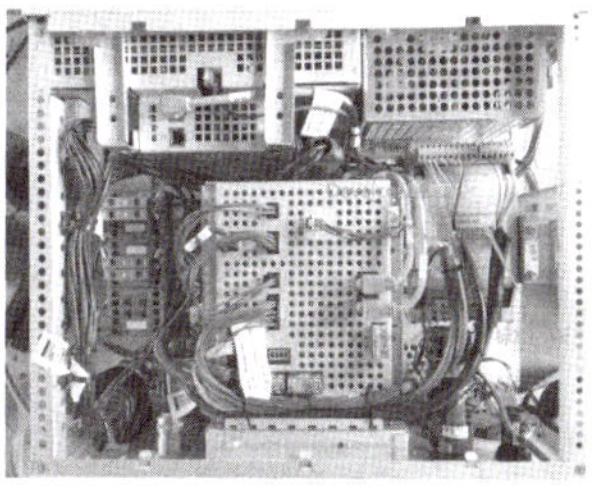

其工作原理是吹扫单元通过柔性软管向包含有电气元件的操作机内部施加过压，阻止爆燃性气体进入操作机里面；同时由吹扫控制单元监视操作机内压、喷房气压，当异常状况发生时立即切断操作机伺服电源。

任务总结

本任务通过对喷涂机器人工作站系统组成的认知，直观地了解了喷涂机器人的实际应用。在分析喷涂机器人组成和结构的时候，要注意喷涂机器人、机器人控制器、供漆系统、喷枪、喷房、防爆吹扫系统等之间的系统配合性。

任务评价

任务评价见表 10-3。

表 10-3　任务评价表

评价内容	评价标准	配分	得分
喷涂与喷涂机器人的含义	了解喷涂与喷涂机器人的含义	20	
各类喷涂机器人的区别与应用	掌握有气喷涂机器人、无气喷涂机器人的区别与各自的应用	30	
喷涂机器人工作站的系统组成	掌握喷涂机器人工作站的系统组成	50	

每课寄语

没有一流的技工，就没有一流的产品。

拓展练习

一、填空题

1. 供漆系统主要由________、________、________、________、________、________、________及________组成。

2. 典型的喷涂机器人工作站主要由________、________、________、________、________、________等组成。

二、问答题

1. 请说出喷涂机器人的优点。

2. 喷涂机器人在自动化行业中的作用是什么？

任务十一　码垛机器人

扫码看视频

任务目标

1. 知识目标

（1）了解码垛与码垛机器人的含义。

（2）了解码垛机器人对比人工码垛的优点。

（3）了解码垛机器人的系统组成。

2. 技能目标

（1）认知码垛机器人的组成和结构。

（2）简单认知码垛机器人工作站。

3. 素质目标

（1）与他人合作查阅码垛机器人相关资料，养成良好的团队精神。

（2）在码垛机器人工作站认知中，养成对工作区“7S”认知态度。

任务布置

码垛机器人一般可以集成在任何生产线上，使生产现场实现智能化、机器人化、网络化，可对不同行业各种形状的成品进行装箱和码垛。码垛机器人工作站如图 11-1 所示。

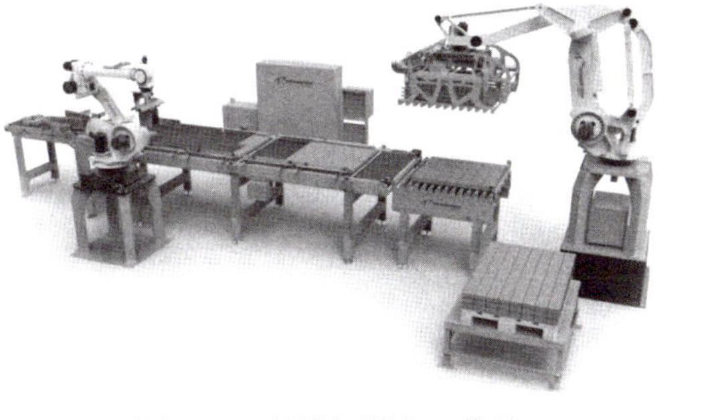

图 11-1　码垛机器人工作站

我们接下来学习码垛机器人，认知其系统组成。

任务分析

码垛机器人主要应用于物品的排列码垛，相对于人工，更加方便快捷，如图 11-2 和图 11-3 所示。

图 11-2　人工作业

图 11-3　码垛机器人作业

相关知识

一、码垛与码垛机器人

码垛机器人是一种用来自动执行工作的机

器装置，使用中它可接受人的指挥，又可正确地运行预先编排的程序，能根据用人工智能技术制定的原则纲领行动，将已装入容器的物体按一定排列码放在托盘、栈板（木质、塑胶）上，进行自动堆码（可堆码多层），然后推出，便于叉车运至仓库储存。

码垛机器人的出现，不仅可以改善劳动环境，而且在减轻劳动强度、保证人身安全、降低能耗、减少辅助设备资源、提高劳动生产率等方面具有重要意义。码垛机器人可使运输工业加快码垛效率、提升物流速度、获得整齐统一的物垛、减少物料破损与浪费。

根据不同的产品类型和实际需求，可以对码垛机器人进行编程，以提高码垛工作的效率。现如今码垛机器人已经被应用于各行各业。使用机器人码垛具有以下优势：

1）码垛机器人操作范围大、安全性能好，在一条直线的情况只用到一个电动机，所以码垛的效果非常好。

2）码垛机器人在敞开环境中进行操作，它拥有独立的连杆机构，而且它使用的是直线输送轨迹，所以非常平稳，传动的效率也非常高。

3）码垛机器人采用的是直线导轨，输送机也是标准件，如果有损坏的话，采购及更换起来也很方便。

4）码垛机器人有很多不同规格的产品，从低速到高速品种齐全，所以选择范围也非常广泛。

5）码垛机器人的大多数零件都在底部，手臂灵活，电量消耗也少，既节能又环保。而且就算是在高速运行的环境下，可靠性也是非常高的。

6）码垛机器人种类多样、规格齐全，可以适用于各种环境下的工作。

使用码垛机器人不仅提高了包装的工作效率，又因其简单的操作方式、便捷的后期维护保养，同样也提高了企业的工作效率，降低了企业的生产成本以及人工成本投入。也正因为有这些优势，工业机器人才被越来越多的企业应用，为企业不断创造价值。

码垛机器人的示教方法极为简单，程序里所需要定位的只有两点：1 个是抓起点，1 个是摆放点。这两点之间以外的轨道全由计算机来控制，计算机自己会寻找这两点间最合理的轨道来移动。

码垛机器人适应于化工、饮料、食品、啤酒、塑料等自动生产企业，对各种纸箱、袋装、罐装、啤酒箱等各种形状的包装都适用。

二、码垛机器人的系统组成

通常码垛机器人的系统组成主要包括码垛机器人、控制系统、输送系统、抓取系统和安全保护装置，如图 11-4 所示。

图 11-4　码垛机器人的系统组成

1. 码垛机器人

关节串联式码垛机器人常见的多为 4 轴，也有 5、6 轴码垛机器人，但在实际包装码垛物流线中 5、6 轴码垛机器人相对较少。码垛主要在物流线末端进行工作，4 轴码垛机器人足以满足日常码垛。常用的 ABB IRB660 码垛机器人如图 11-5 所示。

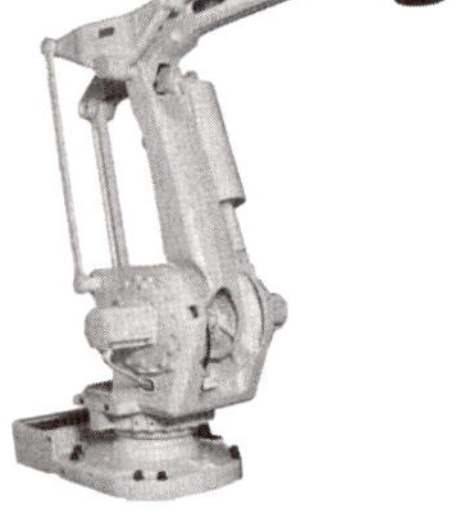

图 11-5　常用的 ABB IRB660 码垛机器人

2. 机器人夹持器（手爪）

夹持器是码垛机器人的重要组成部分之一。码垛机器人夹持器可靠性高、结构简单新颖、质量小，对码垛机器人的整体工作性能具有非常重要的意义。可根据不同的产品，设计不同类型的机械手爪，使码垛机器人具有效率高、质量好、适用范围广、成本低等优势，并能很好地完成码垛作业。

常见的码垛机器人手爪有吸附式、夹板式、抓取式和组合式。

（1）吸附式　在码垛中吸附式手爪主要为气吸附，适用于可吸取的物体，如图 11-6 所示，广泛应用于医药、食品、烟酒等行业。该类手爪主要用于适合吸盘吸取的码放物，如覆膜包装盒、啤酒箱、塑料箱、纸箱等。

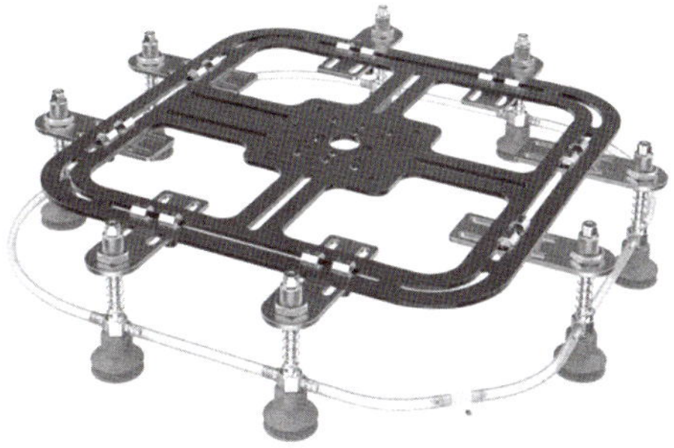

图 11-6　吸附式手爪

（2）夹板式　夹板式手爪是码垛过程中最常用的一类手爪，常见的有单板式和双板式，如图 11-7 所示。夹板式手爪主要用于整箱或规则盒码垛。夹板式手爪夹持力度较吸附式手爪大，可一次码一箱（盒）或多箱（盒），并且两侧板光滑，不会损伤码垛产品外观质量。单板式与双板式的侧板一般都会有可旋转爪钩，需单独机构控制，工作状态下爪钩与侧板成 90°，起到撑托物件、防止在高速运动中物料脱落的作用。

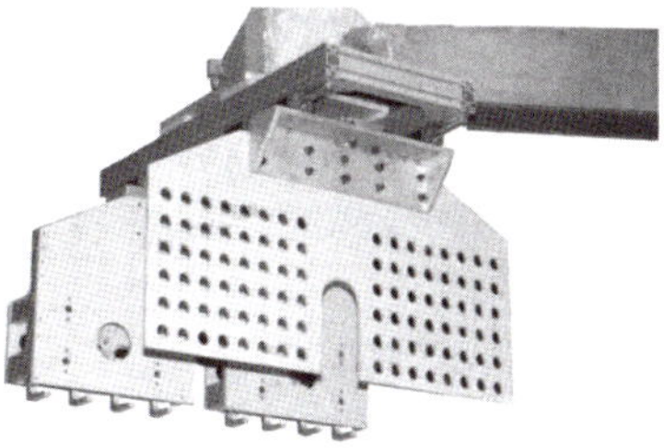

a) 单板式

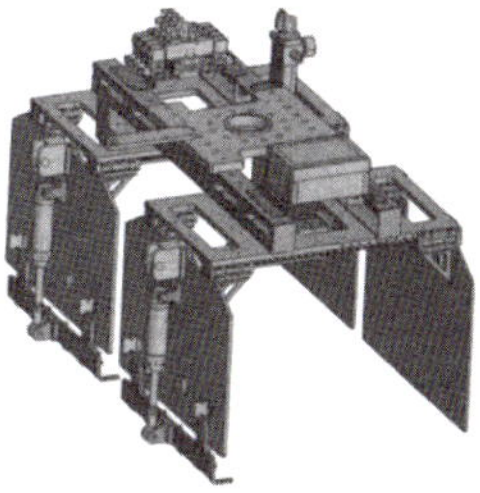

b) 双板式

图 11-7　夹板式手爪

（3）抓取式　抓取式手爪是一种可灵活适应不同形状和内含物（如大米、砂砾、塑料、水泥、化肥等）物料袋的手爪，如图 11-8 所示。

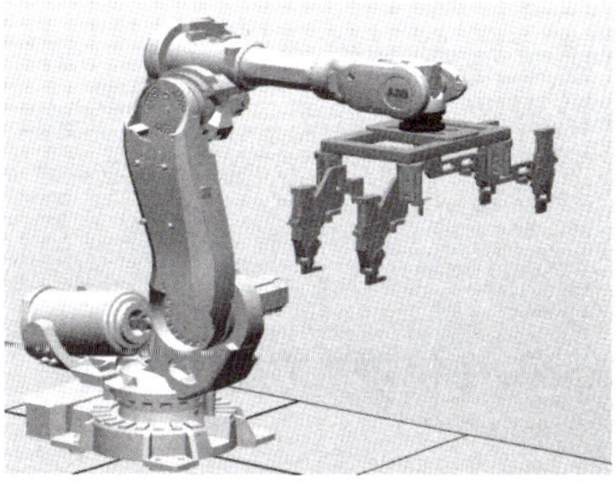

图 11-8　抓取式手爪

（4）组合式　组合式手爪是通过组合获得各单组手爪优势的一种手爪，灵活性较大，各单组手爪之间既可单独使用又可配合使用，可同时满足多个工位的码垛需求，如图 11-9 所示。

图 11-9　组合式手爪

3. 输送系统

输送系统主要包括带式输送系统和滚筒式输送系统，如图 11-10 所示。

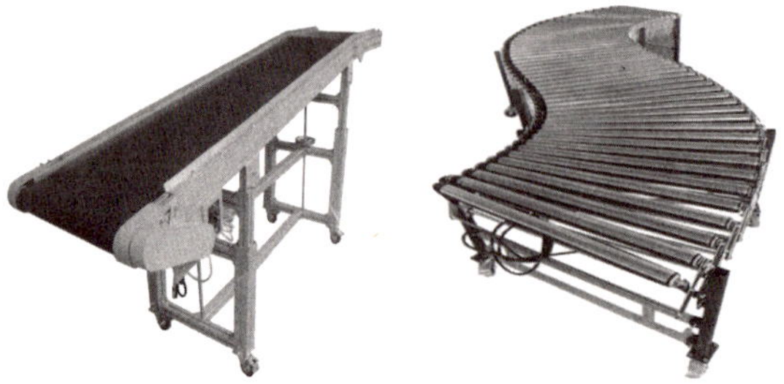
a) 带式输送系统　　b) 滚筒式输送系统

图 11-10　输送系统

带式输送系统输送能力强、输送距离远、结构简单、易于维护，能方便地实现程序化控制和自动化操作。运用输送带的连续或间歇运动来输送 100kg 以下的物品或粉状、颗状物品，输送速度快、平稳、噪音低，并可以上 / 下坡输送。

滚筒式输送系统结构简单、可靠性高、使用维护方便，具有输送量大、速度快、运转轻快、能够实现多品种共线分流输送的特点。

三、码垛机器人仿真工作站

图 11-11 所示是一套物料分拣的码垛机器人仿真工作站，包含有工业机器人、输送带、电气控制箱、物料输送机、包装机、托盘等设备工装。

码垛机器人是立体仓库中最重要的设备之一，是将货物堆放到立体仓库的前端设备。它能够把单一的物料码放到一起使其便于运输，提高了生产效率；它能够将已装入容器的纸箱（装入大袋的化工产品、水泥、粮食等）按一定排列码放在木质或塑料托盘上，进行自动堆码（可堆码多层），然后推出，便于叉车运至仓库储存。

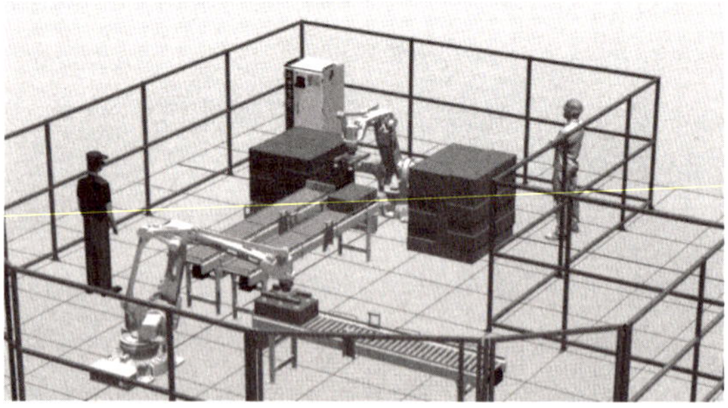
图 11-11　码垛机器人仿真工作站

任务总结

在分析码垛机器人组成和结构的时候，要注意码垛机器人、控制系统、输送系统、抓取系统和安全保护装置等的系统配合性。码垛机器人不仅能代替搬运，也能实现物料分拣。码垛机器人不是单独的设备，它有一个属于自己的工作站，这使得码垛机器人更为实用。

任务评价

任务评价见表 11-1。

表 11-1　任务评价表

评价内容	评价标准	配分	得分
码垛与码垛机器人的含义	了解码垛与码垛机器人的含义	20	
码垛机器人对比人工码垛的优点	掌握码垛机器人的优点	30	
码垛机器人的系统组成	掌握码垛机器人的系统组成	50	

每课寄语

学一技之长，创一片蓝天。学一技之长，创一番事业。

拓展练习

一、填空题

1. 常见的码垛机器人手爪有__________、__________、__________和__________。

2. 通常码垛机器人的系统组成主要包括__________、__________、__________、__________和__________。

二、问答题

1. 码垛机器人的含义是什么？
2. 请简单描述码垛机器人的优势。

任务十二　搬运机器人

扫码看视频

任务目标

1. 知识目标

（1）了解搬运与搬运机器人的含义。

（2）了解搬运机器人的系统组成。

（3）了解搬运机器人的周边设备。

2. 技能目标

（1）认知搬运机器人的组成和结构。

（2）简单认知搬运机器人工作站。

3. 素质目标

（1）与他人合作查阅搬运机器人相关资料，养成良好的团队精神。

（2）在搬运机器人工作站认知中，养成对工作区“7S”认知态度。

任务布置

查看搬运机器人工作站的组成图片，了解搬运与搬运机器人的含义、搬运机器人的系统组成及功能、搬运机器人的周边设备，查阅与搬运机器人工作站有关的资料，并获得相应成果。搬运机器人工作站如图 12-1 所示。

图 12-1　搬运机器人工作站

任务分析

通过对搬运机器人的含义、搬运机器人的系统组成及功能、搬运机器人的周边设备等相关知识的了解学习，分组讨论、思考搬运与搬运机器人的含义、搬运机器人的系统组成及功能和机器人周边设备的关系。

相关知识

一、搬运与搬运机器人的含义

搬运是指在同一场所内，对物品进行水平移动为主的物流作业。搬运是改变物体空间位置的活动，主要指物体横向或斜向的移动。人工搬运如图 12-2 所示。

图 12-2　人工搬运

工厂生产中常使用搬运车辆来进行物料的搬运。搬运车辆是指用于短途搬运物品的无轨车辆，又称工业车辆，是广泛应用的物料搬运机械，包括手推车、牵引车和拖车、起升车辆、电动搬运车（俗称电瓶车）、内燃搬运车和无人驾驶搬运车等。

搬运机器人是应用机器人运动轨迹实现代替人工搬运的自动化产品，是近代自动控制领域出现的一项高新技术，涉及力学、机械学、电气/液压/气压技术、自动控制技术、传感器技术、单片机技术和计算机技术等学科领域，已成为现代机械制造生产体系中的一项重要组成部分。搬运机器人搬运如图 12-3 所示。

图 12-3　搬运机器人搬运

在科技高速发展的 21 世纪，工业机器人得到充分发展应用，搬运机器人是经历人工搬运、机械手搬运这两个阶段后应运而生的自动化搬运设备。搬运机器人的出现不仅可提高产品的质量与产量，而且对保障人身安全、改善劳动环境、减轻劳动强度、提高劳动生产率、节约原材料消耗以及降低生产成本有着十分重要的意义。机器人搬运物料将变成自动化生产制造的必备环节，搬运机器人也被广泛应用于机床上下料、冲压机自动化生产线、自动装配流水线、码垛搬运、集装箱等的自动搬运。搬运机器人一般分两种，一种是固定式，另一种是行走式。行走式搬运机器人如图 12-4 所示。

搬运机器人的主要优点是：

1）动作稳定，提高了搬运的准确性。

2）提高生产效率，解放繁重体力劳动部门，实现“无人”或“少人”生产。

3）改善工人劳作条件，摆脱有毒、有害环境。

4）柔性高、适应性强，可实现多形状、不规则物料搬运。

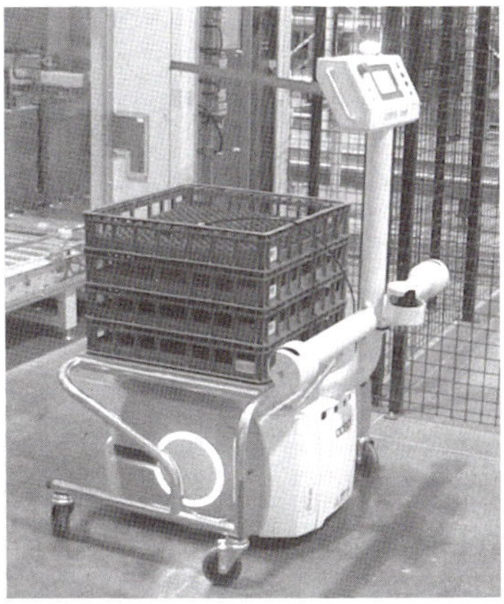

图 12-4　行走式搬运机器人

5）定位准确，保证批量一致性。

6）降低制造成本，提高生产效益。

二、搬运机器人的系统组成

用机器人完成一些搬运工作，除了需要搬运机器人以外，还需具备相应附属装置及周边设备，从而形成的一个完整系统。以关节式搬运机器人为例，其工作站主要由机器人本体、控制系统、搬运系统（气体发生装置、真空发生装置和夹爪等）和安全保护装置组成，如图 12-5 所示。操作者可通过示教器和操作面板进行搬运机器人运动位置和动作程序的示教，设定运动速度、搬运参数等。

图 12-5　搬运机器人工作站的系统组成

搬运机器人是一种用于空间位置转换的机器人，其末端执行器是夹持工件移动的一种夹具，可安装不同的末端执行器以完成各种不同形状和状态工件的搬运工作，大大减轻了人类繁重的体力劳动。随着科学技术的不断发展，末端执行器（手爪）也在一定范围内具备可调性，可配备感知器，以确保机器人具备足够的夹持力和夹持精度。常用的搬运末端执行器有夹持式取料手、吸附式取料手、仿人式取料手等。

1. 夹持式取料手

夹持式取料手一般由手指、驱动机构、传动机构、支架组成，适用于直接与工件接触的搬运，通过夹爪的张开与闭合来实现松开和夹紧工件，如图 12-6 所示。

图 12-6　夹持式取料手

2. 吸附式取料手

吸附式取料手靠吸附力取料，根据吸附力的不同，分为气吸附和磁吸附两种。吸附式取料手适用于大平面（单面接触无法抓取）、易碎（玻璃、磁盘）、微小（不易抓取）的物体，因此使用面很广。吸附式取料手如图 12-7 所示。

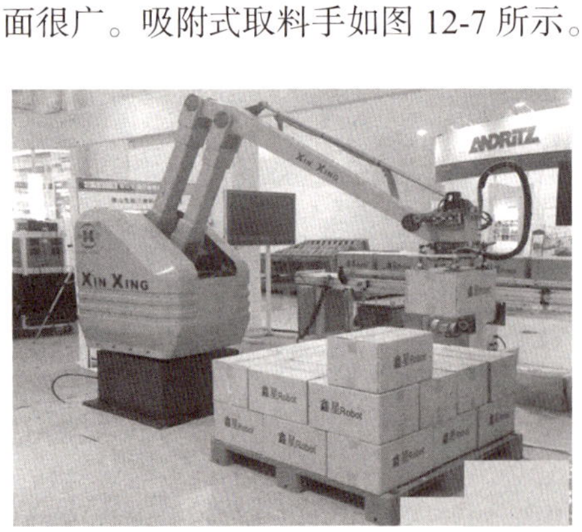

图 12-7　吸附式取料手

3. 仿人式取料手

仿人式取料手是针对特殊外形工件进行抓取的手爪，主要包括柔性手和多指灵巧手两种。柔性手有多个柔性关节，抓取的工件多为不规则、圆形等轻便工件；多指灵巧手为最完美的仿人手爪，可实现精准操作，广泛应用于核工业、航天工业等高精度作业。仿人式取料手如图 12-8 所示。

图 12-8　仿人式取料手

三、搬运机器人的周边设备

1. 带式输送线

带式输送线又叫带式流水线，也叫皮带输送机、带式输送机或胶带输送机，是组成有节奏的流水作业线所不可缺少的经济型物流输送设备。

带式输送线结构简单、维修方便、外形美观、运行可靠，被广泛应用于电子、家电、食品、汽车、摩托车等行业零部件的输送。带式输送线如图 12-9 所示。

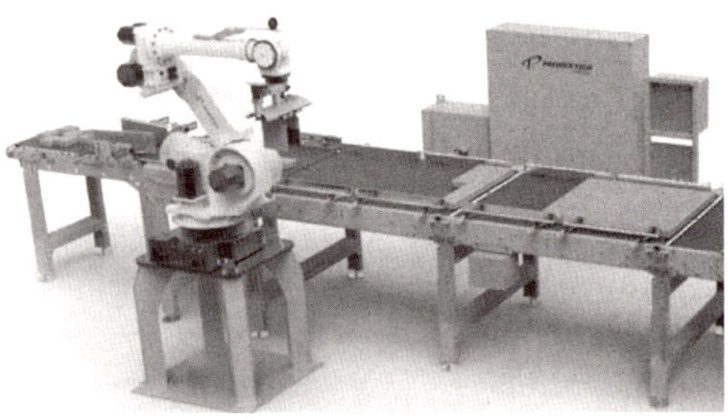

图 12-9　带式输送线

带式输送线适用于各类箱、包、托盘等件货的输送，散料、小件物品或不规则的物品需放在托盘上进行输送。

2. 滚筒输送线

滚筒输送线适用于底部是平面的物品的输送，主要由传动滚筒、机架、支架、驱动装置等部分组成，具有输送量大、速度快、运转轻快、能够实现多品种共线分流输送的特点。滚筒输送线如图 12-10 所示。

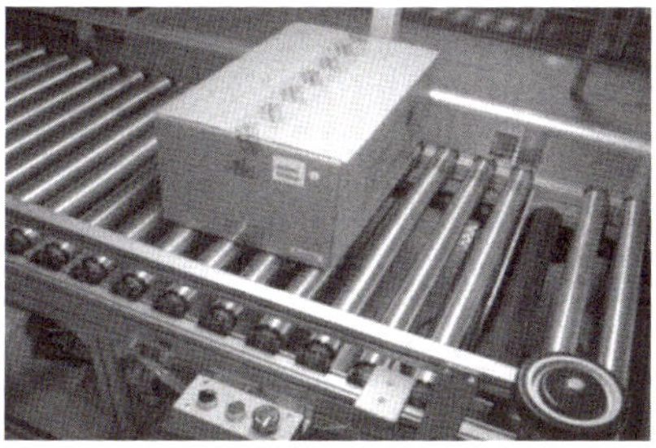

图 12-10　滚筒输送线

任务总结

本任务通过对搬运机器人工作站系统组成的认知，直观地了解了搬运机器人的实际应用。在分析搬运机器人组成和结构的时候，要注重掌握末端执行器的选用，以及周边设备的合理安排。

任务评价

任务评价见表 12-1。

表 12-1　任务评价表

评价内容	评价标准	配分	得分
搬运机器人的分类	掌握搬运机器人的分类：固定式搬运机器人、行走式搬运机器人	20	
搬运机器人的系统组成	掌握搬运机器人的系统组成：机器人本体、控制系统、搬运系统、安全保护装置	30	
搬运机器人末端执行器的分类	掌握搬运机器人末端执行器的分类：夹持式取料手、吸附式取料手、仿人式取料手	30	
搬运机器人的周边设备	掌握搬运机器人的周边设备：带式输送线、滚筒输送线	20	

每课寄语

专业成就卓越，技能成就未来。

拓展练习

一、填空题

1. 搬运机器人一般分为两种，一种是________，另一种是________。

2. 常用的搬运末端执行器有________、________和________。

二、问答题

1. 搬运机器人工作站使用哪些种类的输送带？各具有什么特点？

2. 简述搬运机器人末端执行器的特点。

3. 简述搬运机器人在自动化行业的应用。

任务十三　装配机器人

扫码看视频

任务目标

1. 知识目标

（1）了解装配与装配机器人的含义。

（2）了解装配机器人的系统组成。

2. 技能目标

（1）认知装配机器人的组成和结构。

（2）简单认知装配机器人工作站。

3. 素质目标

（1）与他人合作查阅装配机器人相关资料，养成良好的团队精神。

（2）在装配机器人工作站认知中，养成对工作区“7S”认知态度。

任务布置

查看装配机器人工作站组成图片，了解装配与装配机器人的含义、装配机器人的系统组成及功能、装配机器人的周边设备，查阅与装配机器人工作站有关的资料，并获得相应成果。装配机器人工作站如图 13-1 所示。

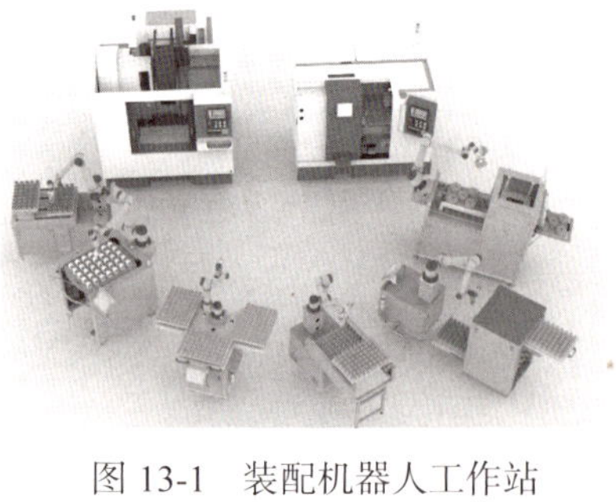

图 13-1　装配机器人工作站

任务分析

通过对装配机器人的含义、装配机器人的系统组成及功能、装配机器人的周边设备等相关知识的了解学习，分组讨论、思考装配与装配机器人的含义、装配机器人的系统组成及功能和机器人周边设备的关系。

相关知识

一、装配与装配机器人的定义

装配是指根据规定的技术要求，将零件或部件进行配合和连接，使之成为半成品或成品的过程。装配是产品生产的后续工序，包括装配、调整、检验和试验等工作。

装配在制造业中占有重要地位，在人力、物力、财力消耗中占有很大比例。过去装配工作依靠人工，如图 13-2 所示。随着工业技术的快速发展，机器人装配应运而生，如图 13-3 所示。由于装配操作本身比焊接、喷涂、搬运等复杂，且对装配环境要求高，对感知与自适应的控制能力要求强，对于机器人的精度要求也较高，因而装配领域将是未来机器人技术发展的焦点之一。

装配机器人主要用于各种电器（包括家用电器，如电视机、录音机、洗衣机、电冰箱、吸尘器）、小型电机、汽车及其部件、计算机、玩具、机电产品及其组件的装配等方面。

图 13-2　人工装配

图 13-3　机器人装配

装配机器人是工业生产中用于装配生产线上对零件或部件进行装配的一类工业机器人。装配机器人在不同装配生产线上发挥着强大的装配作用。装配机器人大多为 4~6 轴。目前市场上常见的装配机器人，按手臂运动形式可分为直角坐标装配机器人和关节型装配机器人，关节型装配机器人又可分为水平串联关节型、垂直串联关节型和并联关节型装配机器人。

1. 直角坐标装配机器人

直角坐标装配机器人以 *XYZ* 直角坐标系统为基本数学模型，整体结构采用模块化设计。直角坐标装配机器人如图 13-4 所示。直角坐标装配机器人是目前装配机器人中最简单的一类，具有操作、编程简单等优点，可用于零部件移送、简单插入、旋拧等作业。其机构上多装备球形螺钉和伺服电动机，具有速度快、精度高等特点。直角坐标装配机器人多为龙门式和悬臂式，现已广泛应用于节能灯装配、电子类产品装配和液晶屏装配等场合。

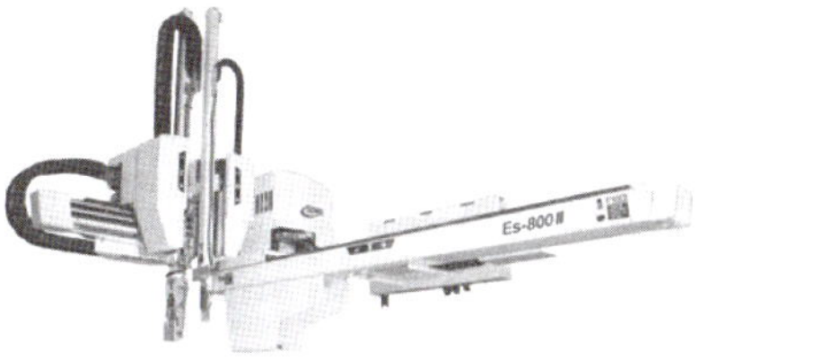

图 13-4　直角坐标装配机器人

2. 关节型装配机器人

关节型装配机器人是目前装配生产线上应用最广泛的一类机器人，具有结构紧凑、占地空间小、相对工作空间大、自由度高、适合几乎任何轨迹或角度工作、编程自由、动作灵活、易实现自动化生产等特点。

（1）水平串联关节型装配机器人　水平串联关节型装配机器人也称为平面关节型装配机器人或 SCARA 机器人，如图 13-5 所示。水平串联关节型装配机器人是目前装配生产线上应用数量最多的一类装配机器人，它属于精密型装配机器人，具有速度快、精度高、柔性好等特点。其驱动多为交流伺服电动机，可保证其具有较高的重复定位精度，可广泛应用于电子、机械和轻工业等产品的装配，满足工厂柔性化生产需求。图 13-6 所示为水平串联关节型装配机器人拾放超薄硅片。

图 13-5　水平串联关节型装配机器人

（2）垂直串联关节型装配机器人　垂直串联关节型装配机器人多为 6 个自由度，如图 13-7 所示。垂直串联关节型装配机器人可在空间任意位置确定任意位姿，可完成三维空间的任意位置和姿势的作业。图 13-8 所示为垂直串联关节型装配机器人进行装配作业。

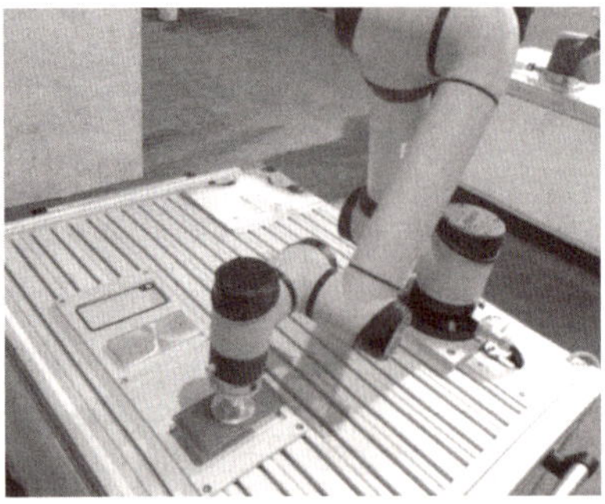

图 13-6　水平串联关节型装配机器人拾放超薄硅片

图 13-7　垂直串联关节型装配机器人

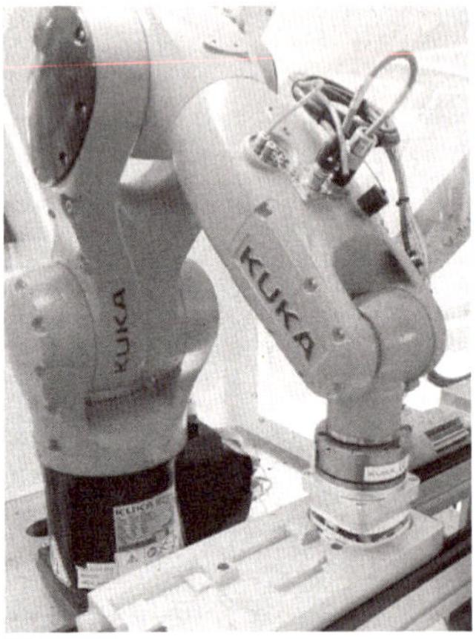

图 13-8　垂直串联关节型装配机器人进行装配作业

（3）并联关节型装配机器人　并联关节型装配机器人也称为拳头机器人、蜘蛛机器人或 Delta 机器人，如图 13-9 所示。并联关节型装配机器人是一种轻型、结构紧凑的高速装配机器人，可安装在任意倾斜角度上，其独特的并联机构可实现快速、敏捷动作且能减少非累积定位误差。目前在装配领域，并联关节型装配机器人有两种形式可供选择，即三轴手腕（合计六轴）和一轴手腕（合计四轴）。并联关节型装配机器人具有小巧高效、安装方便、精准灵敏等优点，广泛应用于 IT、电子装配等领域。图 13-10 所示为并联关节型装配机器人进行装配作业。

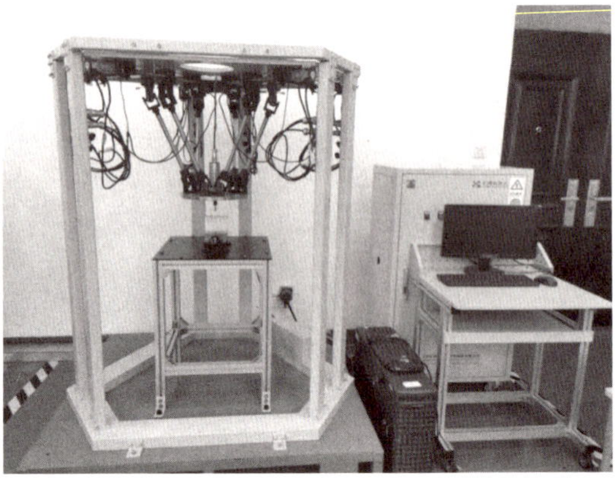

图 13-9　并联关节型装配机器人

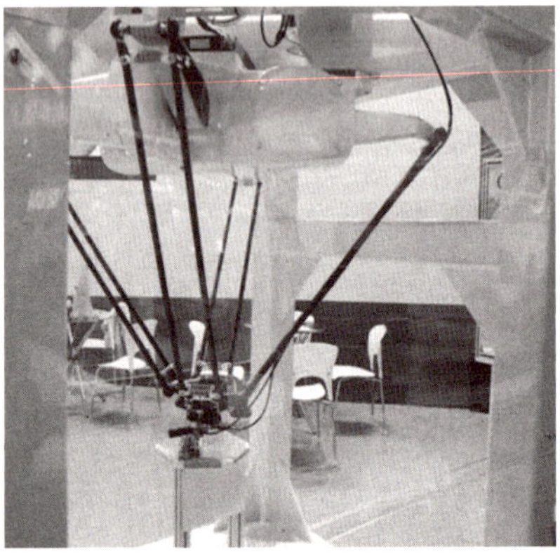

图 13-10　并联关节型装配机器人进行装配作业

3. 装配机器人的特性

通常装配机器人本体与搬运、焊接、喷涂机器人本体在制造精度上有一定的差别，原因在于：机器人在完成焊接、喷涂作业时，没有与作业对象接触，只需示教机器人运动轨迹即可，而装配机器人需与作业对象直接接触，并进行相应动作；搬运、码垛机器人在移动物料时，运动轨迹多为开放性的，而装配作业是一种约束运动类操作，即装配机器人精度要高于搬运、码垛、焊接和喷涂机器人。尽管装配机器人在本体上较其他类型机器人有所区别，但在实际应用中无论是直角坐标装配机器人还是关节型装配机器人都有如下特性：

1）能够实时调节生产节拍和末端执行器动作状态。

2）可更换不同末端执行器以适应装配任务的变化，方便快捷。

3）能够与零件供给器、输送装置等辅助设备集成，实现柔性化生产。

4）多带有传感器，如视觉传感器、触觉传感器、力觉传感器等，以保证装配任务的精准性。

二、装配机器人的系统组成

装配机器人是柔性自动化装配系统的核心设备。装配机器人的装配系统主要由操作机、控制系统、装配系统（手爪、气体发生装置、真空发生装置或电动装置）、传感系统和安全保护装置组成，如图 13-11 所示。其中，机器人的结构类型有直角坐标型、水平关节型、垂直关节型和并联关节型等。控制器一般采用多 CPU 或多级计算机系统，实现运动控制和运动编程。末端执行器为适应不同的装配对象而设计成各种手爪和手腕等。传感系统用来获取装配机器人与环境和装配对象之间相互作用的信息。操作者可通过示教器和操作面板进行装配机器人运动位置和动作程序的示教，设定运动速度、装配动作及参数等。

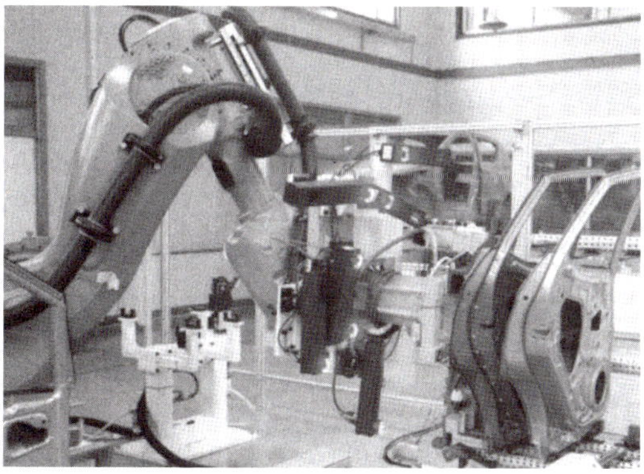

图 13-11　装配机器人的系统组成

1. 装配机器人

装配机器人由本体和控制装配过程的控制器组成。目前市场上的装配生产线多以关节型装配机器人中的 SCARA 机器人和并联机器人为主，在小型、精密、垂直装配上，SCARA 机器人具有很大优势。

随着社会需求的增大和技术的进步，装配机器人行业也得到迅速发展，多品种、少批量的生产方式和可提高产品质量及生产效率的生产工艺需求，成为推动装配机器人发展的直接动力，各个机器人生产厂家也不断推出新机型以适合装配生产线的自动化和柔性化。

2. 装配机器人末端执行器

装配机器人装配系统的末端执行器是夹持工件移动的一种夹具，类似于搬运、码垛机器人的末端执行器。常见的装配机器人末端执行器有吸附式手爪、夹钳式手爪、专用式手爪和组合式手爪。

（1）吸附式手爪　吸附式手爪在装配中仅占一小部分，广泛应用于电视机、录音机、鼠标等轻小工件的装配场合，如图 13-12 所示。

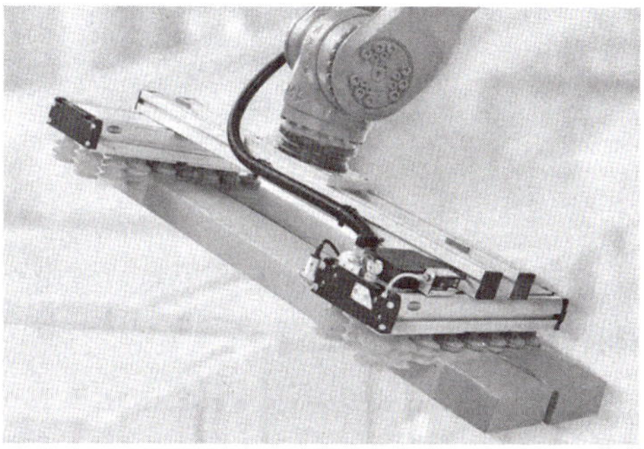

图 13-12　吸附式手爪

（2）夹钳式手爪　夹钳式手爪是装配过程中最常用的一类手爪，多采用气动或伺服电动机驱动，闭环控制下配备传感器可准确控制手爪的起动、停止及速度，并可对外部信号做出准确反应。夹钳式手爪具有重量轻、出力大、速度高、惯性小、灵敏度高、转动平滑、力矩稳定等特点，其结构类似于搬运作业的夹钳式手爪，但又比搬运作业的夹钳式手爪精度高、柔顺性好。夹钳式手爪如图13-13所示。

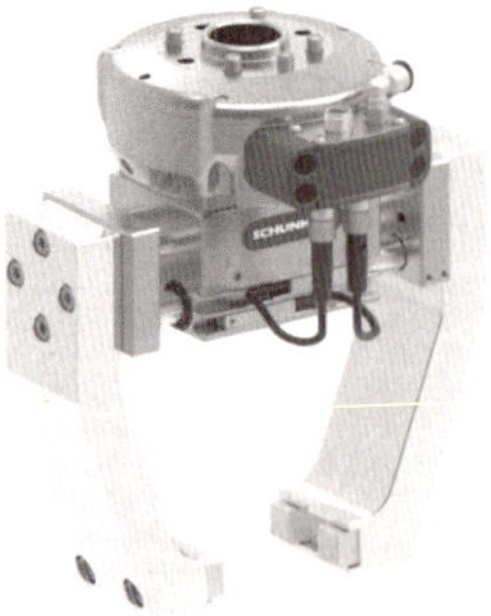

图13-13　夹钳式手爪

（3）专用式手爪　专用式手爪是在装配中针对某一类装配场合单独设计的末端执行器，且部分带有磁力，常用于螺钉、螺栓的装配。它同样也多采用气动或伺服电动机驱动。专用式手爪如图13-14所示。

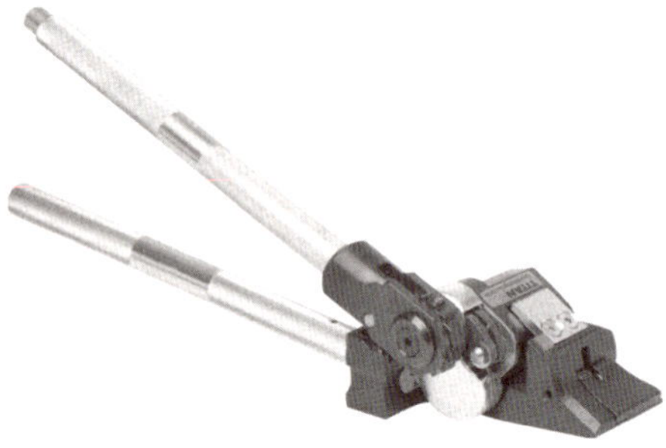

图13-14　专用式手爪

（4）组合式手爪　组合式手爪在装配作业中是通过组合获得各单组手爪优势的一类手爪，灵活性较大，多用于机器人需要相互配合装配的场合，可节约时间、提高效率。组合式手爪如图13-15所示。

3. 装配机器人传感系统

带有传感系统的装配机器人可更好地完成销、轴、螺钉、螺栓等的柔性化装配作业。在装配作业中常用到的传感系统有视觉传感系统、触觉传感系统等。

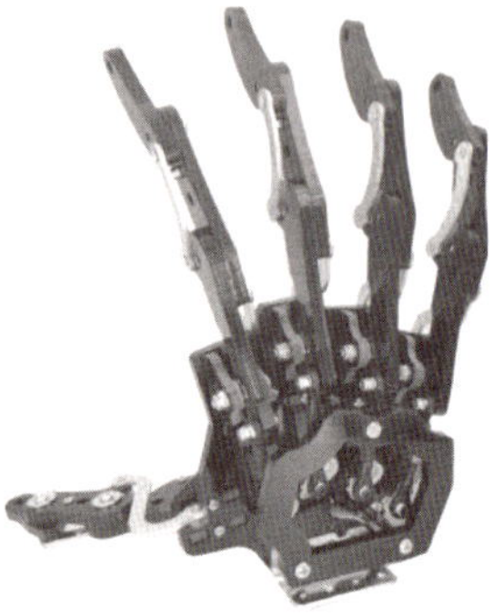

图13-15　组合式手爪

（1）视觉传感系统　配备视觉传感系统的装配机器人可依据需要选择合适的装配零件，并进行粗定位和位置补偿，完成零件平面测量、形状识别等检测。视觉传感系统如图13-16所示。

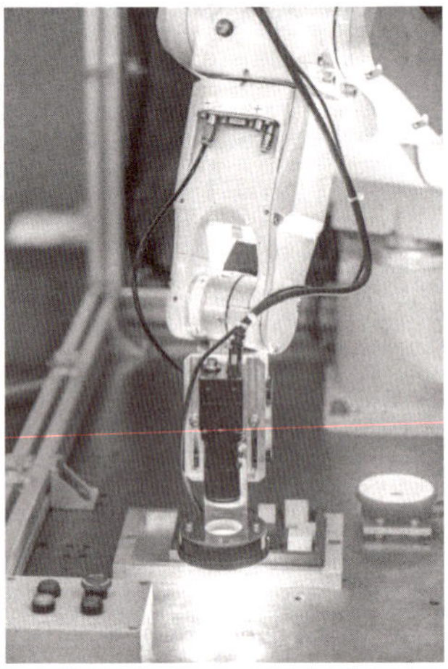

图13-16　视觉传感系统

（2）触觉传感系统　装配机器人的触觉传感系统主要用于实时检测机器人与被装配物件之间的配合。机器人触觉可分为接触觉、接近觉、压觉、滑觉和力觉等五种。在装配机器人进行简单工作过程中常用到的有接触觉、接近觉和力觉等传感器。

任务总结

本任务通过对装配机器人工作站系统组成

的认知，直观地了解了装配机器人的实际应用。在分析装配机器人组成和结构的时候，要注意操作机、控制系统、装配系统（手爪、气体发生装置、真空发生装置或电动装置）、传感系统和安全保护装置的配合性。

装配机器人主要用于各种电器（包括家用电器，如电视机、录音机、洗衣机、电冰箱、吸尘器）、小型电机、汽车及其部件、计算机、玩具、机电产品及其组件的装配等方面。

任务评价

任务评价见表 13-1。

表 13-1 任务评价表

评价内容	评价标准	配分	得分
装配机器人的分类	掌握装配机器人的分类：直角坐标装配机器人、关节型装配机器人	20	
装配机器人的系统组成	掌握装配机器人的系统组成单元：机器人本体、控制器、装配系统、传感系统、安全保护装置	30	
装配机器人末端执行器的分类	掌握装配机器人末端执行器的分类：夹钳式手爪、吸附式手爪、专用式手爪、组合式手爪	30	

（续）

评价内容	评价标准	配分	得分
装配机器人传感系统	掌握装配机器人常用的传感系统：视觉传感系统、触觉传感系统	20	

每课寄语

锤炼技术，锻造品格，技能成就梦想。

拓展练习

一、填空题

1. 关节型装配机器人又可分为________关节型、________关节型和________关节型装配机器人。

2. 装配机器人常用的末端执行器有________、________、专用式手爪和________。

二、问答题

1. 简单列举装配机器人的应用实例。

2. 装配机器人常用的传感系统有哪些？简述其特点。

任务十四　机器人仿真系统

扫码看视频

任务目标

1. 知识目标
（1）了解什么是机器人仿真技术。
（2）了解 RobotStudio 软件功能。
（3）了解 RobotStudio 软件界面。
2. 技能目标
（1）学会安装 RobotStudio 软件。
（2）学会 RobotStudio 软件的授权操作方法。
3. 素质目标
（1）重视对机器人软件的认识与学习。
（2）培养软件应用能力。

任务布置

熟悉机器人仿真技术，掌握 RobotStudio 软件功能的具体应用，掌握 RobotStudio 软件的下载、安装与激活。

任务分析

在机器人官网下载 RobotStudio 软件并进行安装与授权，然后熟悉软件界面。

相关知识

一、机器人仿真技术

在产品制造的同时对机器人系统进行编程，可提早开始产品生产，缩短上市时间。在实际机器人安装前，离线编程通过可视化及可确认的解决方案和布局来降低风险，并通过创建更加精确的路径来获得更高的部件质量。为实现真正的离线编程，RobotStudio 采用了 ABB VirtualRobot™ 技术。ABB 在多年前就已经发明了 VirtualRobot™ 技术，RobotStudio 是市场上离线编程的领先产品。通过新的编程方法，ABB 正在世界范围内建立机器人编程标准。

二、RobotStudio 软件功能

在 RobotStudio 中可以实现以下功能：

（1）CAD 导入　RobotStudio 可轻易地从各种主要的 CAD 格式文件中导入数据，包括 IGES、STEP、VRML、VDAFS、ACIS 和 CATIA。通过使用此类非常精确的 3D 模型数据，机器人程序设计员可以生成更为精确的机器人程序，从而提高产品质量。

（2）自动路径生成　这是 RobotStudio 最节省时间的功能之一。通过使用待加工部件的 CAD 模型，可在短短几分钟内自动生成跟踪曲线所需的机器人位置。如果人工执行此项任务，则可能需要数小时或数天。

（3）自动分析伸展能力　此便捷功能可让操作者灵活移动机器人或工件，直至所有位置均可到达，并可在短短几分钟内验证和优化工作单元布局。

（4）碰撞检测　在 RobotStudio 中，可以对机器人在运动过程中是否可能与周边设备发生

碰撞进行验证与确认，以确保机器人离线编程得出的程序的可用性。

（5）在线作业　使用 RobotStudio 与真实的机器人进行连接通信，对机器人进行便捷的监控、程序修改、参数设定、文件传送及备份恢复等操作，使调试与维护工作更轻松。

（6）模拟仿真　根据设计，在 RobotStudio 中进行工业机器人工作站的动作模拟仿真以及周期节拍仿真，为工程的实施提供真实的验证。

（7）应用功能包　针对不同的应用推出功能强大的工艺功能包，将机器人更好地与工艺应用进行有效融合。

（8）二次开发　提供功能强大的二次开发平台，使机器人应用实现更多的可能，满足机器人的科研需要。

三、RobotStudio 软件的下载与安装

1. 下载 RobotStudio

下载 RobotStudio 的过程如图 14-1~ 图 14-9 所示，步骤如下：

1）登录网址 www.robotstudio.com。

2）单击 “Download section”。

图 14-1　登录网址

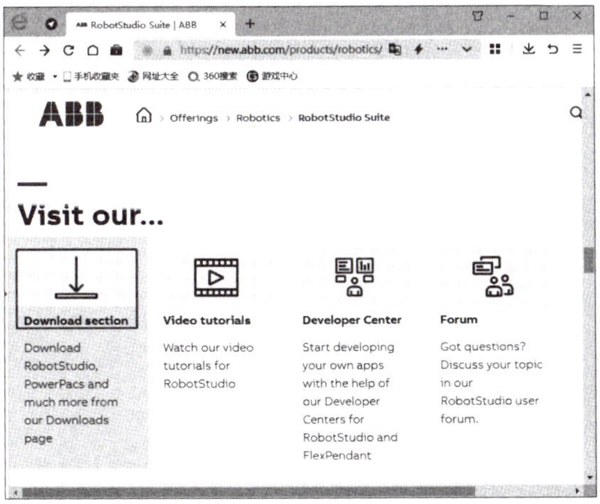

图 14-2　单击 “Download section

3）单击 “下载” 图标。

4）填写相关信息，单击 “SUBMIT”（提交），通过电子邮件收到下载链接。

5）收到提示信息。

6）收到 ABB 官方电子邮件。

7）打开邮件，单击 “DOWNLOAD ROBOTSTUDIO”（下载 RobotStudio 软件）。

8）开始下载任务。

9）下载得到 RobotStudio 压缩包。

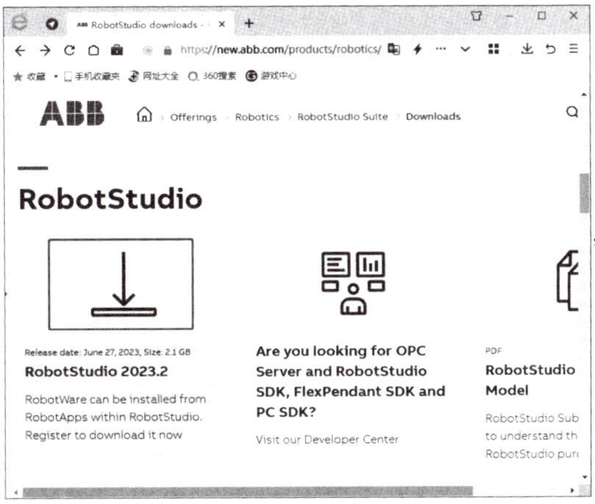

图 14-3　单击 “下载” 图标

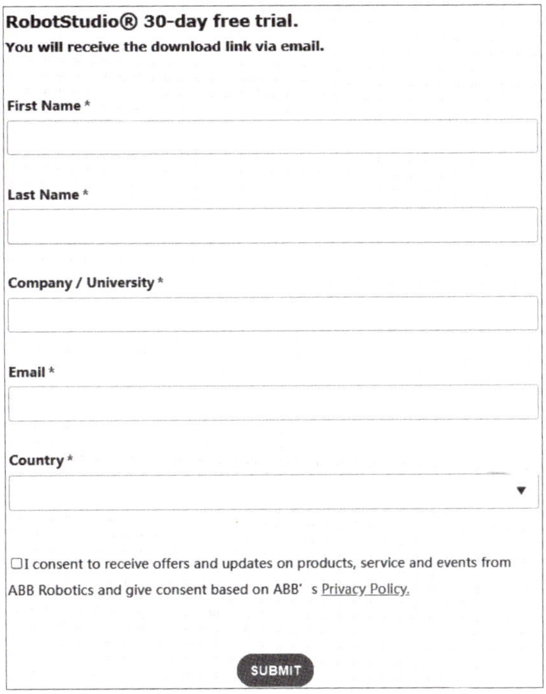

图 14-4　填写相关信息后单击 “SUBMIT”（提交）

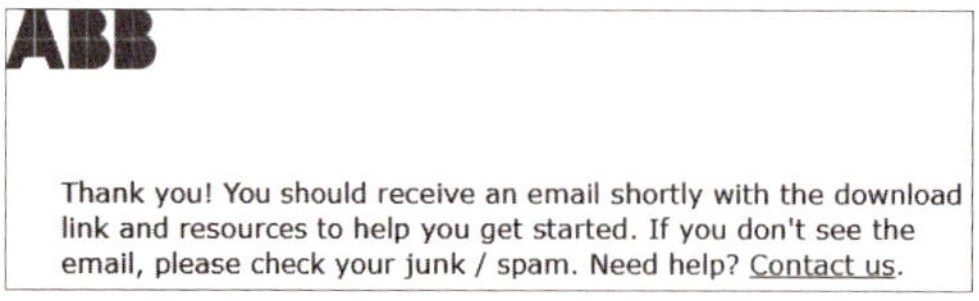

图 14-5　收到提示信息

图 14-6　收到 ABB 官方电子邮件

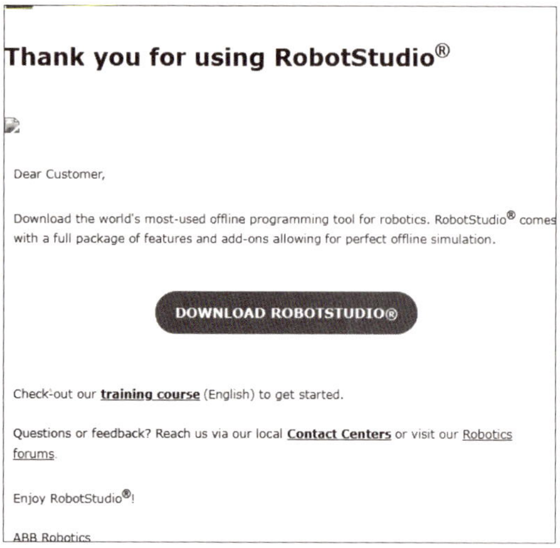

图 14-7　单击“DOWNLOAD ROBOTSTUDIO”

图 14-8　开始下载任务

图 14-9　下载得到 RobotStudio 压缩包

2. 安装 RobotStudio

安装 RobotStudio 的过程如图 14-10~ 图 14-18 所示，步骤如下：

1）下载完成后，对压缩包进行解压缩。

2）解压缩后打开文件夹。

3）双击“setup”。

4）在下拉列表中选择“中文（简体）”，然后单击“确定”。

5）单击“下一步”。

6）选择接受协议条款，再单击“下一步”。

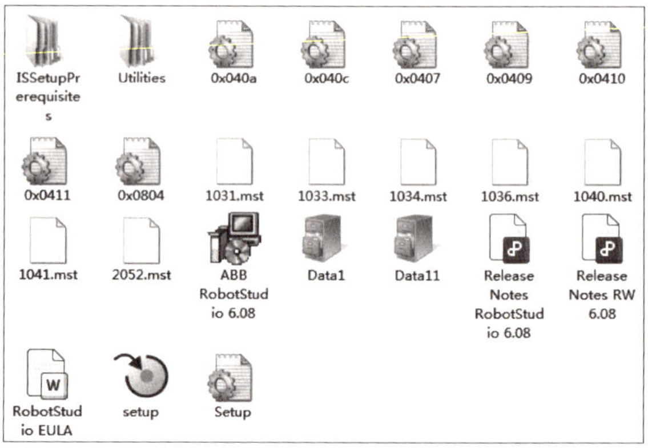

图 14-10　双击“setup”

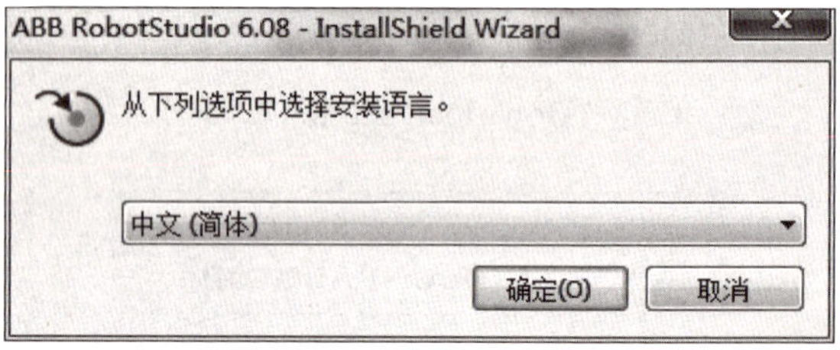

图 14-11　选择“中文（简体）”后单击“确定”

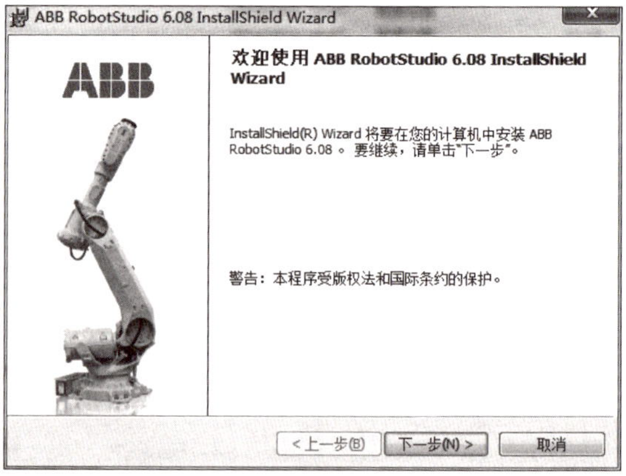

图 14-12　单击“下一步”

7）单击“接受”。

8）单击“更改”可更改安装路径，然后单击“下一步”。

9）选择“完整安装”，然后单击“下一步”。

10）单击“安装”。

11）单击“完成”退出向导。

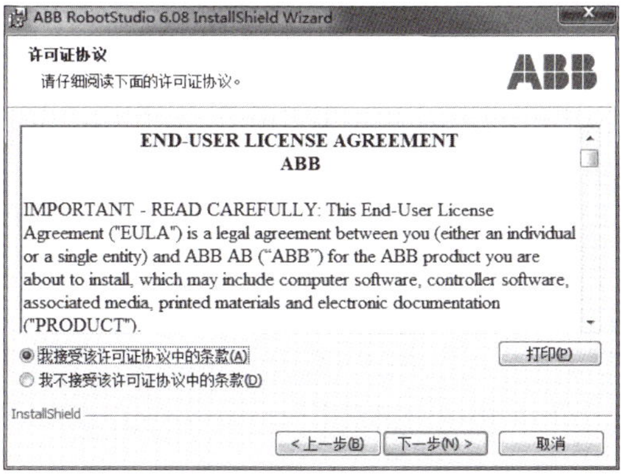

图 14-13　选择接受协议条款后单击“下一步”

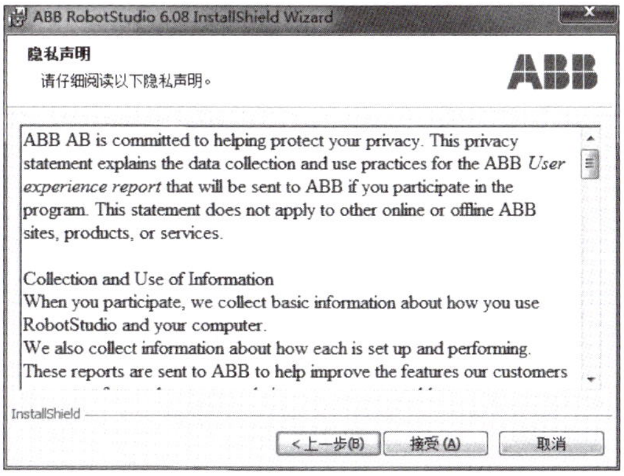

图 14-14　单击“接受”

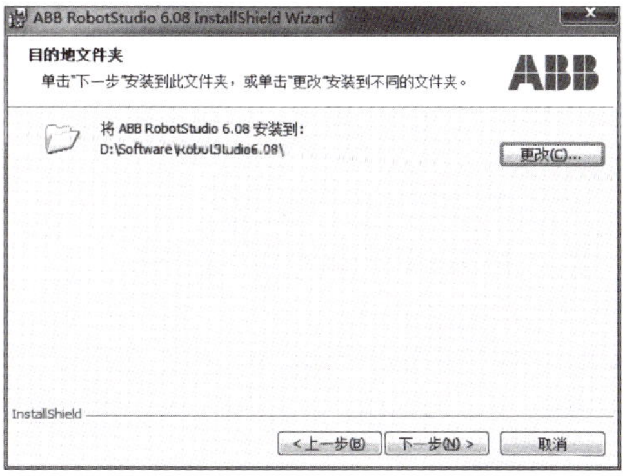

图 14-15　单击“更改”可更改安装路径，然后单击“下一步”

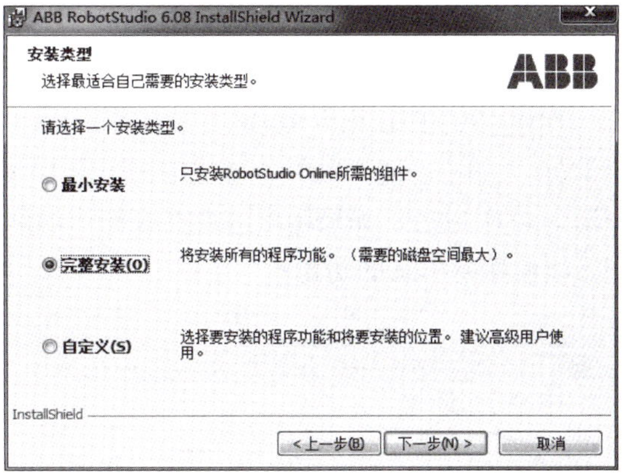

图 14-16　选择“完整安装”后单击“下一步”

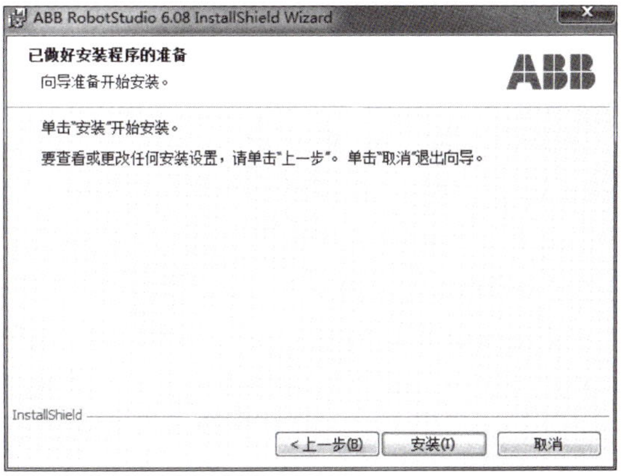

图 14-17　单击“安装”

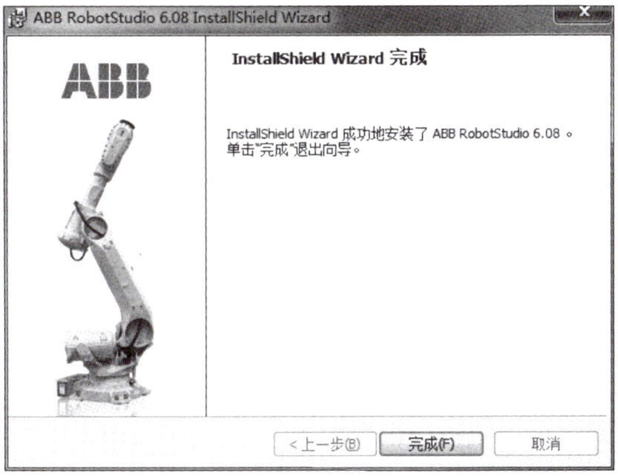

图 14-18　单击“完成”退出向导

本书中的任务是基于 RobotStudio 6.08 版本开展的，随着版本升级，会出现软件菜单有所变化的情况。

四、关于 RobotStudio 的授权

在第一次正确安装 RobotStudio 以后，软件提供 30 天的全功能高级版免费试用，如图 14-19 所示。30 天以后，如果还未进行授权操作的话，则只能使用基本版的功能。

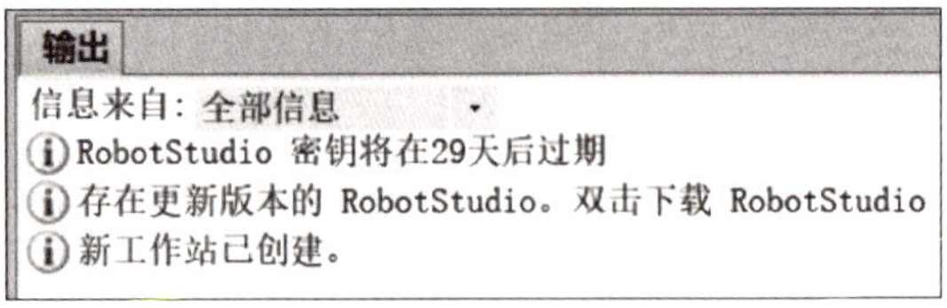

图 14-19　时间提示信息

如果已经从 ABB 获得 RobotStduio 的授权许可证，则可以激活 RobotStudio 软件。

单机许可证只能激活一台计算机上的 RobotStudio 软件，而网络许可证可在一个局域网内建立一台网络许可证服务器，给局域网内的 RobotStudio 客户端进行授权许可，客户端的数量由网络许可证所允许的数量决定。在授权激活后，如果计算机系统出现问题并重新安装 RobotStudio，将会造成授权失效。在激活之前，请将计算机连接上互联网，因为 RobotStudio 需要通过互联网进行激活，这样操作会便捷很多。激活 RobotStudio 的过程如图 14-20~ 图 14-22 所示，步骤如下：

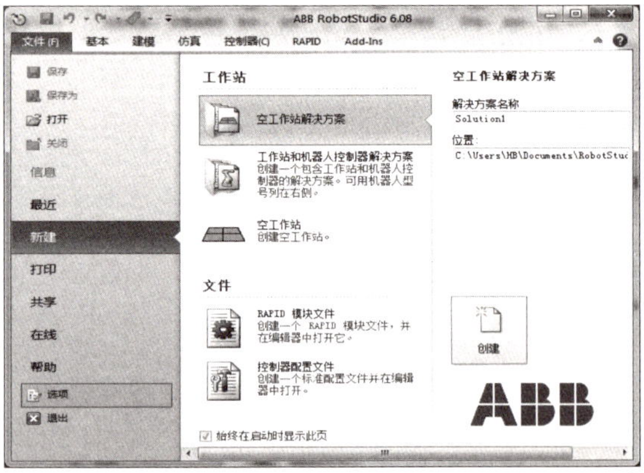

图 14-20　选择“选项”

1）单击“文件”功能选项卡。

2）单击“选项”。

3）单击“授权”。

4）单击“激活向导”。

5）根据授权许可类型，选择激活单机许可证或网络许可证。

6）单击“下一个”，按照提示就可完成激活。

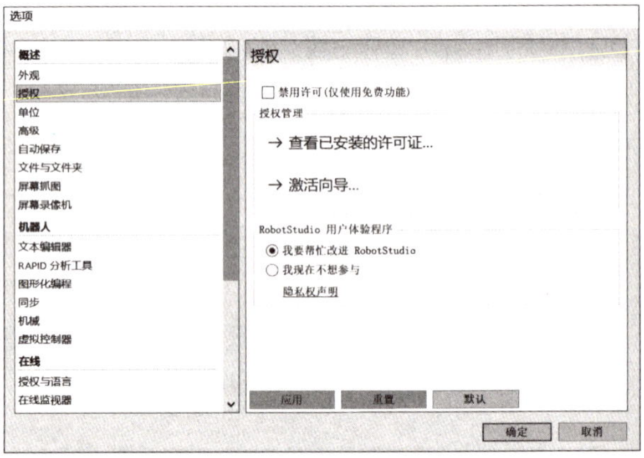

图 14-21　选择“授权”中的“激活向导”

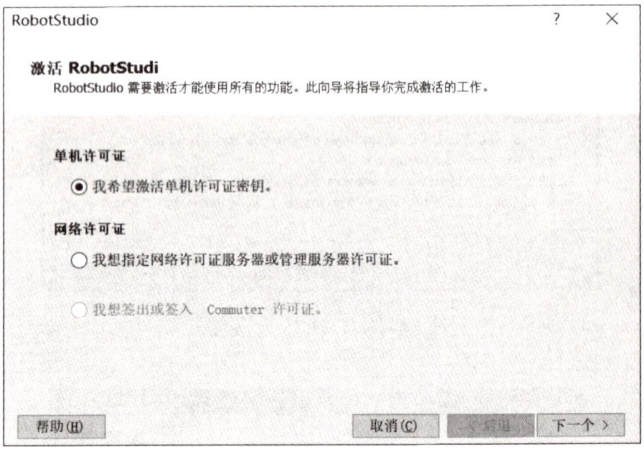

图 14-22　选择许可证类型

五、RobotStudio 软件界面

“文件”功能选项卡包含创建新工作站、创造新机器人系统、连接到控制器、将工作站另存为查看器的选项和 RobotStudio 选项，如图 14-23 所示。

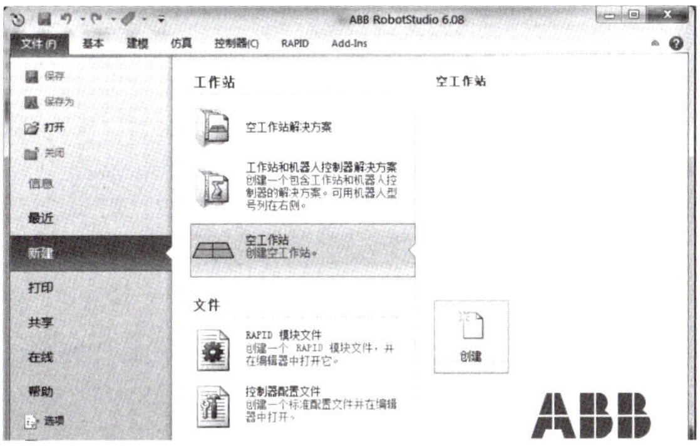

图 14-23 “文件”功能选项卡

“基本”功能选项卡包含建立工作站、路径编程、设置、控制器、Freehand 和图形控件，如图 14-24 所示。

“建模”功能选项卡包含创建、CAD 操作、测量、Freehand 和机械控件，如图 14-25 所示。

“仿真”功能选项卡包含碰撞监控、配置、仿真控制、监控、信号分析器和录制短片控件，如图 14-26 所示。

“控制器”功能选项卡包含进入、控制器工具、配置、虚拟控制器和传送控件，如图 14-27 所示。

“RAPID”功能选项卡包含进入、编辑、插入、查找、控制器、测试和调试、路径编辑器控件，如图 14-28 所示。

“Add-Ins”功能选项卡包含社区、RobotWare 和齿轮箱热量预测控件，如图 14-29 所示。

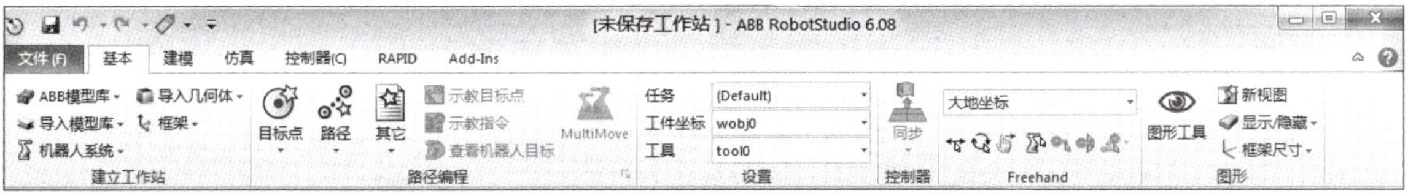

图 14-24 “基本”功能选项卡

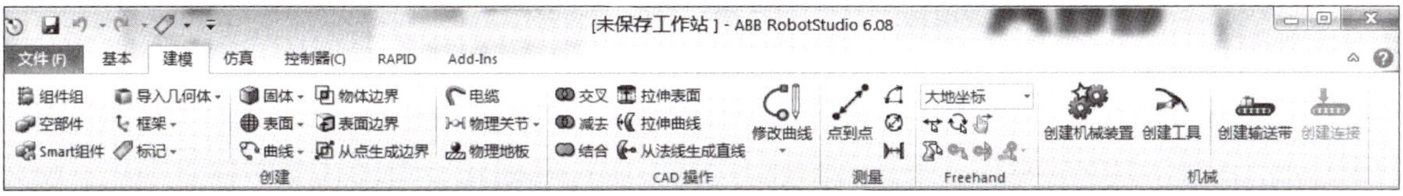

图 14-25 “建模”功能选项卡

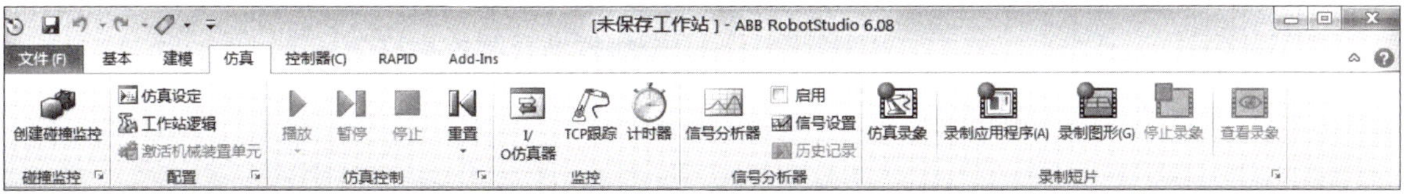

图 14-26 “仿真”功能选项卡

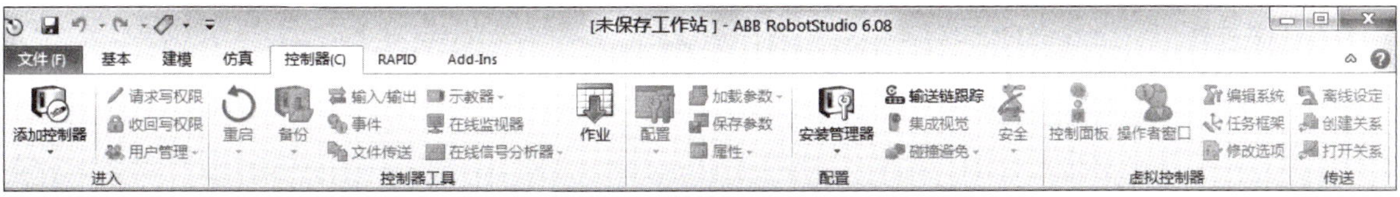

图 14-27 “控制器”功能选项卡

图 14-28 “RAPID”功能选项卡

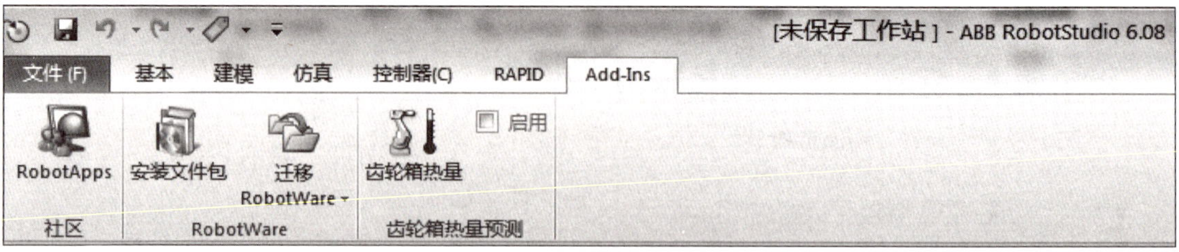

图 14-29 “Add-Ins”功能选项卡

任务总结

本任务主要了解机器人仿真技术和掌握RobotStudio软件的实际应用。需要注意的是，安装RobotStudio软件时尽量使用英文名称的文件夹，RobotStudio软件对中文的识别不稳定，以免造成不兼容情况的发生。

任务评价

任务评价见表14-1。

表 14-1 任务评价表

评价内容	评价标准	配分	得分
下载RobotStudio软件	正确下载RobotStudio软件	10	
RobotStudio软件的安装	正确安装RobotStudio软件	40	
RobotStudio软件的授权	正确对RobotStudio软件进行授权操作	20	
RobotStudio软件的初步认识	了解RobotStudio软件的基本功能	30	

每课寄语

崇尚科学，探索创新，挑战新科技。

拓展练习

一、填空题

1. “建模”功能选项卡包含__________、__________、__________、Freehand和机械控件。

2. “仿真”功能选项卡包含__________、__________、__________、__________、信号分析器和录制短片控件。

3. “基本”功能选项卡包含__________、__________、__________、__________、Freehand和图形控件。

二、问答题

简述在RobotStudio中可以实现的主要功能。

任务十五　机器人仿真工作站的建立

扫码看视频

任务目标

1. 知识目标

（1）了解机器人仿真工作站与机器人系统。

（2）了解 RobotStudio 软件的基本操作。

2. 技能目标

（1）掌握建立机器人仿真工作站的步骤。

（2）掌握导入机器人的步骤。

（3）掌握添加、安装机器人工具的步骤。

（4）掌握简单工业机器人工作站创建的步骤。

（5）掌握工业机器人系统建立的步骤。

3. 素质目标

（1）重视对机器人软件的认识与学习。

（2）培养软件应用能力。

任务布置

完成图 15-1 所示的工作站。

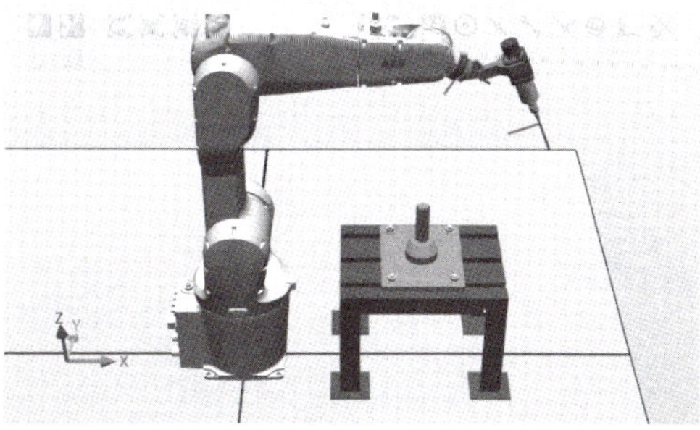

图 15-1　机器人仿真工作站

任务分析

依据要求建立机器人仿真工作站，导入对应的机器人，建立机器人周边设备，从而完成简单机器人工作站的创建。

相关知识

一、RobotStudio 软件建立机器人仿真工作站

机器人仿真工作站的创建可以用下面两种方法：

方法一：如图 15-2 所示，双击“空工作站”即可完成新工作站的创建。

方法二：如图 15-2 所示，单击“创建”即可完成新工作站的创建。

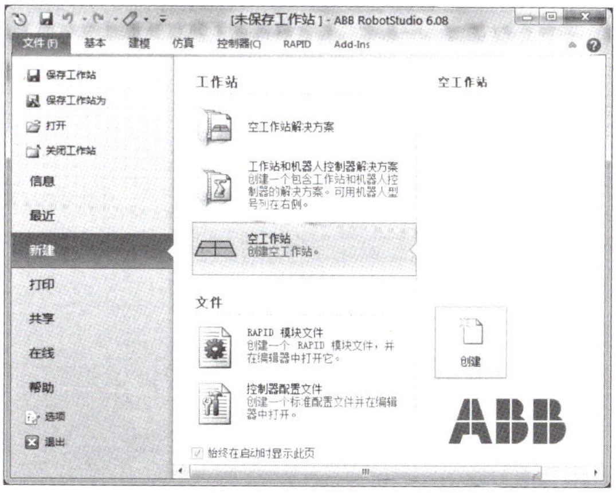

图 15-2　创建新工作站的方法

二、导入机器人

在创建完工作站以后，就要导入工业机器人，本任务以 IRB 1200 为例。导入机器人的操作如图 15-3~ 图 15-5 所示，步骤如下：

1）在“基本”功能选项卡中找到“ABB 模型库”，选择“IRB 1200”。

2）设定好对话框中的数值，然后单击“确定”，即可完成机器人的导入。

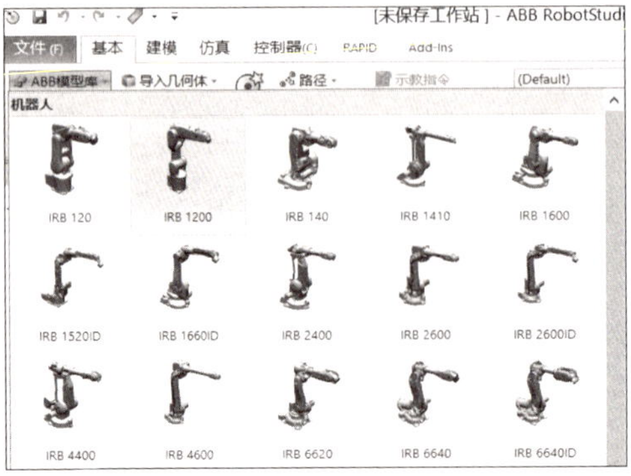

图 15-3　选择机器人型号

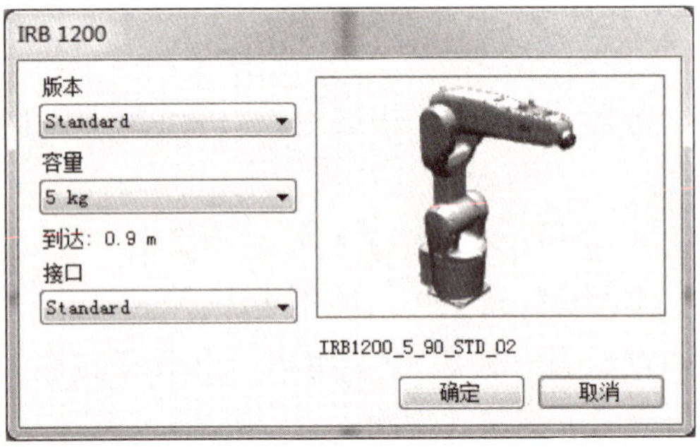

图 15-4　设置参数

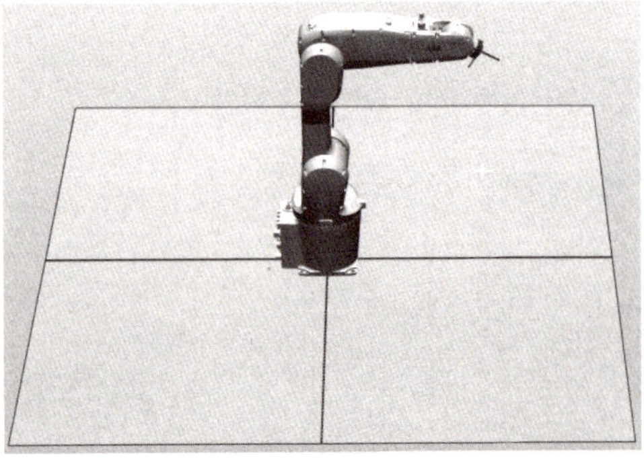

图 15-5　机器人导入完成

三、添加、安装机器人工具

工业机器人作为机械手来使用，肯定要拥有自己的动作执行载体。添加、安装机器人末端执行器的操作如图 15-6~ 图 15-9 所示，步骤如下：

1）添加机器人工具。在“基本”功能选项卡中，打开“导入模型库”→“设备”，选择“myTool”。

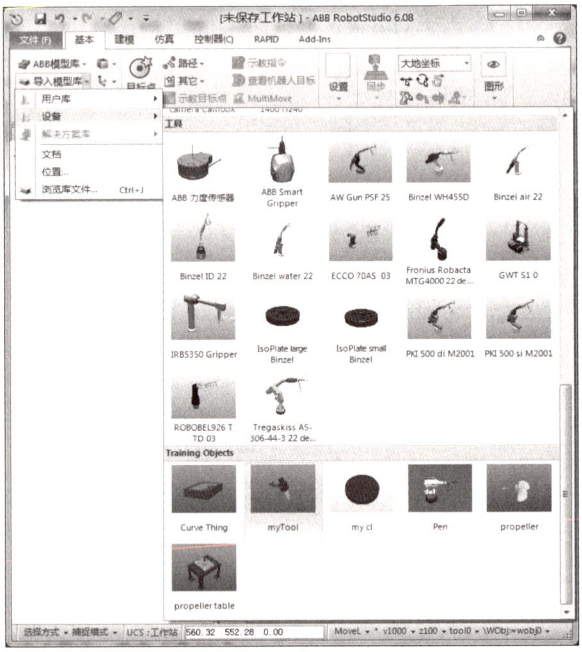

图 15-6　选择“myTool”

2）在“布局”中，在“MyTool”上按住鼠标左键，向上拖到“IRB1200_5_90_STD_02”后松开左键。

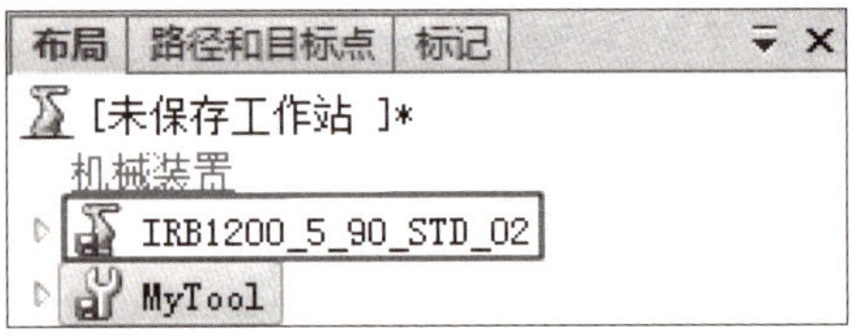

图 15-7　移动“MyTool”的位置

3）单击“是”。

4）工具已安装到机器人法兰盘。

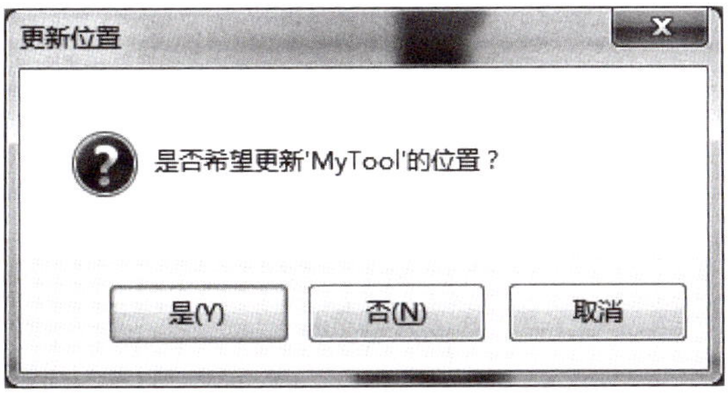

图 15-8 单击“是”

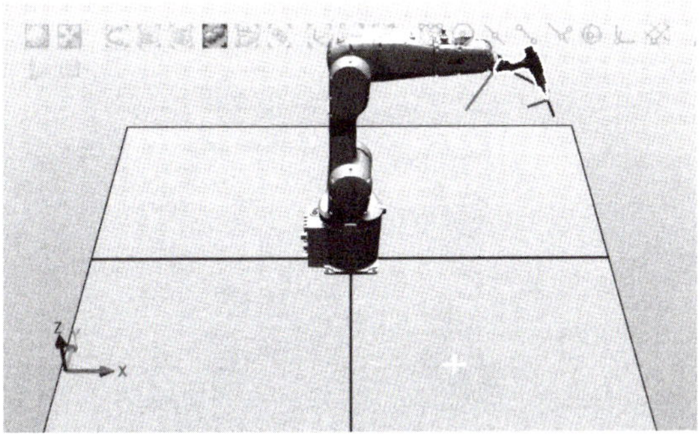

图 15-9 工具导入完成

四、摆放机器人周边模型

摆放周边模型的操作如图 15-10~ 图 15-14 所示，步骤如下：

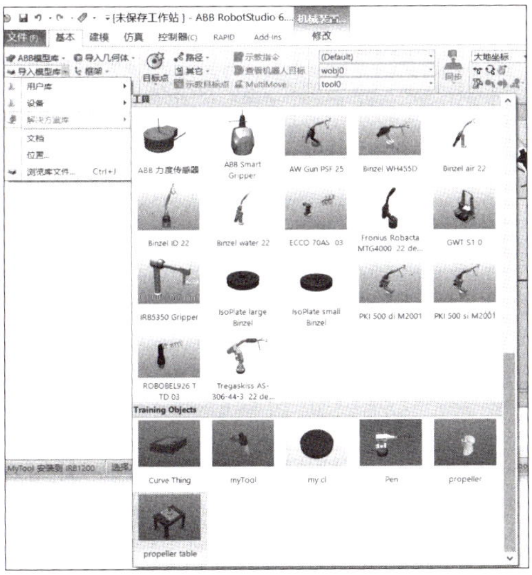

图 15-10 选择“propeller table”

1）在“基本”功能选项卡中，打开“导入模型库”→“设备”，选择“propeller table”模型进行导入。

2）右击“IRB1200_5_90_STD_02”，单击“显示机器人工作区域”。

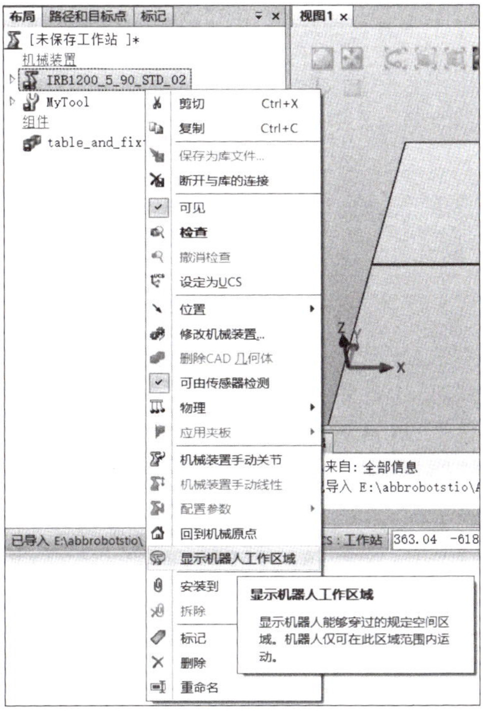

图 15-11 单击“显示机器人工作区域”

3）图 15-12 中两条白色线间的区域为机器人可到达范围。工作对象应调整到机器人的最佳工作范围，这样才可以提高节拍和方便轨迹规划。下面将小桌子移到机器人的工作区域内。

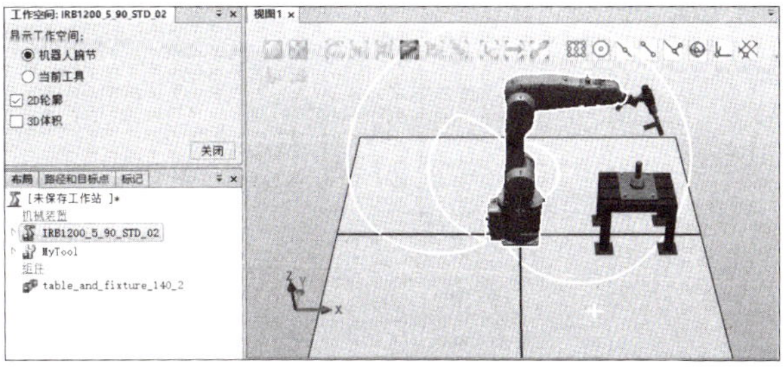

图 15-12 将小桌子移到机器人的工作区域内

4）在“Freehand”工具栏中，选定“大地坐标”和单击“移动”图标。

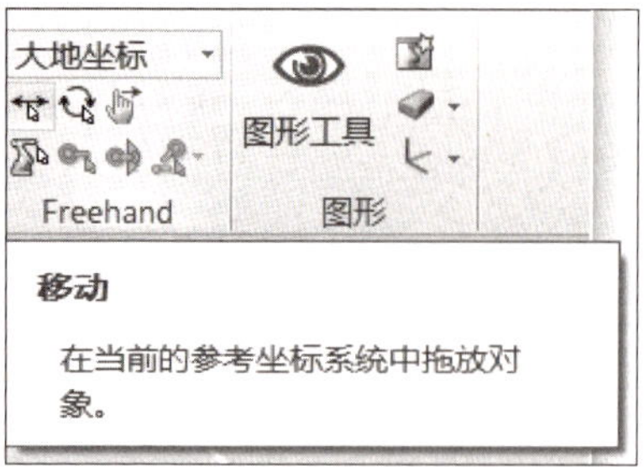

图 15-13　选定“大地坐标”

5）拖动箭头到达图 15-14 中所示的大地坐标位置。

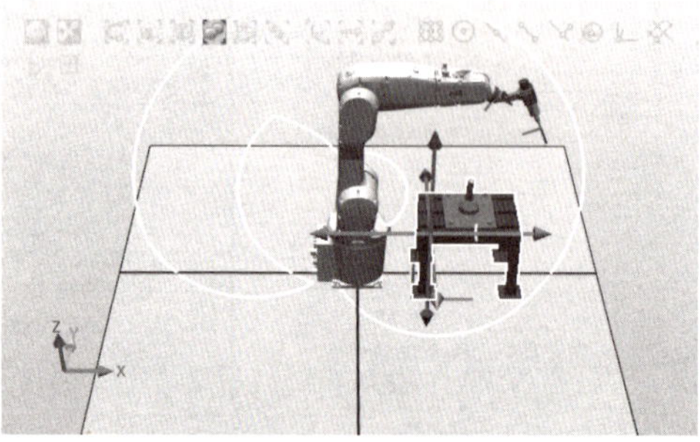

图 15-14　确定大地坐标位置

五、完成工作站的建立

1）取消工作区域显示，如图 15-15 所示。

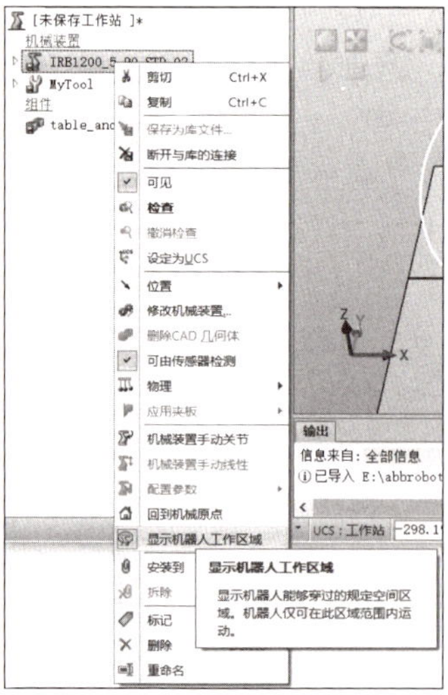

图 15-15　取消工作区域显示

2）在“Freehand”工具栏中，取消“大地坐标”和单击“移动”图标，如图 15-16 所示。

图 15-16　取消“大地坐标”

3）完成工业机器人工作站的建立，如图 15-17 所示。

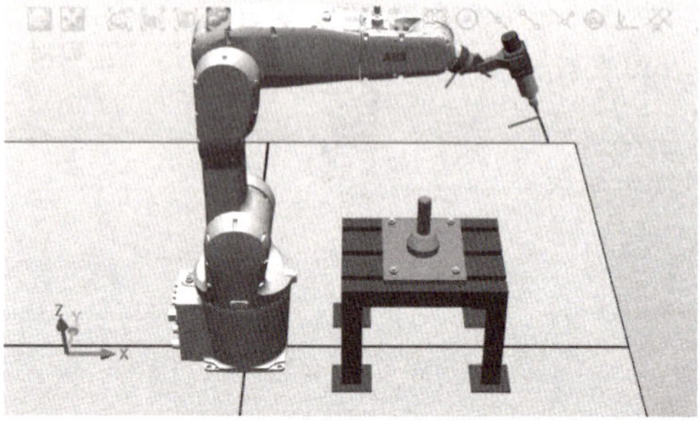

图 15-17　完成后的机器人工作站

六、机器人系统的建立

在完成了布置以后，要为机器人加载系统，建立虚拟的控制器，使其具有电气的特性来完成相关的仿真操作。具体操作如图 15-18~ 图 15-27 所示，步骤如下：

1）在“基本”功能选项卡中，单击“机器人系统”→“从布局”。

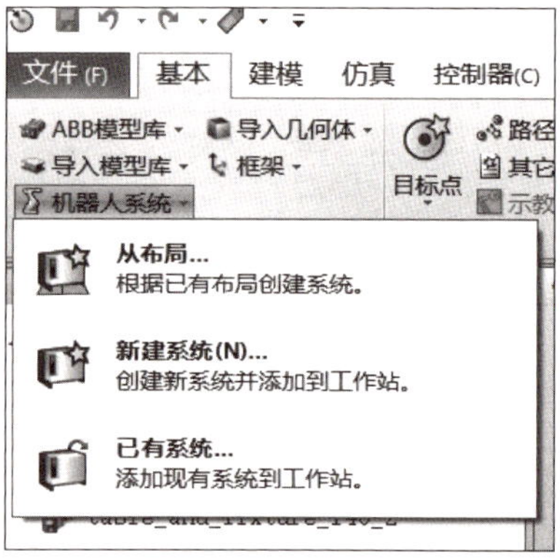

图 15-18　单击“从布局”

2）设定好系统名称与保存的位置后，选中“6.08.00.00”，单击“下一个”。

3）单击“下一个”。

4）单击“选项”。

5）在“类别”中选中“Default Language”，在“选项”中选择“Chinese”。

6）在“类别”中选中“Industrial Networks”，在“选项”中选择“709-1 DeviceNet Master/Slave”。

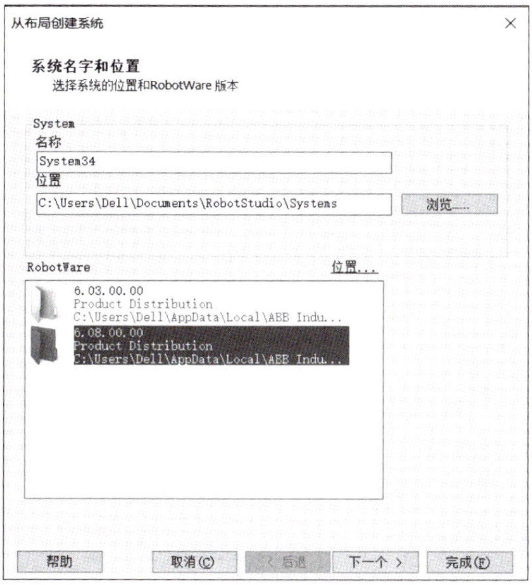

图 15-19　设定好系统名称与保存的位置后选中“6.08.00.00”

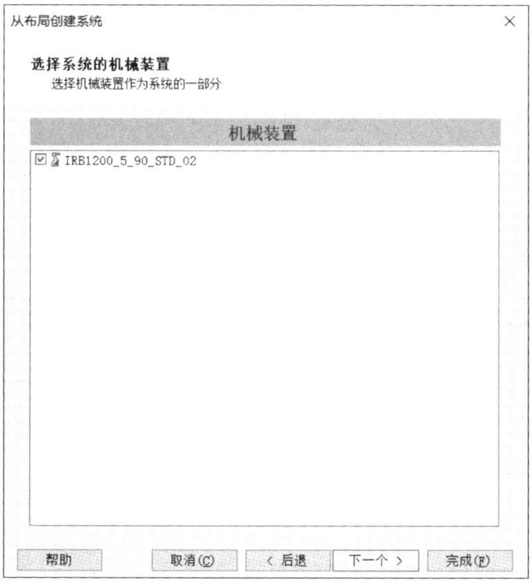

图 15-20　单击“下一个”

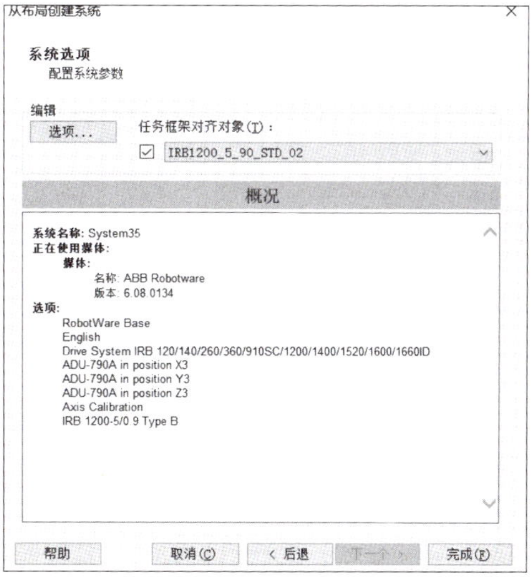

图 15-21　系统参数概况

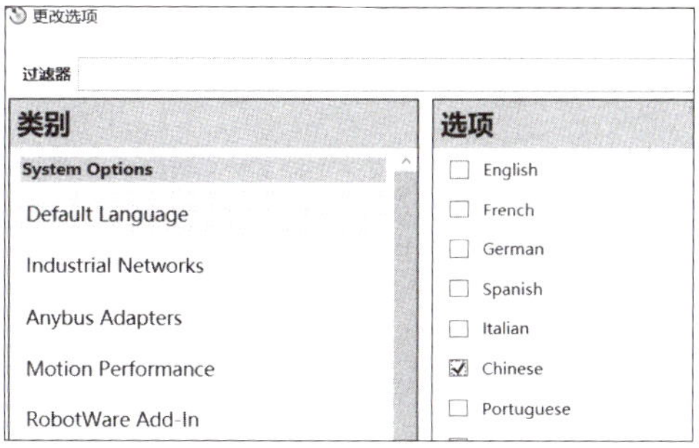

图 15-22　语言设置

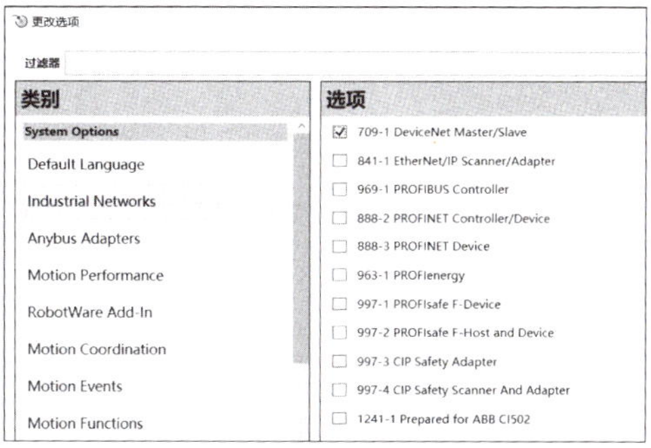

图 15-23　通信设置

7）在“概况”中可以看到选择的结果，单击“确定”。

8）单击“完成”。

9）等待系统创建。

10）系统建立完成后，右下角的“控制器状态”区域应为绿色，表示系统创建完成。

图 15-24　在“概况”中看到的结果

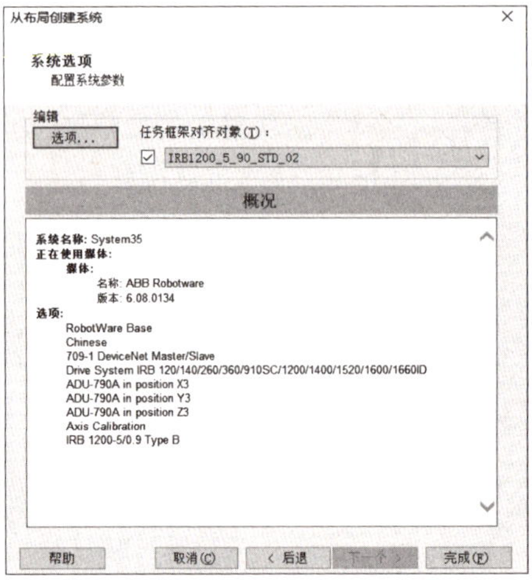

图 15-25　最终的参数

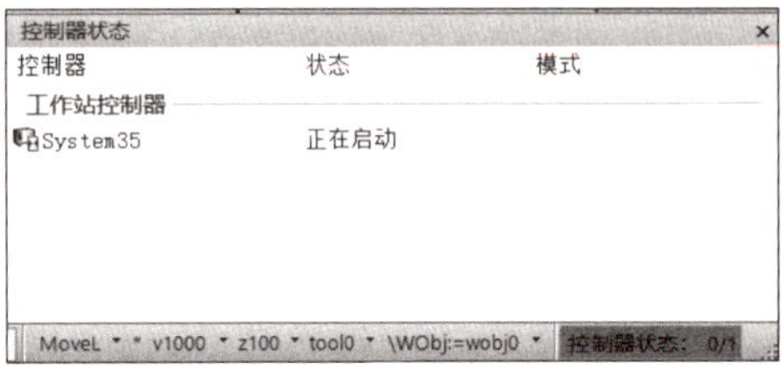

图 15-26　启动工作站控制器

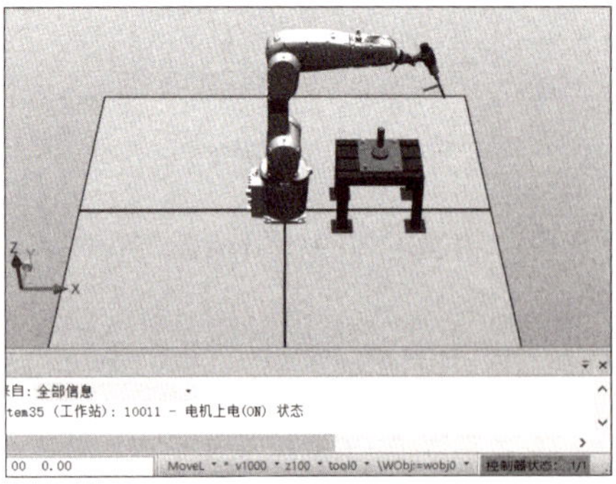

图 15-27　完成控制器启动

任务总结

本任务主要内容是机器人仿真工作站的建立，要求同学们掌握机器人的导入、机器人末端执行器的添加和安装。在完成此任务过程中需要注意的是，在添加机器人工具时要及时更新位置，在添加周边设备时要将其添加在机器人的工作范围之内。

任务评价

任务评价见表 15-1。

表 15-1　任务评价表

评价内容	评价标准	配分	得分
添加、导入机器人工具	完成机器人末端执行机构的添加和导入	40	
创建简单的工业机器人工作站	完成简单工业机器人工作站的创建	40	
建立工业机器人系统	1）理解什么是工业机器人系统 2）完成工业机器人系统的建立	20	

每课寄语

凝心聚力新时代，团结奋斗新征程。

拓展练习

试简述建立工业机器人系统的主要步骤。

任务十六　机器人的手动操作

扫码看视频

任务目标

1. 知识目标

（1）了解机器人的坐标系。

（2）了解机器人每种坐标系的区别。

2. 技能目标

（1）掌握机器人单轴运动的操作方法。

（2）掌握机器人线性运动的操作方法。

（3）掌握机器人重定位运动的操作方法。

3. 素质目标

（1）培养实际动手操作能力。

（2）认识理论与实际相结合的重要性。

任务布置

利用示教器调整机器人工具中心点（Tool Center Point，TCP）的姿态（见图 16-1），并使其沿箭头所示方向移动。

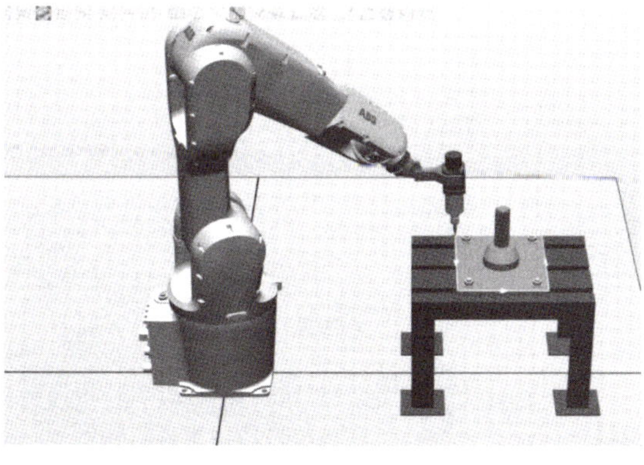

图 16-1　调整机器人 TCP 的姿态

任务分析

随着机器人技术的发展，工业机器人已成为制造业的重要组成部分。机器人显著地提高了生产效率，改善了产品质量，对改善劳动条件和产品的快速更新换代起着十分重要的作用，加快了实现工业生产机械化和自动化的步伐。对初学者来说，手动操作机器人是学习工业机器人的基础。

ABB 机器人的手动操作有三种动作模式：单轴运动（轴 1-3，轴 4-6）、线性运动、重定位运动。这些运动均可通过示教器手动操作实现，下面介绍机器人手动操作的基本步骤。

相关知识

一、单轴运动的手动操作

ABB 六轴工业机器人中，六个伺服电动机分别驱动机器人的六个关节轴，如图 16-2 所示。每次手动操作一个关节轴的运动，就称为单轴运动。

单轴运动的手动操作如图 16-3~ 图 16-9 所示，步骤如下：

1）将控制器电源总开关打到 ON 档，接通机器人电源，接着将机器人控制器上的自动 / 手动切换开关切换到手动限速模式。

2）在示教器状态栏中，确认机器人的状态已经切换到手动状态。单击示教器左上角主菜单按钮，打开主菜单。

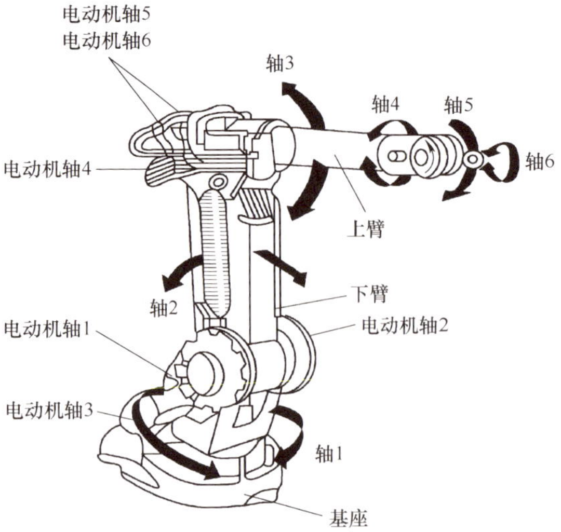

图 16-2　六轴工业机器人

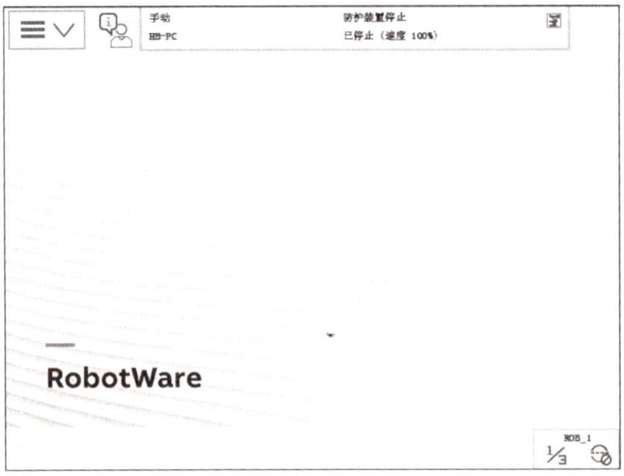

图 16-3　在状态栏中确认机器人已处于手动状态

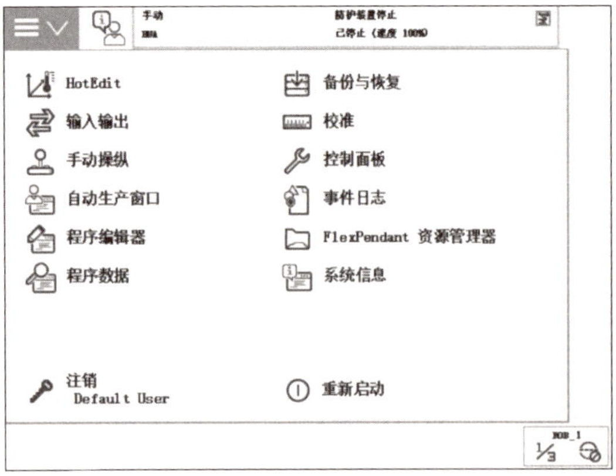

图 16-4　打开主菜单后选择“手动操纵”

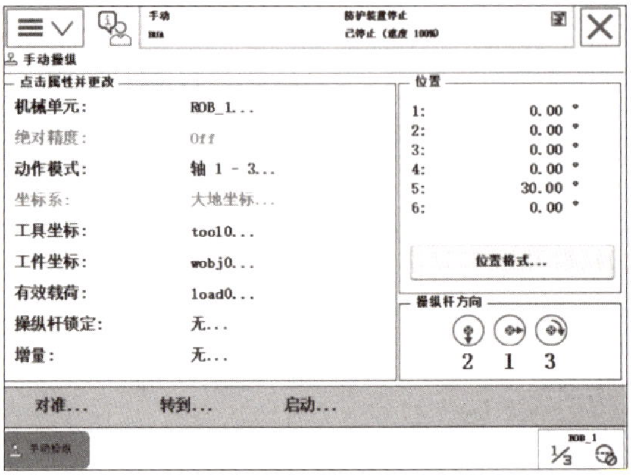

图 16-5　单击“动作模式”

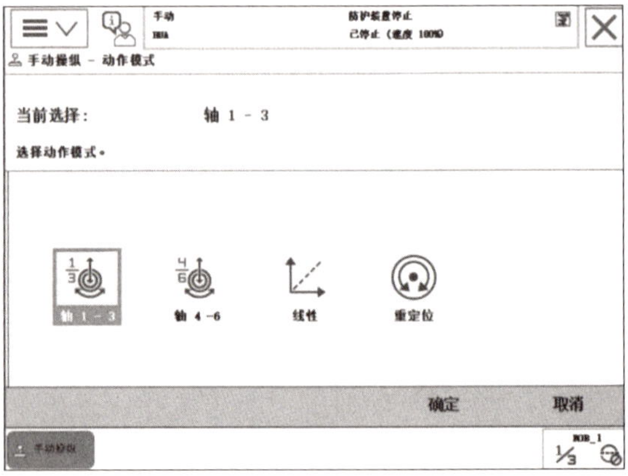

图 16-6　选择“轴 1 -3”

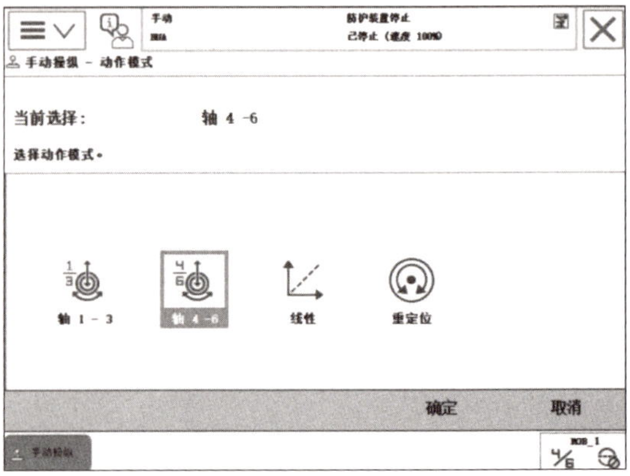

图 16-7　选择“轴 4-6”

3）在主菜单中选择“手动操纵”。

4）单击“动作模式”。

5）选择“轴 1-3”，单击“确定”。

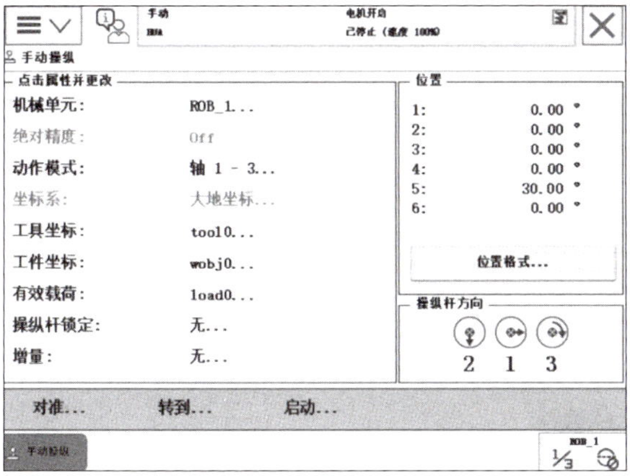

图 16-8　1、2、3 轴动作

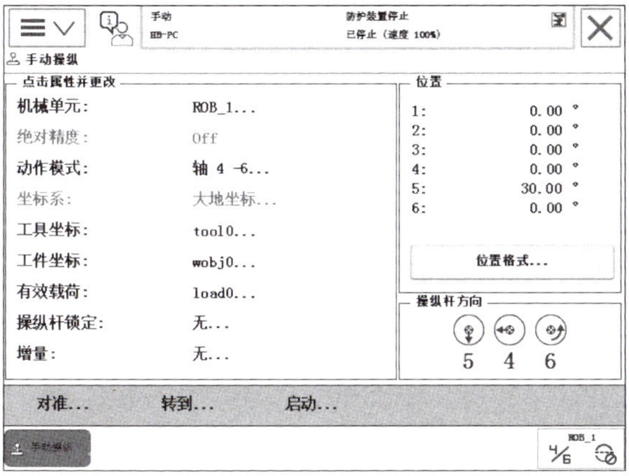

图 16-9　4、5、6 轴动作

6）按下使能器按钮，进入电动机开启状态，操作操纵杆，相应的机器人 1、2、3 轴动作。同样，选择“轴 4-6”，操作操纵杆，机器人 4、5、6 轴动作。其中，“操纵杆方向”栏中的箭头和数字代表各个轴运动时的正方向。

操纵杆的使用技巧：可以将机器人的操纵杆比作汽车的节气门，操纵杆的操纵幅度是与机器人的运动速度相关的。操纵幅度较小，则机器人运动速度较慢；操纵幅度较大，则机器人运动速度较快。所以，在刚开始学习机器人操作时，尽量以小幅度操纵，使机器人慢慢运动。

二、线性运动的手动操作

机器人的线性运动是指安装在机器人第六轴法兰盘上工具的 TCP 在空间中做直线运动。

线性运动的手动操作如图 16-10~ 图 16-14 所示，步骤如下：

1）在“手动操纵”界面中单击“动作模式”。

2）选择“线性”，单击“确定”。

3）单击“工具坐标”。

4）选择工具“MyTool”（建立工作站时添加的工具），单击“确定”。

5）按下示教器的使能器按钮，确认电动机开启。操作示教器的操纵杆，工具的 TCP 在空间中做线性运动。其中，“操纵杆方向”栏中的 X、Y、Z 的箭头方向代表各个坐标轴运动的正方向。

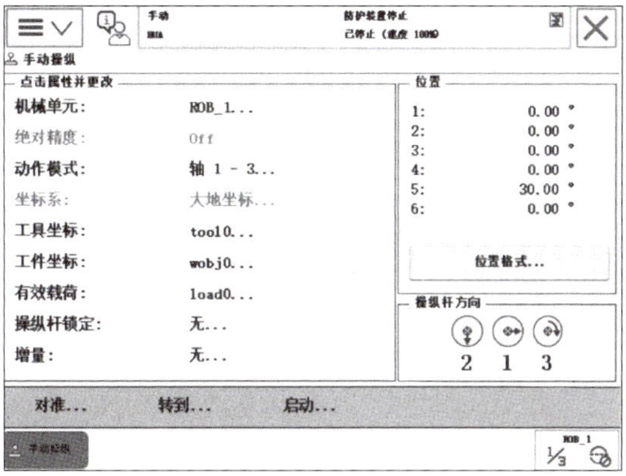

图 16-10　单击“动作模式”

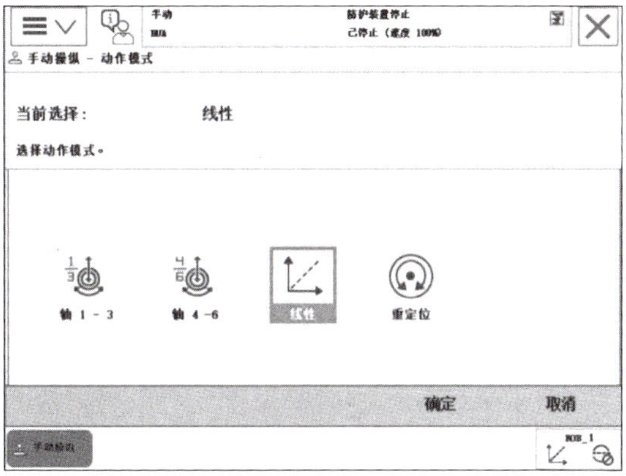

图 16-11　选择“线性”

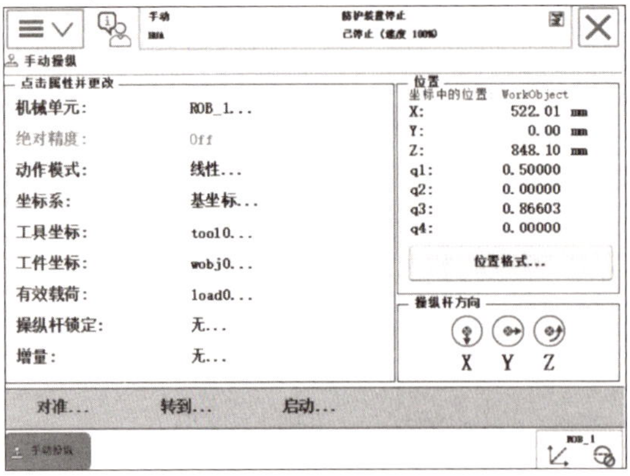

图 16-12　单击“工具坐标”

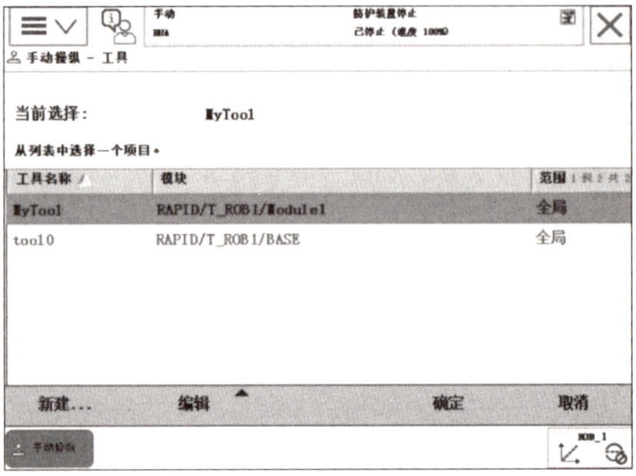

图 16-13　选择“MyTool”

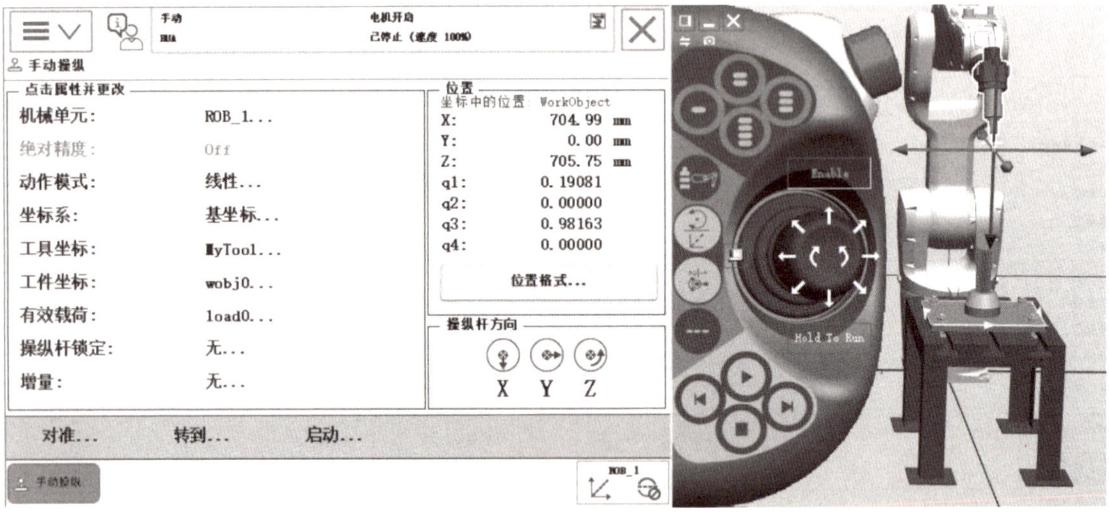

图 16-14　操作操纵杆

三、重定位运动的手动操作

机器人的重定位运动是指机器人第六轴法兰盘上的 TCP 在空间中绕着坐标轴旋转的运动，也可理解为机器人绕着 TCP 做姿态调整的运动。

重定位运动的手动操作如图 16-15~ 图 16-19 所示，步骤如下：

1）在“手动操纵”界面中单击“动作模式”。

2）选择“重定位”，单击“确定”。

3）单击“坐标系”。

4）选择“工具”，单击“确定”。

5）在“工具坐标”处确认选择的工具为当前机器人安装的工具。

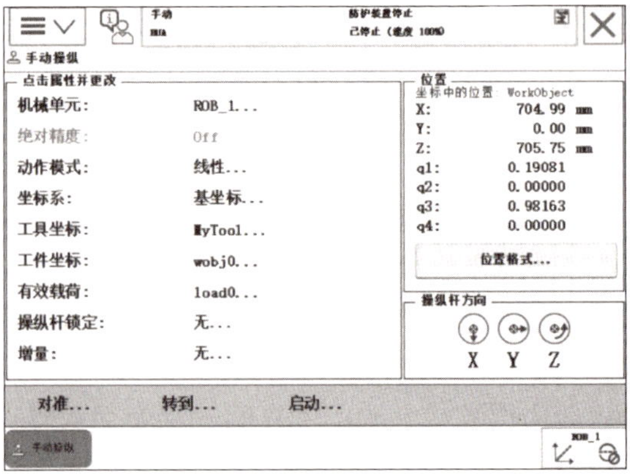

图 16-15　单击“动作模式”

6）按下示教器的使能器按钮，确认电动

机开启。操作示教器的操纵杆，使机器人绕着 TCP 做姿态调整的运动。其中，“操纵杆方向”栏中的 X、Y、Z 的箭头方向代表各个坐标轴运动的正方向。

接下来操作示教器，选择合适的动作模式，使机器人的 TCP 以对应的姿态分别运动到图 16-20~ 图 16-23 所示位置。

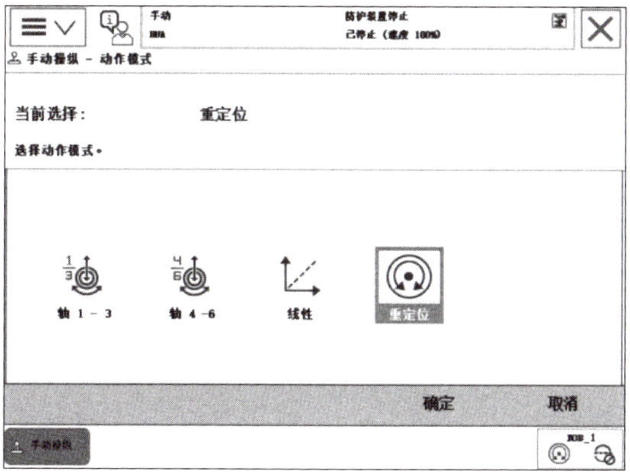

图 16-16　选择“重定位”

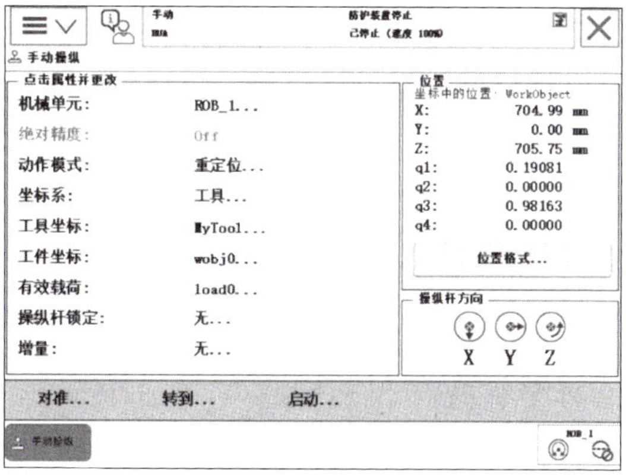

图 16-17　单击“坐标系”

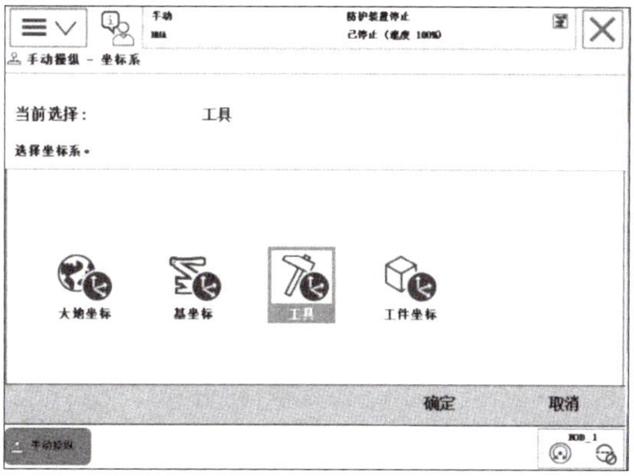

图 16-18　选择“工具”

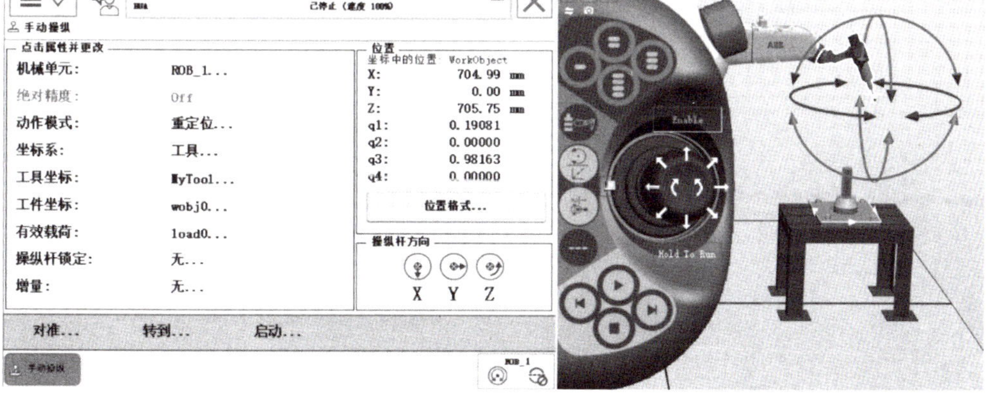

图 16-19　操作操纵杆

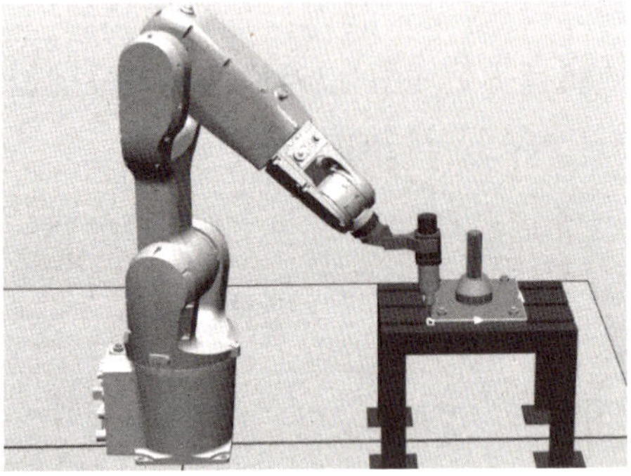
图 16-20　操作过程一

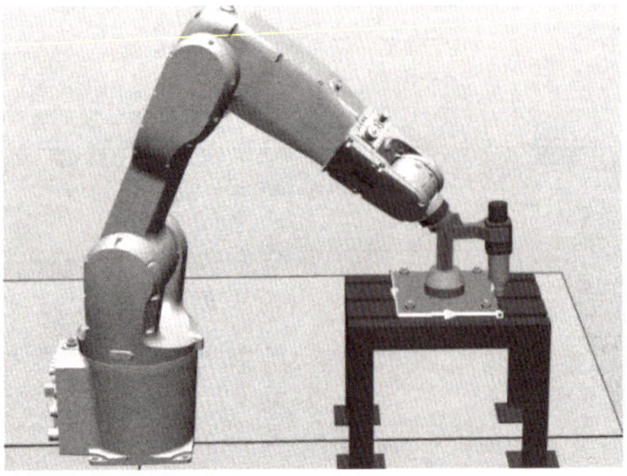
图 16-21　操作过程二

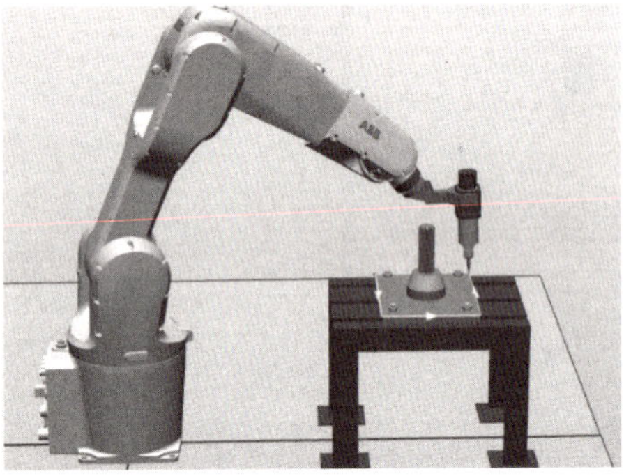
图 16-22　操作过程三

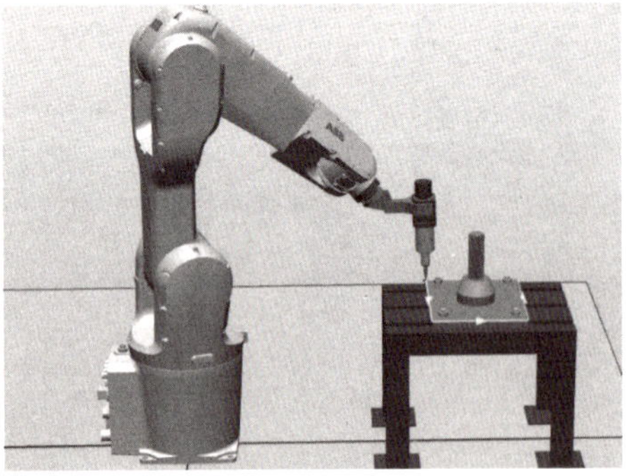
图 16-23　操作过程四

任务总结

ABB 工业机器人手动操作的模式切换除了上述方法以外，还可以通过按下示教器上的单轴运动切换按键和线性运动 / 重定位运动切换按键来实现。在进行机器人手动操作的时候，务必要先确认当前激活的坐标系是否和预期的一致。

对于初学者而言，在不确定示教器操纵杆方向时，可以先轻微拨动示教器操纵杆，观察机器人的移动方向无误后再进行操作。

任务评价

任务评价见表 16-1。

表 16-1　任务评价表

评价内容	评价标准	配分	得分
单轴运动的手动操作	正确区分每个轴的正负方向，操作示教器操纵杆，让机器人的六个轴往对应的方向运动	30	
线性运动的手动操作	正确区分当前使用坐标系的 X、Y、Z 方向，操作示教器操纵杆，让机器人的 TCP 往对应的方向运动	30	
重定位运动的手动操作	正确区分当前使用坐标系的 X、Y、Z 方向，操作示教器操纵杆，让机器人的 TCP 围绕对应的坐标轴旋转	40	

每课寄语

安全在你脚下，安全在你手中，安全伴着幸福，安全创造财富。机器人安全操作始终放到第一位。

拓展练习

1. ABB 机器人的坐标系可分为________、________、________、________。

2. ABB 机器人的手动操作有三种动作模式：__________、__________、__________。

3. 动作模式选择“轴 1-3”，操作 ABB 机器人，向左拨动示教器操纵杆，机器人的__轴会运动。

4. 动作模式选择“轴 4-6”，操作 ABB 机器人，逆时针旋转示教器操纵杆，机器人的__轴会运动。

任务十七　机器人程序的建立

扫码看视频

任务目标

1. 知识目标

（1）了解机器人常用的程序数据。

（2）了解机器人程序数据的存储类型。

（3）了解机器人程序任务、程序模块、例行程序之间的关系。

2. 技能目标

（1）掌握建立机器人程序数据的操作步骤。

（2）掌握建立机器人程序的操作步骤。

3. 素质目标

（1）夯实机器人编程的基础知识。

（2）培养逻辑思维能力。

任务布置

创建一个可变量存储类型的 num 型程序数据，再创建一个机器人主程序 main。

任务分析

在创建机器人程序之前，首先要了解 ABB 机器人编程语言 RAPID 的基本概念及其中的任务、模块、例行程序之间的关系，掌握创建程序数据的方法，了解程序数据的存储类型以及常用的程序数据。

相关知识

一、建立程序数据

程序数据是在程序模块或系统模块中的设定值和定义的一些环境数据。创建的程序数据由同一个模块或其他模块中的指令进行引用。如图 17-1 所示，线框中是一条常用的机器人关节运动指令（MoveJ），并调用了 4 个程序数据。具体的程序数据说明见表 17-1。

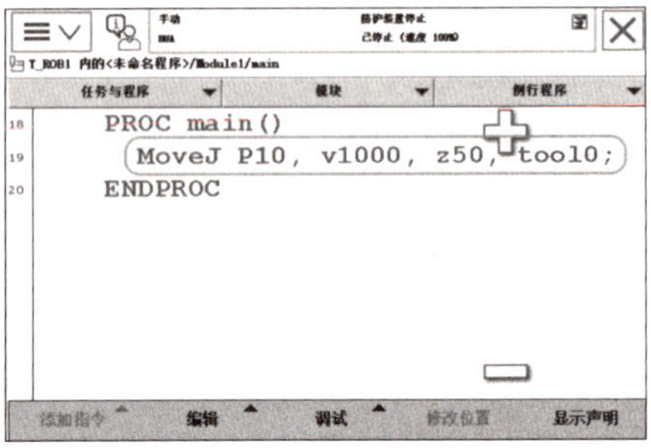

图 17-1　程序数据示例

表 17-1　程序数据说明

程序数据	数据类型	说明
P10	robtarget	机器人运动目标位置数据
v1000	speeddata	机器人运动速度数据
z50	zonedata	机器人运动转角区域数据
tool0	tooldata	机器人工具数据

程序数据的建立一般可以分为两种形式：一种是直接在示教器的“程序数据”菜单中建立程序数据，另一种是在添加程序指令时自动生成对应的程序数据。

在本任务中将以直接在示教器的“程序数据”菜单中建立程序数据的方法，以建立数值数据（num）为例进行说明。

创建程序数据的操作如图 17-2~ 图 17-5 所示，步骤如下：

1）在主菜单中选择“程序数据”。

2）选择数据类型“num”，单击“显示数据”。

3）单击“新建”。

4）单击“名称”右侧的“...”进行名称的设定，单击其他下拉箭头进行各参数的设定（参数说明见表 17-2），然后单击“确定”，完成程序数据的创建。

图 17-2　选择“程序数据”

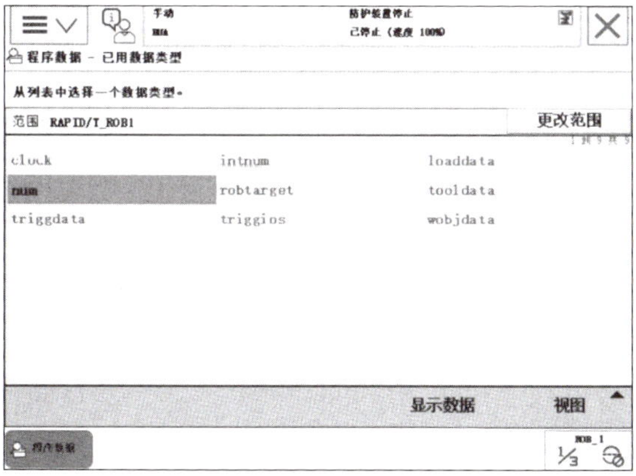

图 17-3　选择数据类型“num”

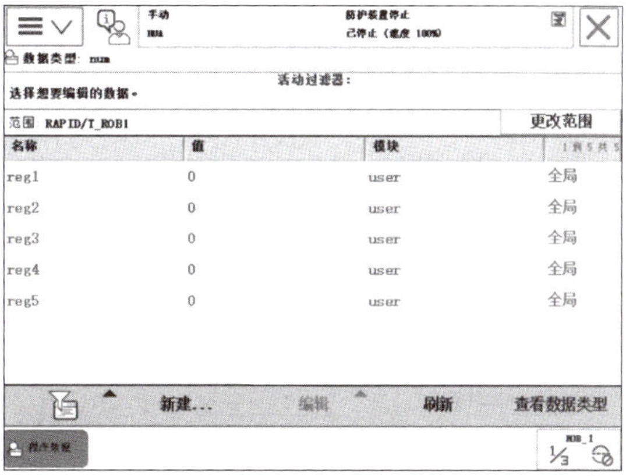

图 17-4　单击“新建”

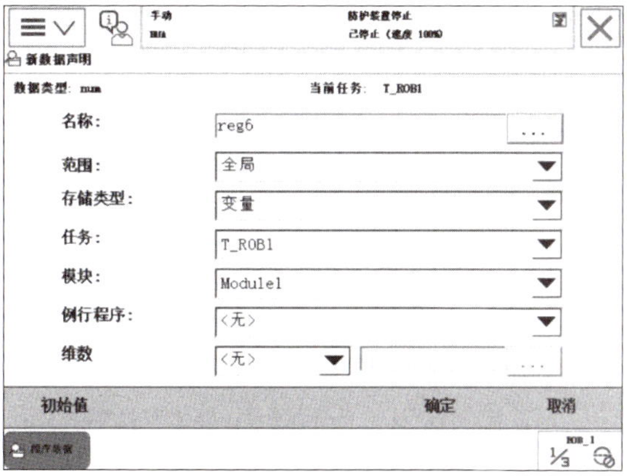

图 17-5　设定参数

表 17-2　程序数据各参数的说明

数据设定参数	说明
名称	设定程序数据的名称
范围	设定程序数据的范围
存储类型	设定程序数据的存储类型
任务	设定程序数据所在的任务
模块	设定程序数据所在的模块
例行程序	设定程序数据所在的例行程序
维数	设定程序数据的维数
初始值	设定程序数据的初始值

二、程序数据的类型与分类

ABB 机器人的程序数据共有 100 个左右，

并且可以根据实际情况进行程序数据的创建，为 ABB 机器人的程序设计带来了无限的可能。在示教器中的“程序数据”窗口，可查看或创建需要的程序数据，如图 17-6 所示。在此界面中，可双击选择需要的程序数据类型进行查看或创建等相关操作。

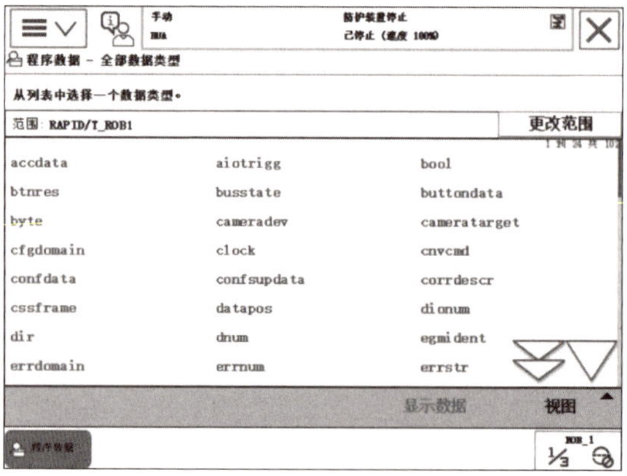

图 17-6　查看或创建程序数据

接下来就程序数据的类型与存储类型这两个主题进行详细说明，以便大家能对程序数据有一个清楚的认识，为后续程序编辑做好准备。

1. 程序数据的存储类型

（1）变量 VAR　变量型程序数据在程序执行的过程中和停止时，会保持当前的值。但如果程序指针复位或者机器人控制器重启，数值会恢复为声明变量时赋予的初始值。举例说明：

VAR num nCount：=0；　声明名称为 nCount 的变量型数值数据

VAR string name：=“Andy”；　声明名称为 name 的变量型字符串数据

VAR bool finished：= FALSE；　声明名称为 finished 的变量型布尔量数据

在程序编辑器窗口显示，如图 17-7 所示。

说明：VAR 表示存储类型为变量，num 表示声明的数据是数值数据，string 表示声明的数据是字符串数据，bool 表示声明的数据是布尔量数据。在声明数据时，可以定义变量数据的初始值，如 nCount 的初始值为 0，name 的初始值为 Andy，finished 的初始值为 FALSE。

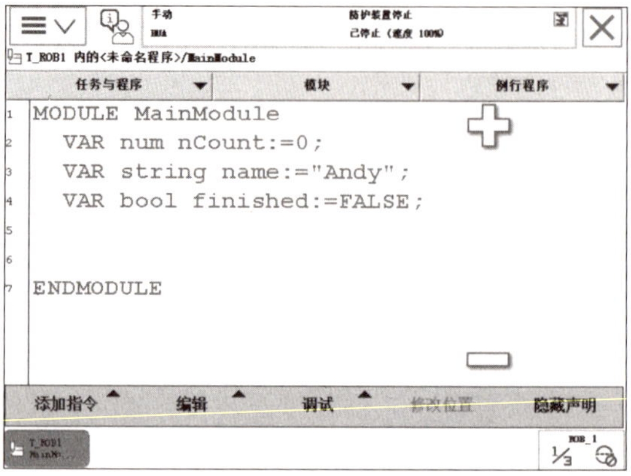

图 17-7　声明变量

在机器人执行 RAPID 程序中，也可以对变量型程序数据进行赋值操作，如图 17-8 所示。

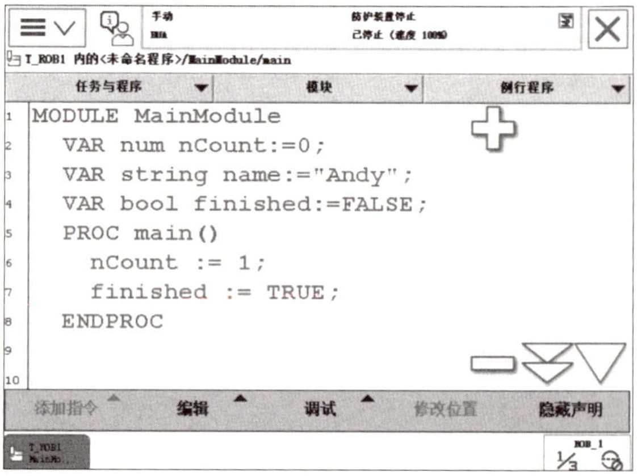

图 17-8　对变量型程序数据进行赋值

说明：在程序中执行的变量型程序数据的赋值，在指针复位或者机器人控制器重启后，都将恢复为初始值。

（2）可变量 PERS　可变量型程序数据的特点是无论程序的指针如何变化，无论机器人控制器是否重启，它都会保持最后赋予的值。举例说明：

PERS num nNumber：= 0；　声明名称为 nNumber 的可变量型数值数据

PERS string text：=“Hello”；　声明名称

为 text 的可变量型字符串数据

说明：PERS 表示存储类型为可变量。可变量型程序数据也可在机器人执行 RAPID 程序中进行赋值操作，如图 17-9 所示。

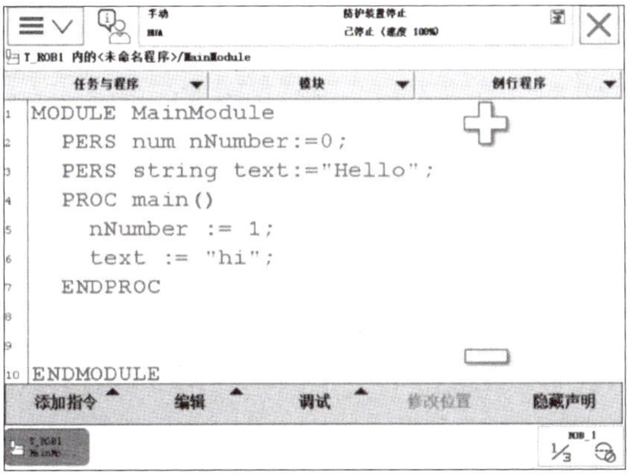

图 17-9　对可变量型程序数据进行赋值

可变量型程序数据在程序执行以后，赋值的结果会一直保持，直到下一次对其进行重新赋值，如图 17-10 所示。

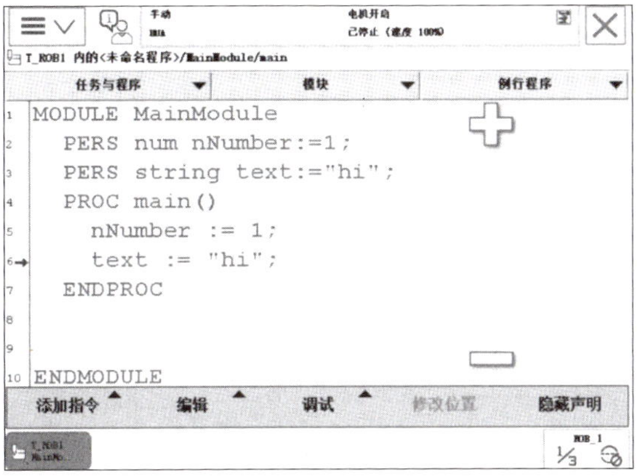

图 17-10　对程序数据再次赋值

（3）常量 CONST　常量的特点是在定义时已赋予了数值，并不能在程序中进行修改，只能在“程序数据”菜单中手动修改。举例说明：

CONST num nABC：=1；　声明名称为 nABC 的常量型数值数据

CONST string text：=“hi”；　声明名称为 text 的常量型字符串数据

在程序编辑窗口中的显示，如图 17-11 所示。

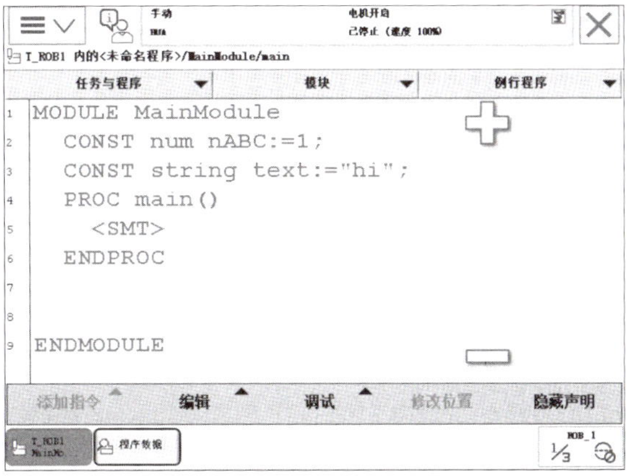

图 17-11　声明常量

说明：存储类型为常量的程序数据，不允许在程序中进行赋值操作。

2. 程序数据的分类

根据不同的用途，系统定义了不同的程序数据。接下来将介绍 ABB 机器人系统常用的程序数据。

（1）数值数据 num　num 用于存储数值数据，例如计数器。num 数据类型的值可以为整数（例如 –5）、小数（例如 3.45），也可以指数的形式写入，例如 2E3（$= 2 \times 10^3 = 2000$）、2.5E–2（$= 0.025$）。

整数数值始终将 –8388607~8388608 之间的整数作为准确的整数储存。小数数值仅为近似数字，因此不得用等于或不等于作对比。若使用小数的除法和运算，则其结果也将为小数。

（2）逻辑值数据 bool　bool 用于存储逻辑值（真 / 假）数据，即 bool 型数据值可以为 TRUE 或 FALSE。

（3）字符串数据 string　string 用于存储字符串数据。字符串由一串前后附有引号（“”）的字符组成（最多 80 个），例如“This is a character string”。如果字符串中包括反斜线（\），则必须写两个反斜线符号，例如“This string contains a\\character”。

（4）位置数据 robtarget　robtarget 用于存储机器人和附加轴的目标位置数据。目标位置数据的内容是指运动指令中机器人和外轴将要移动到的位置。

（5）速度数据 speeddata　speeddata 用于存储机器人和附加轴运动时的速度数据。速度数据定义了 TCP 移动时的速度、工具的重定位速度、线性或旋转外轴移动时的速度。

（6）转角区域数据 zonedata　zonedata 用于规定如何结束一个位置，也就是在朝下一个位置移动之前，机器人必须如何接近编程位置。可以以停止点或飞越点的形式来终止一个位置。停止点意味着机械臂和外轴必须在使用下一个指令来继续程序执行之前达到指定位置（静止不动）。飞越点意味着从未达到编程位置，而是在达到该位置之前改变运动方向。

（7）工具数据 tooldata　工具数据 tooldata 用于描述安装在机器人第六轴上的工具的 TCP、重量、重心等参数数据。

（8）工件坐标数据 wobjdata　工件坐标数据 wobjdata 对应工件，它定义工件相对于大地坐标系（或其他坐标系）的位置。机器人可以拥有若干工件坐标数据 wobjdata，可表示不同工件，也可表示同一工件在不同位置的若干副本。

（9）有效载荷数据 loaddata　loaddata 用于设置机器人第六轴上安装法兰的负载载荷数据。载荷数据常常定义机器人的有效负载或抓取物的负载（通过指令 GripLoad 或 MechUnitLoad 来设置），即机器人夹具所夹持的负载。同时将 loaddata 作为 tooldata 的组成部分，以描述工具负载。

三、建立机器人主程序

RAPID 是一种基于计算机的高级编程语言，易学易用，灵活性强。它支持二次开发，支持中断、错误处理、多任务处理等高级功能。RAPID 程序中包含了一连串控制机器人的指令，执行这些指令可以实现对机器人的控制操作。RAPID 程序结构说明如下：

1）一个 RAPID 程序称为一个任务。一个任务是由一系列的模块组成的，一般由程序模块与系统模块组成。通常，我们只通过新建程序模块来构建机器人的程序，而系统模块多用于系统方面的控制。

2）可以根据不同的用途创建多个程序模块，如专门用于主控制的程序模块、用于位置计算的程序模块、用于存放数据的程序模块，这样做的目的在于方便归类管理不同用途的例行程序与数据。

3）每一个程序模块包含了程序数据、例行程序、中断程序和功能四种对象，但不一定在一个模块都有这四种对象的存在。程序模块之间的数据、例行程序、中断程序和功能是可以互相调用的。

4）在 RAPID 程序中，只有一个主程序 main，并且存在于任意一个程序模块中，作为整个 RAPID 程序执行的起点。

创建机器人程序模块和主程序的操作如图 17-12~ 图 17-21 所示，步骤如下：

1）在主菜单中选择“程序编辑器”。

2）单击“取消”，进入模块列表界面。

3）单击“文件”，选择“新建模块”。

4）单击“是”。

图 17-12　选择“程序编辑器”

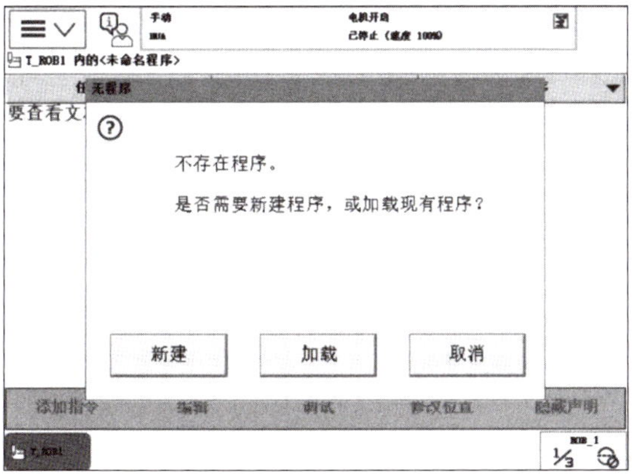

图 17-13　单击“取消”

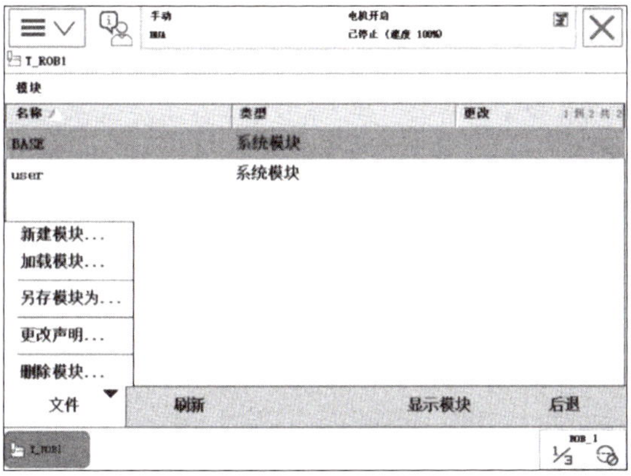

图 17-14　选择“新建模块”

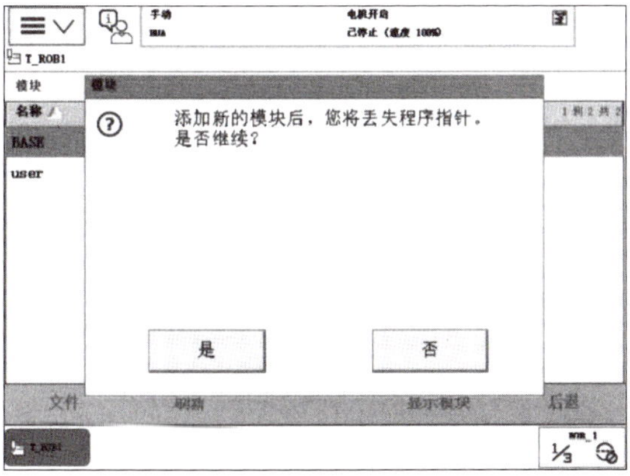

图 17-15　单击“是”

5）单击“名称”右侧的“ABC”将模块名称设定为“MainModule”，然后单击“确定”。

6）选择模块“MainModule”，然后单击“显示模块”。

7）单击“例行程序”，进行例行程序的创建。

8）单击“文件”，选择“新建例行程序”。

9）单击“名称”右侧的“ABC”将程序名称设定为“Main”，然后单击“确定”。

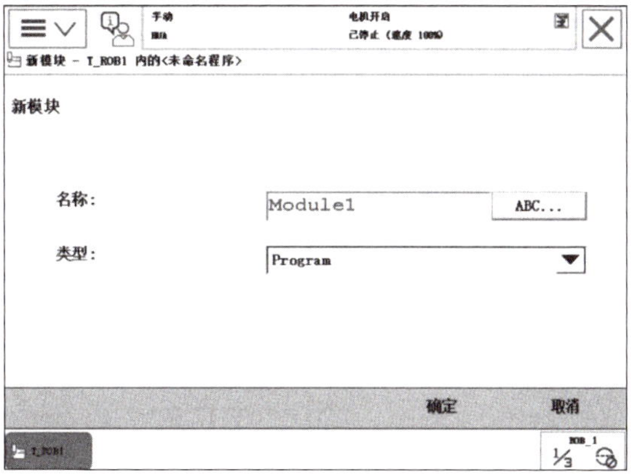

图 17-16　设定模块名称

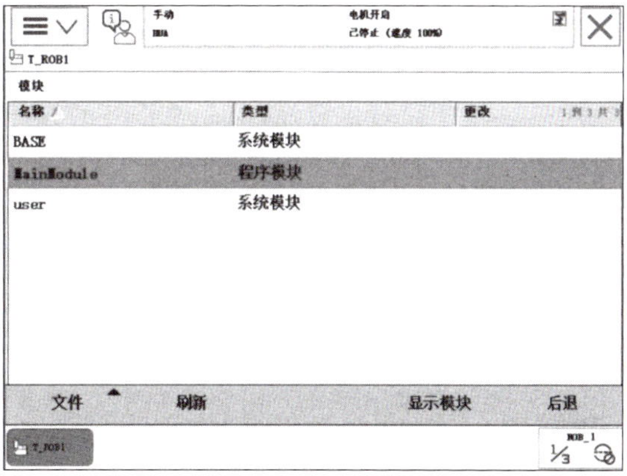

图 17-17　选择“Main Module”模块

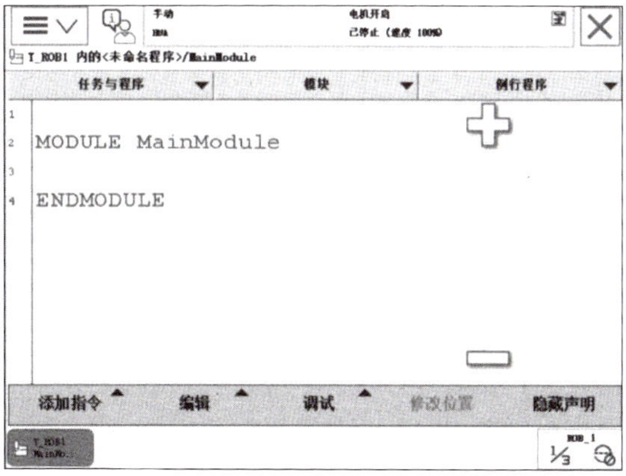

图 17-18　单击“例行程序”

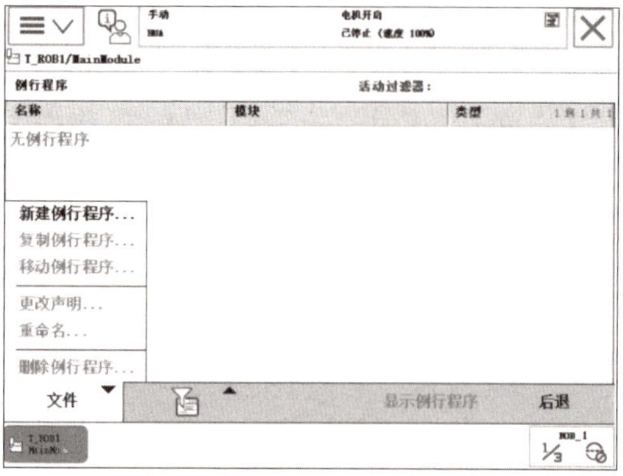

图 17-19　选择“新建例行程序”

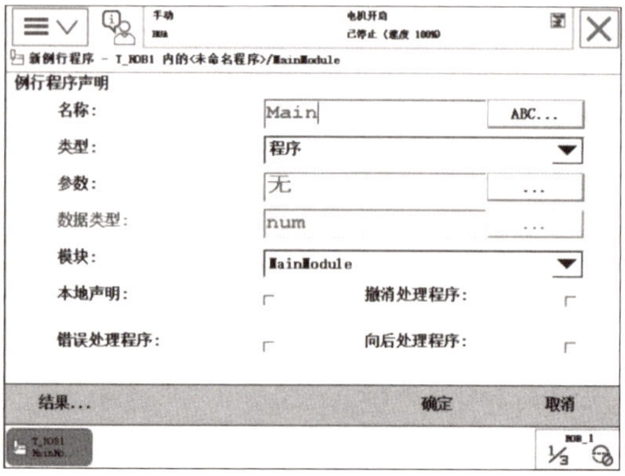

图 17-20　设定程序名称

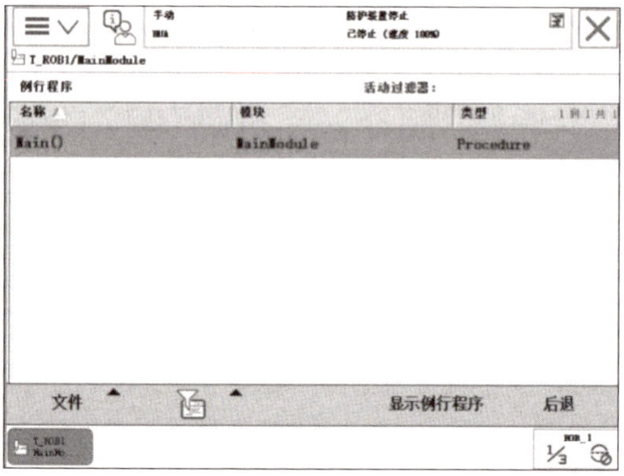

图 17-21　完成新建

任务总结

在进行机器人编程之前，要对整个编程任务有个大概的规划，例如需要创建哪些类型的程序数据，需要创建哪些例行程序，应先把它们创建完成，这样可以提高编程效率。在创建程序数据时需注意：如果该数据的值需在程序中改变，则数据的存储类型不能使用常量。

任务评价

任务评价见表 17-3。

表 17-3　任务评价表

评价内容	评价标准	配分	得分
创建程序数据	掌握创建程序数据的步骤，理解程序数据存储类型的区别，了解常用的程序数据	50	
创建例行程序	了解任务、模块、例行程序之间的关系，掌握创建例行程序的步骤	50	

每课寄语

努力、拼搏、绽放青春。技能成就梦想，人生更加绚丽。

拓展练习

1. 程序数据按照存储类型可分为________、________、________。

2. 每一个程序模块包含了________、________、________、________四种对象，但不一定在一个模块都有这四种对象的存在。

3. bool 型程序数据只有________和________两个值。

任务十八　机器人轨迹编程

扫码看视频

任务目标

1. 知识目标
了解机器人轨迹类编程的应用场合。
2. 技能目标
（1）学会创建机器人工具坐标。
（2）学会创建机器人工件坐标。
（3）掌握机器人运动指令。
（4）掌握手动调试机器人程序的步骤。
3. 素质目标
（1）培养实际动手操作能力。
（2）培养机器人基础编程思维。

任务布置

在工作站中建立一个机器人程序，当手动启动程序后，机器人 TCP 沿着图 18-1 中箭头所示的路径移动一个周期。

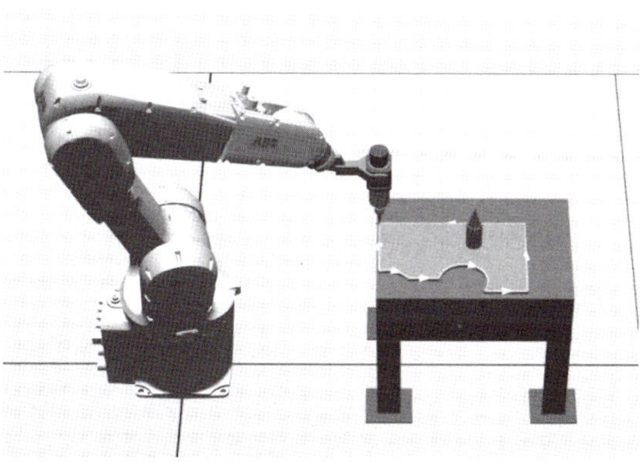

图 18-1　机器人 TCP 沿路径移动

任务分析

工业机器人轨迹类应用是指机器人 TCP 沿着预定的路径连续运动的应用，常见于涂胶、切割、弧焊等场合。本任务的工作站是一个打包文件，需先对工作站文件进行解包才能使用该工作站来编程、调试。

为方便调试，在进行轨迹类应用编程之前需先创建机器人的工具坐标以及工件坐标。ABB 机器人的 RAPID 编程提供了丰富的指令来完成各种简单与复杂的应用，在本任务中主要使用到一些常用的运动指令。

相关知识

一、工作站解包

工作站解包的操作如图 18-2~ 图 18-8 所示，步骤如下：

1）双击打开工作站打包文件“path_10”。

2）在弹出的对话框中单击“下一个”。

3）单击“浏览”可选择工作站保存路径（保存路径不能有中文字符），然后单击“下一个”。

4）选择 RobotWare 版本，默认选择当前最高版本即可，不得低于 6.08 版本，然后单击“下一个”。

5）单击“完成”。

6）等待解包过程。

7）待解包完成之后，单击“关闭”即可。解包完成后即可看到图 18-1 所示工作站。

图 18-2　打开工作站打包文件

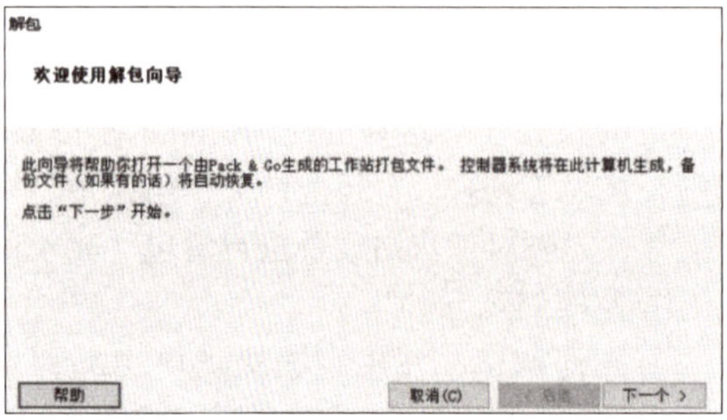

图 18-3　单击“下一个”

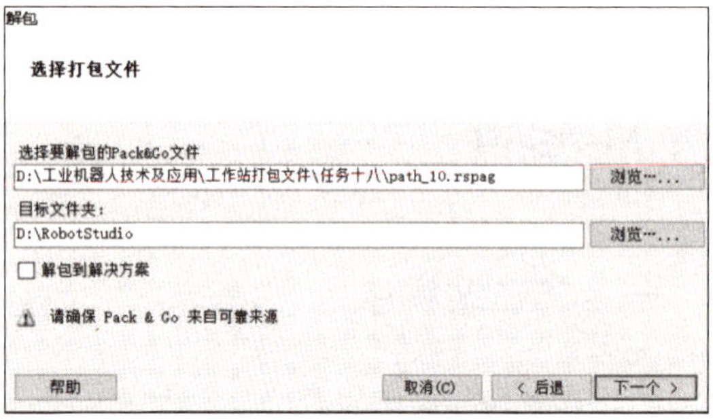

图 18-4　选择保存路径

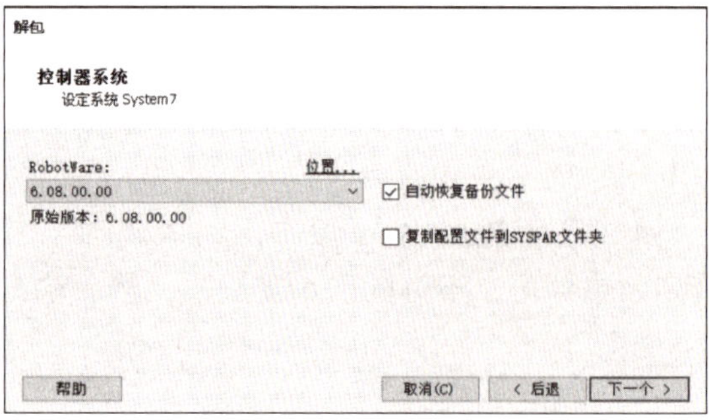

图 18-5　选择版本

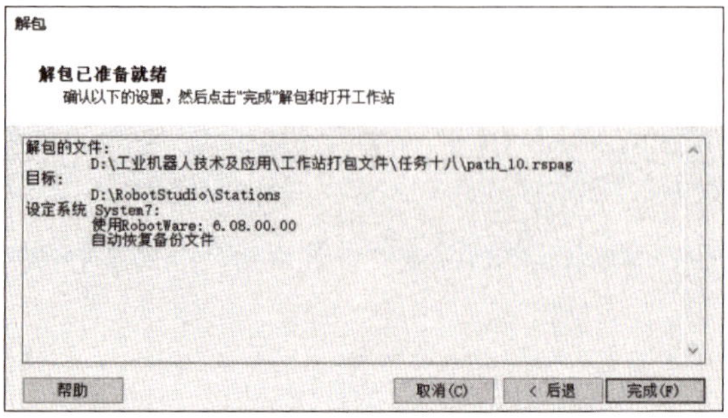

图 18-6　单击“完成”

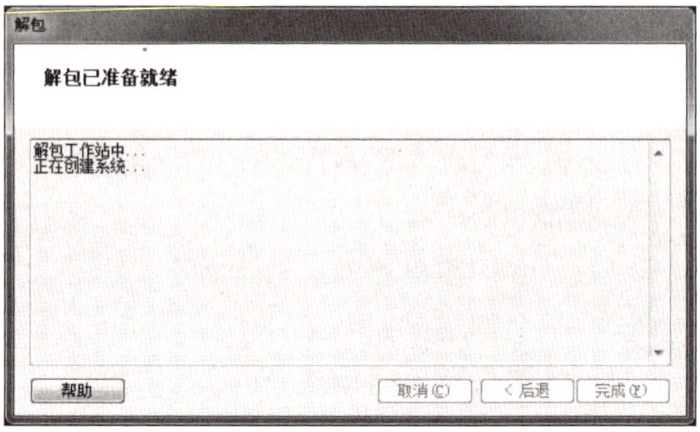

图 18-7　等待解包过程

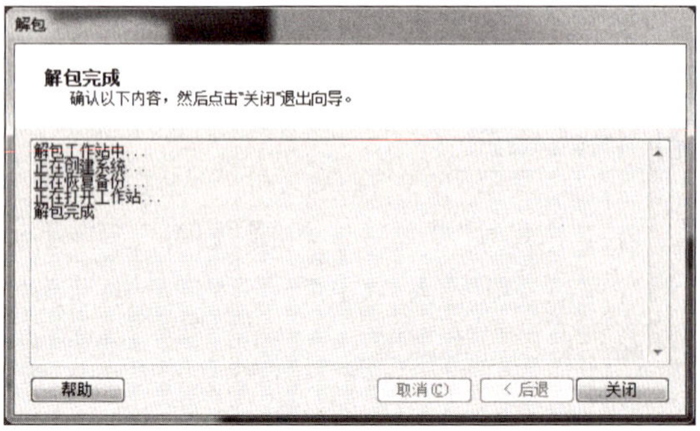

图 18-8　解包完成

二、创建工具数据 tooldata

工具数据 tooldata 用于描述安装在机器人第六轴上的工具的 TCP、质量、重心等参数数据。不同的机器人应用可能配置不同的工具，例如弧焊机器人就使用弧焊枪作为工具，而用于搬运板材的机器人就会使用吸盘式夹具作为工具。默认工具（tool0）的 TCP 位于机器人安装法兰的中心，如图 18-9 所示，其中的 A 点就是原始的 TCP。在轨迹类应用中，常使用带有尖端的工具，一般情况下将工具坐标系原点及 TCP 设立在工具尖端，例如在本工作站中使用的工具，如图 18-10 所示。

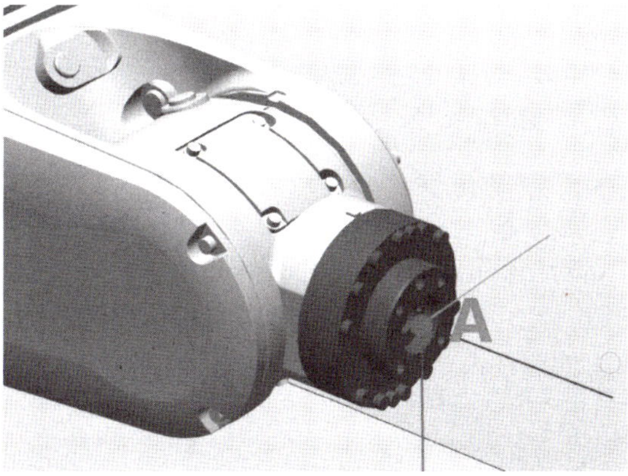

图 18-9　默认的 TCP 位置

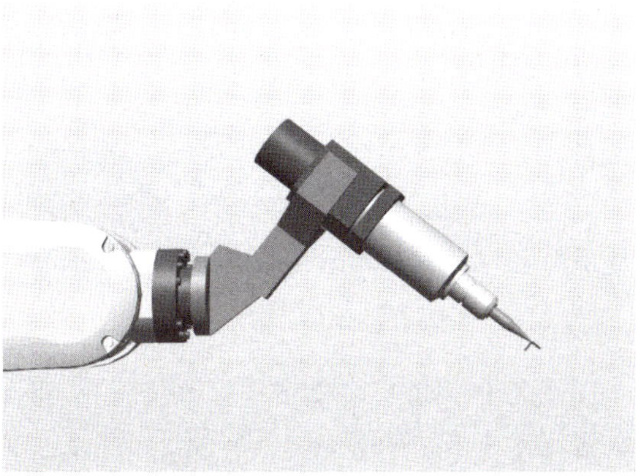

图 18-10　带尖端工具的 TCP 位置

TCP 的设定原理如下：

首先在机器人工作范围内找一个非常精确的固定点作为参考点，然后在工具上确定一个参考点（最好是工具的中心点）。通过之前学习到的手动操作机器人的方法，去移动工具上的参考点以最少四种不同的机器人姿态尽可能与固定点刚好碰上（为了获得更准确的 TCP，我们在以下的例子中使用六点法进行操作，第四点是用工具的参考点垂直于固定点，第五点是工具的参考点从固定点向将要设定为 TCP 的 X 的负方向移动，第六点是工具的参考点从固定点向将要设定为 TCP 的 Z 的负方向移动）。

机器人可以通过这四个位置点的位置数据计算求得 TCP 的数据，然后 TCP 的数据就保存在 tooldata 这个程序数据中被程序进行调用。下面就以六点法创建工具坐标 tGrip 为例进行操作：

1）在主菜单中，选择“手动操纵”，如图 18-11 所示。

图 18-11　选择“手动操纵”

2）选择“工具坐标”，如图 18-12 所示。

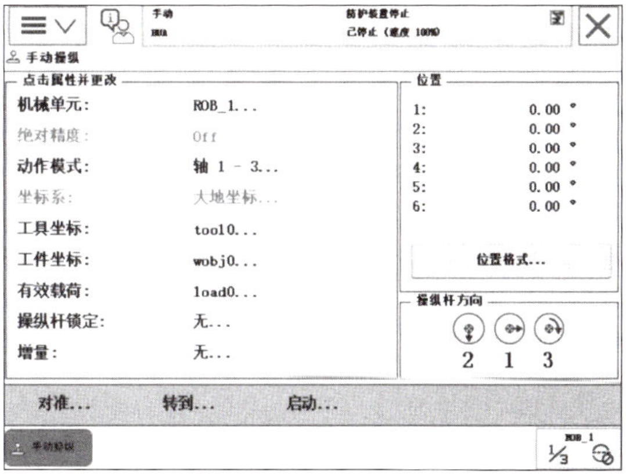

图 18-12　选择“工具坐标”

3）单击“新建”，如图 18-13 所示。

4）将名称修改为 tGrip，单击“确定”，如图 18-14 所示。

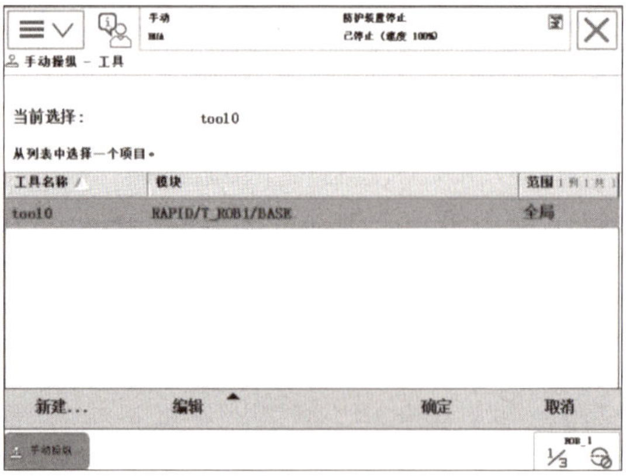

图 18-13　单击“新建”

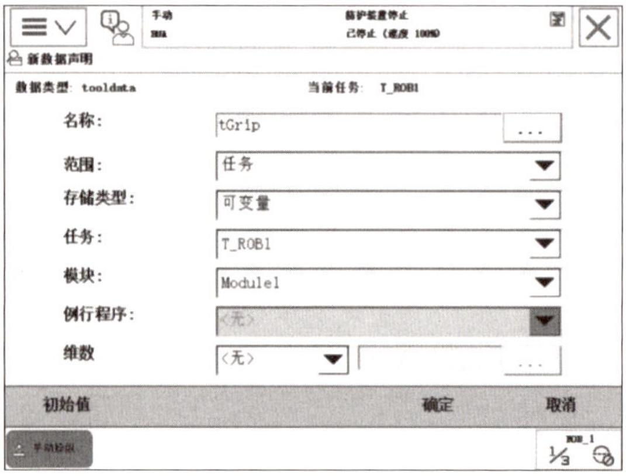

图 18-14　将名称修改为 tGrip

5）选中“tGrip”后，单击“编辑”菜单中的“定义”，如图 18-15 所示。

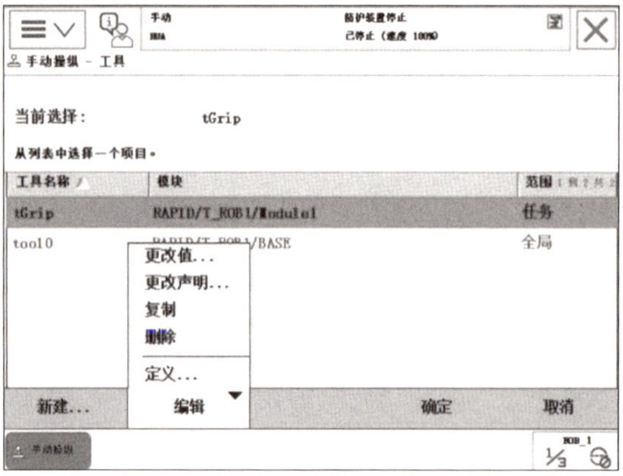

图 18-15　单击“定义”

6）单击“方法”右侧的下拉箭头，选择“TCP 和 Z，X”方法设定 TCP，如图 18-16 所示。

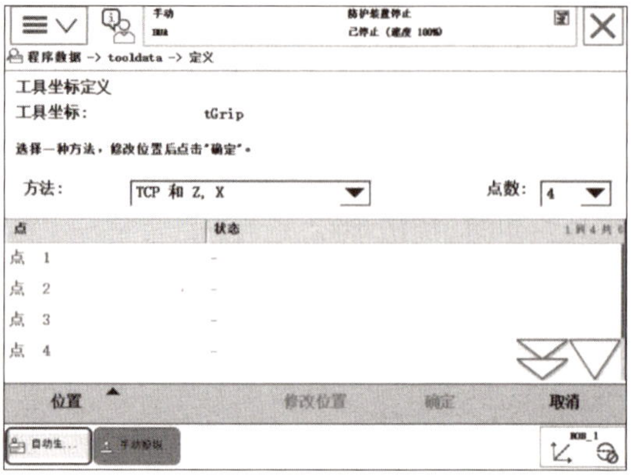

图 18-16　选择“TCP 和 Z，X”

7）选择合适的手动操纵模式。按下使能器按钮，使用操纵杆让工具参考点去靠上固定点，作为第一个点，如图 18-17 所示。

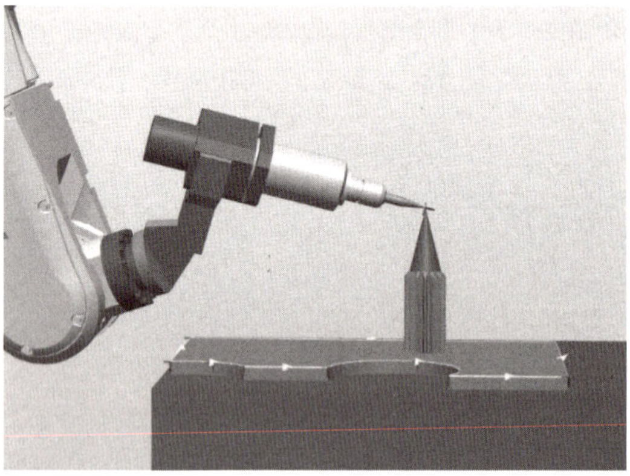

图 18-17　点 1 姿态

8）选中“点 1”，单击“修改位置”，将点 1 位置记录下来，如图 18-18 所示。

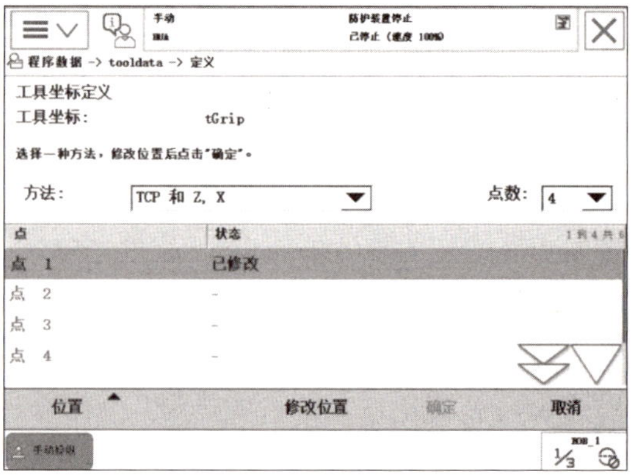

图 18-18　记录点 1 位置

9）按照图示工具姿态，依次修改点 2、点 3、点 4、延伸器点 X、延伸器点 Z 的位置，然后单击“确定”，如图 18-19~ 图 18-24 所示。

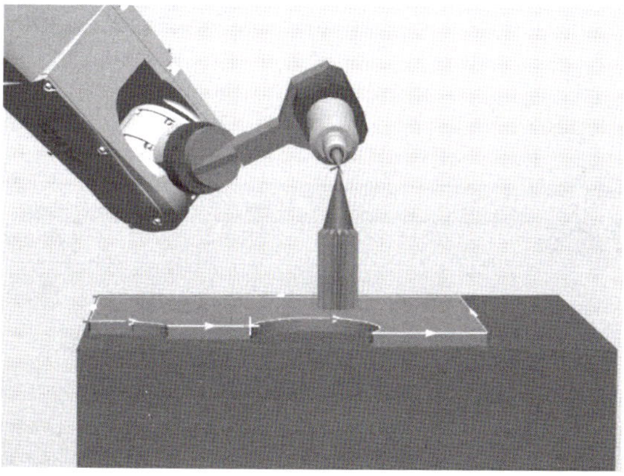

图 18-19　点 2 姿态

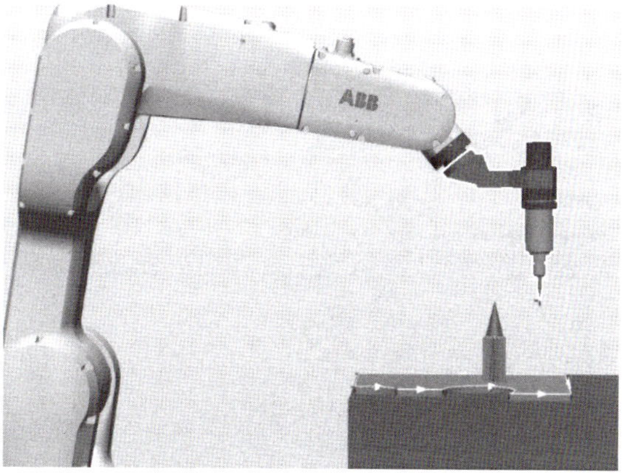

图 18-22　延伸器点 X 姿态

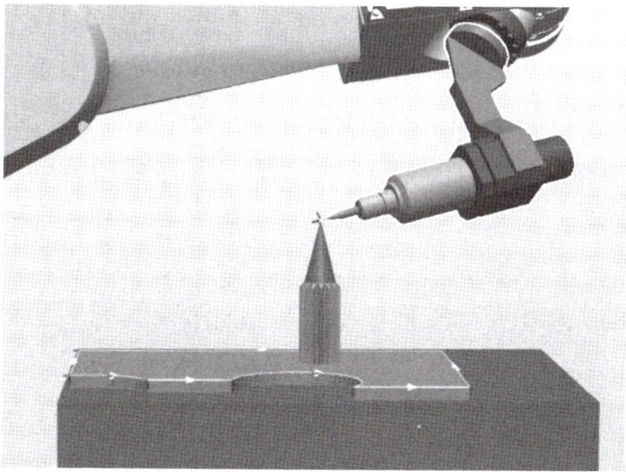

图 18-20　点 3 姿态

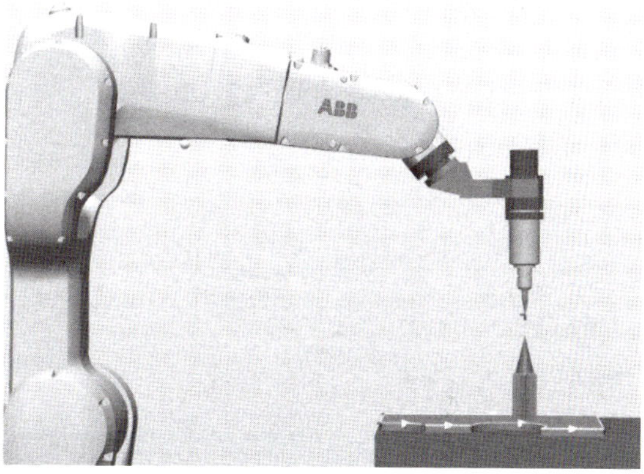

图 18-23　延伸器点 Z 姿态

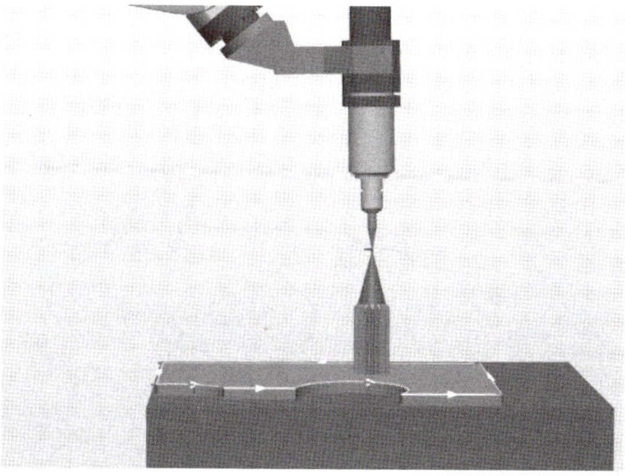

图 18-21　点 4 姿态

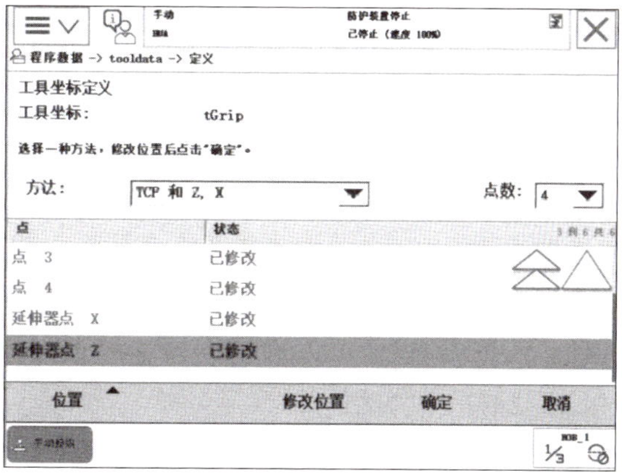

图 18-24　完成修改

10）对误差进行确认，越小越好，然后单击“确定”，如图 18-25 所示。

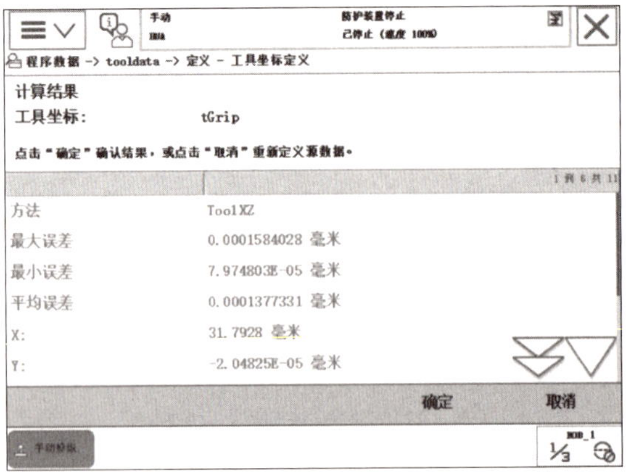

图 18-25　确认误差

11）接着设置 tool1 的重量和重心。选中“tGrip”，然后打开“编辑”菜单选择“更改值”，如图 18-26 所示。

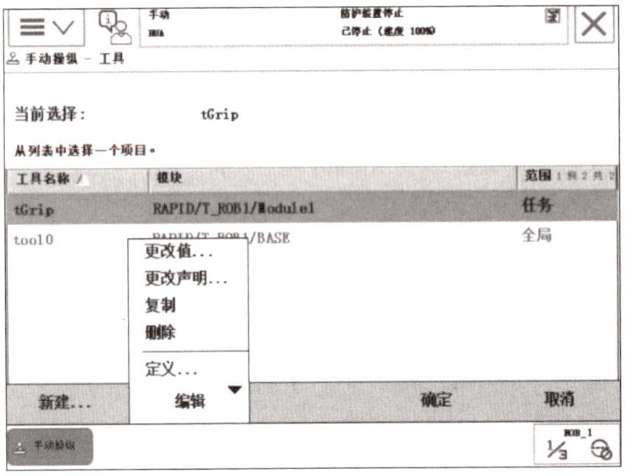

图 18-26　选择“更改值”

12）单击箭头向下翻页，根据实际情况设定工具的重量 mass（单位为 kg）和重心位置数据（此数据是基于 tool0 的偏移值，单位为 mm），然后单击“确定”。

至此，工具坐标创建完成，如图 18-27 所示。

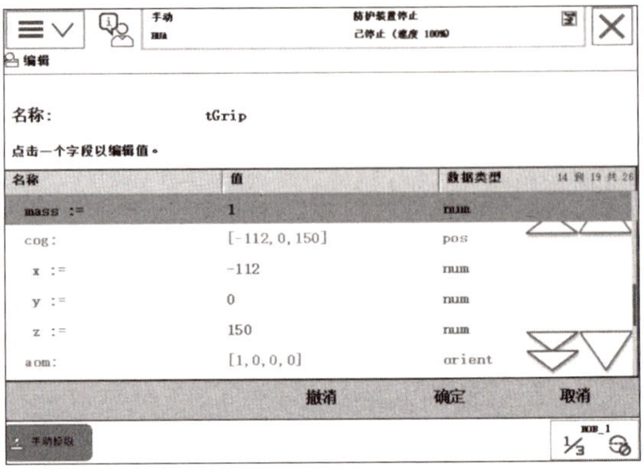

图 18-27　工具坐标创建完成

三、创建工件坐标

工件坐标是工件相对于大地坐标或其他坐标的位置。工业机器人可以拥有若干工件坐标，或者表示不同工件，或者表示同一工件在不同位置的若干副本。工业机器人进行编程时就是在工件坐标中创建目标和路径。利用工件坐标进行编程，当重新定位工作站中的工件时，只需要更改工件坐标的位置，所有路径将随之更新。

在对象的平面上，只需要定义三个点，就可以建立一个工件坐标，方法如下：

1）X1、X2 确定工件坐标的 X 正方向。

2）Y1 确定工件坐标的 Y 正方向。

3）工件坐标系的原点是 Y1 在工件坐标 X 上的投影。

工件坐标符合右手定则，如图 18-28 所示。

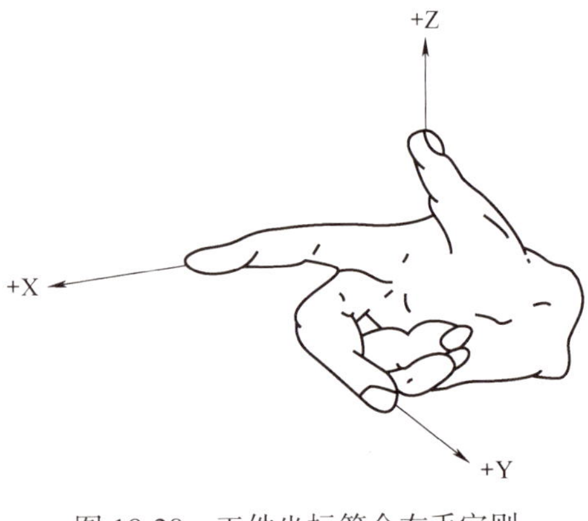

图 18-28　工件坐标符合右手定则

下面就以创建工件坐标 wobj1 为例进行操作：

1）在示教器“手动操纵”界面选择“工件坐标”，如图 18-29 所示。

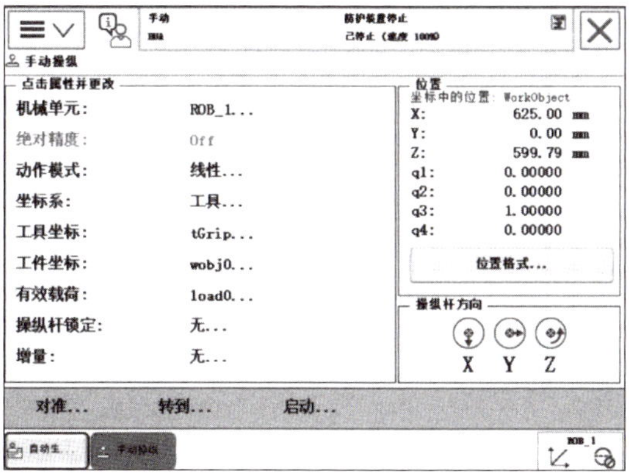

图 18-29　选择“工件坐标”

2）单击“新建”，如图 18-30 所示。

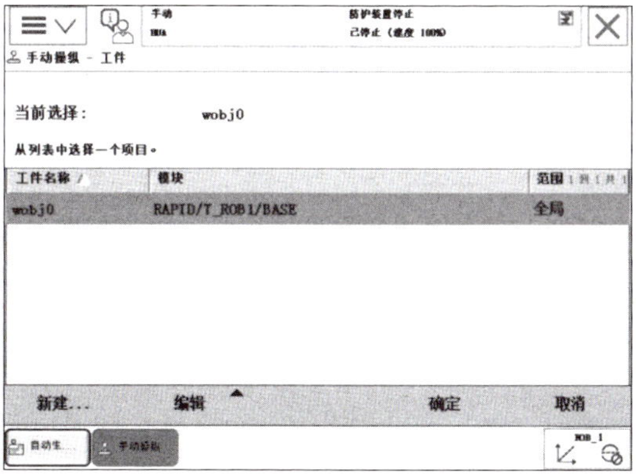

图 18-30　单击“新建”

3）对工件坐标数据各参数进行设定后，单击“确定”，如图 18-31 所示。

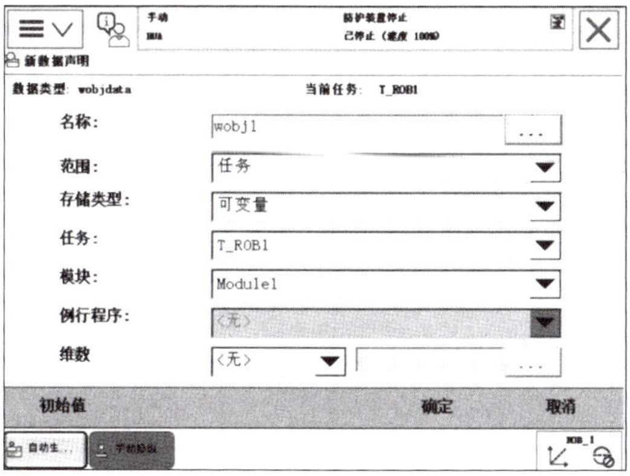

图 18-31　设定工件坐标数据各参数

4）选中“wobj1”后，单击“编辑”菜单中的“定义”，如图 18-32 所示。

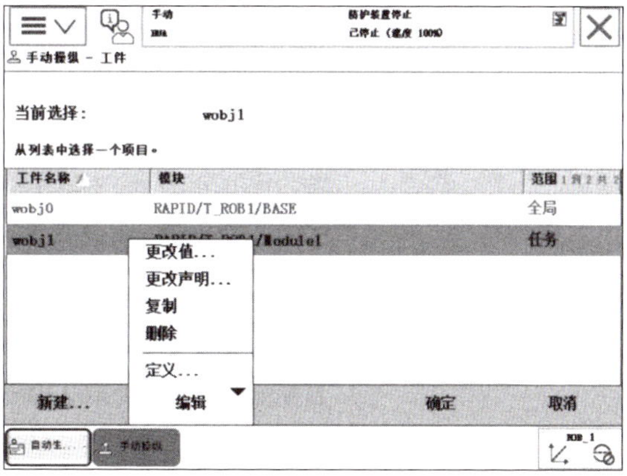

图 18-32　单击“定义”

5）单击“用户方法”右侧的下拉箭头，选择“3 点”，如图 18-33 所示。

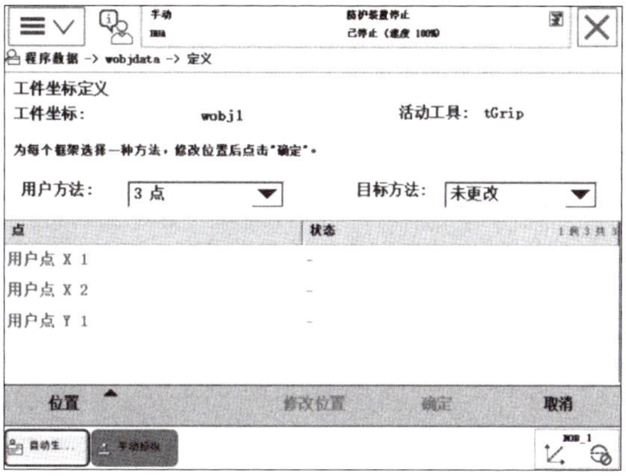

图 18-33　“用户方法”选择“3 点”

6）手动操作机器人的 TCP 靠近定义工件坐标系的 X1 点，然后选中“用户点 X1”，再单击“修改位置”，如图 18-34 和图 18-35 所示。

7）按照第 6 步操作，依次修改用户点 X2、用户点 Y1 的位置，完成修改后单击“确定”，如图 18-36~ 图 18-38 所示。

8）对自动生成的工件坐标数据进行确认后，单击“确定”，如图 18-39 所示。

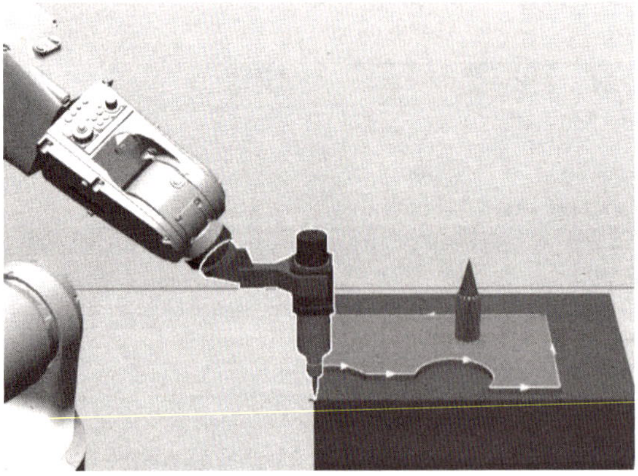

图 18-34　用户点 X1

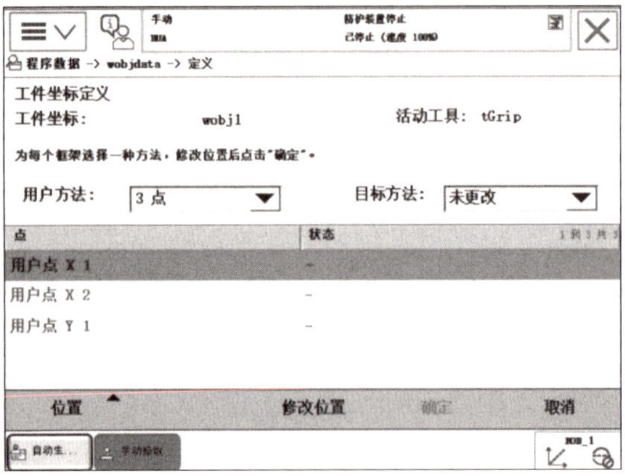

图 18-35　修改用户点 X1

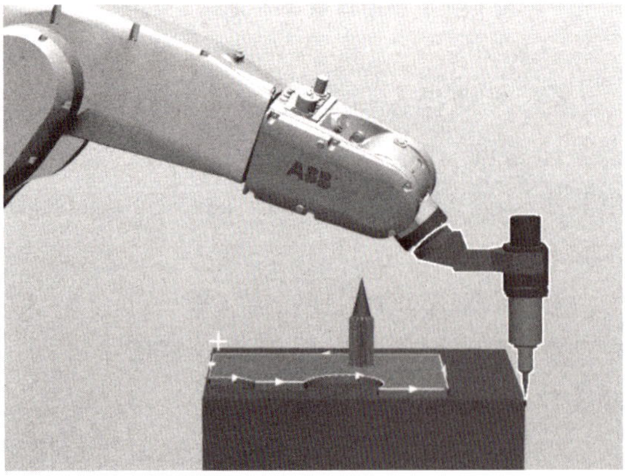

图 18-36　用户点 X2

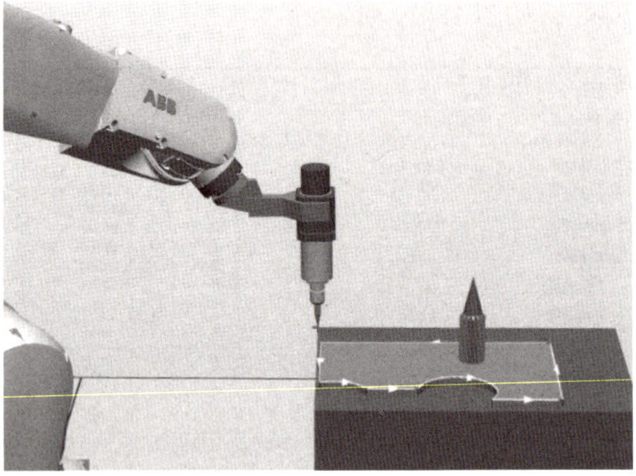

图 18-37　用户点 Y1

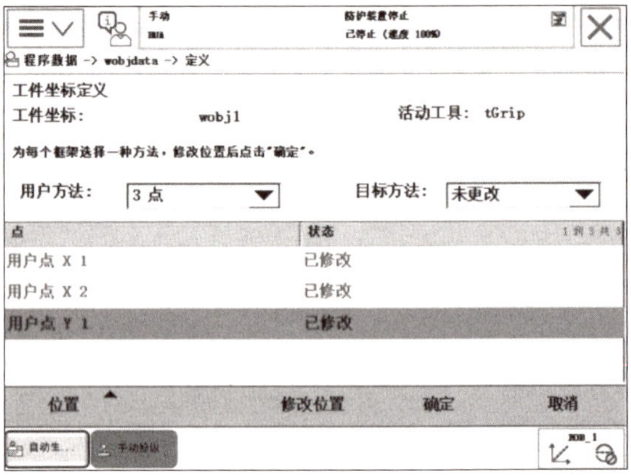

图 18-38　完成修改

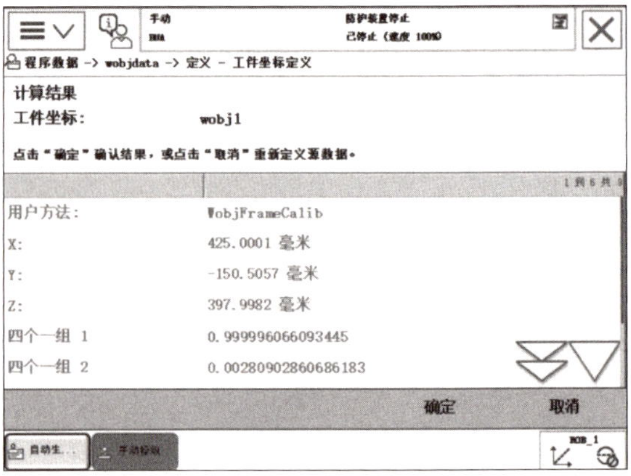

图 18-39　确认修改

9）选择创建好的工件坐标 wobj1，单击“确定”，如图 18-40 所示。

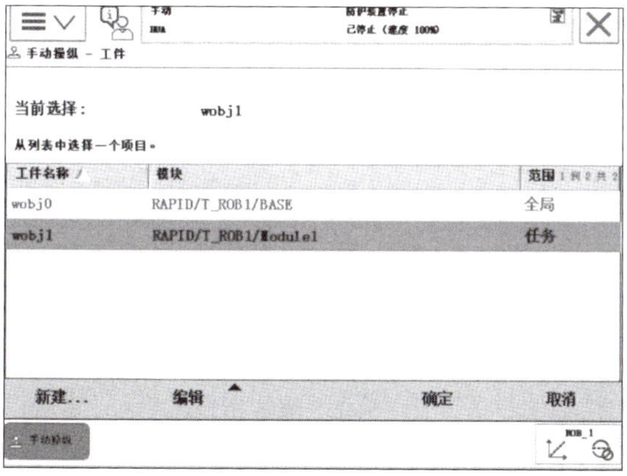

图 18-40　完成工件坐标创建

至此，工件坐标 wobj1 创建完成。

四、常用的运动指令

ABB 机器人在空间中进行运动主要有四种方式，对应的运动指令分别是关节运动指令 MoveJ、直线运动指令 MoveL、圆弧运动指令 MoveC 和绝对位置运动指令 MoveAbsJ，下面分别介绍这四种运动指令：

1. 关节运动指令 MoveJ

关节运动指令 MoveJ 用于对路径精度要求不高的情况下，机器人的 TCP 从一个位置移动到另一个位置，两个位置之间的路径不一定是直线，如图 18-41 所示。

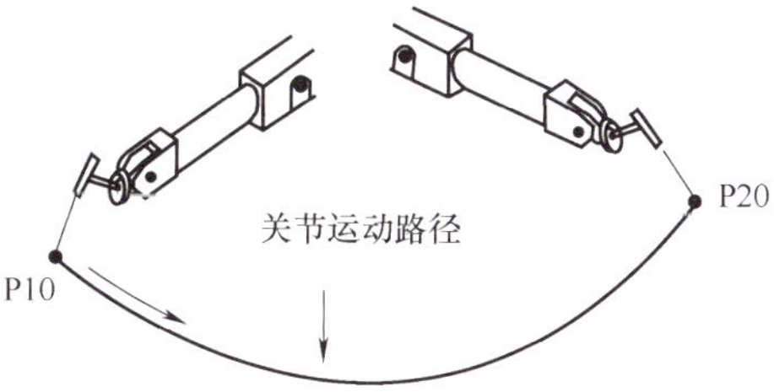

图 18-41　关节运动指令 MoveJ

关节运动指令 MoveJ 的格式如下：

```
MoveJ  P20, v1000, Z50, tGrip\Wobj: =Wobj1;
```

2. 直线运动指令 MoveL

如图 18-42 所示，直线运动指令 MoveL 使机器人的 TCP 从起点到终点之间的路径始终保持为直线，一般在焊接、涂胶等对路径要求高的应用场合中使用此指令。

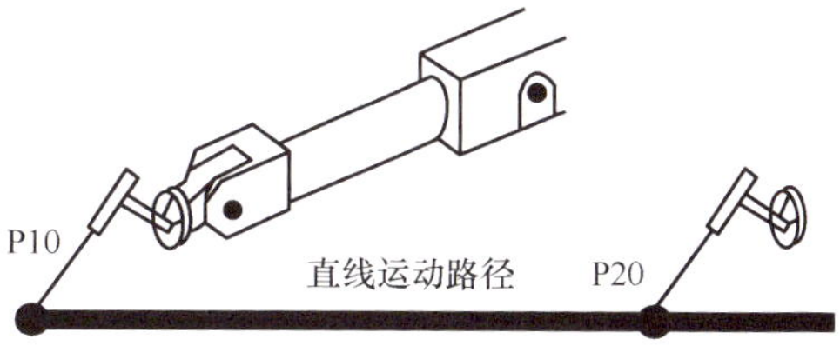

图 18-42　直线运动指令 MoveL

直线运动指令 MoveL 的格式如下：

```
MoveL  P20, v1000, Z10, tGrip\Wobj: =Wobj1;
```

3. 圆弧运动指令 MoveC

圆弧运动指令 MoveC 是在机器人可到达的空间范围内定义三个位置点，第一个点是圆弧的起点，第二个点用于定义圆弧的曲率，第三个点是圆弧的终点，如图 18-43 所示。

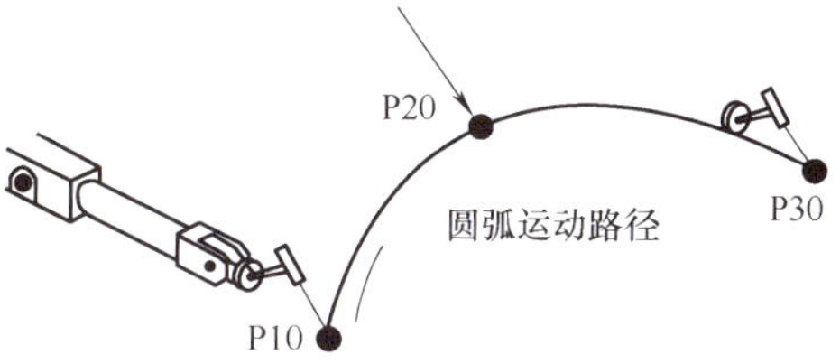

图 18-43　圆弧运动指令 MoveC

圆弧运动指令 MoveC 的格式如下：

```
MoveL  P10, v1000, Z10, tGrip\Wobj: =Wobj1;
MoveC  P20, P30, v1000, Z10, tGrip\Wobj: =Wobj1;
```

4. 绝对位置运动指令 MoveAbsJ

绝对位置运动指令 MoveAbsJ 是使机器人的运动用 6 个轴和外轴的角度值来定义目标位置数据，它常用于机器人六个轴回到机械零点（0°）的位置。

五、编写程序

通过前面的学习已了解 RAPID 程序编程的相关操作及基本运动指令，现在通过完成任务，来体验一下 ABB 机器人便捷的程序编辑。

1）在“手动操纵”界面内，确认已选中要使用的工具坐标与工件坐标，如图 18-44 所示。

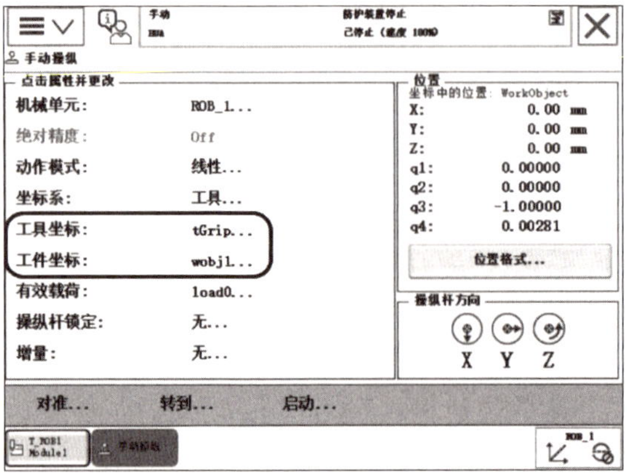

图 18-44　确认工具坐标和工件坐标

2）按照任务十七中所示的步骤，建立一个名称为“Path_10”的例行程序，然后单击“显示例行程序”，如图 18-45 所示。

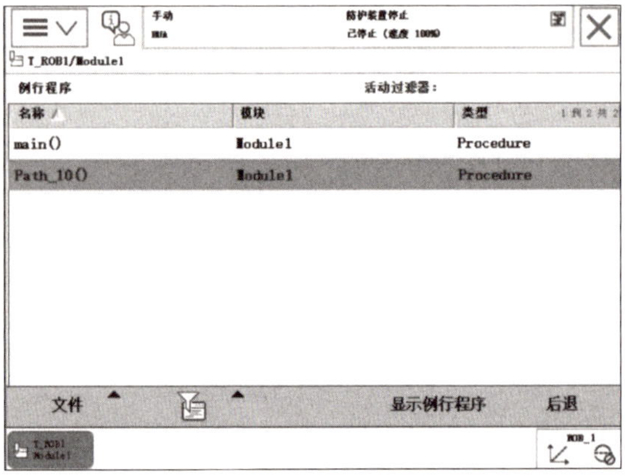

图 18-45　单击“显示例行程序”

3）单击“添加指令”，打开指令列表，选中“<SMT>”作为插入指令的位置，然后在指令列表中选择“MoveJ”，如图 18-46 所示。

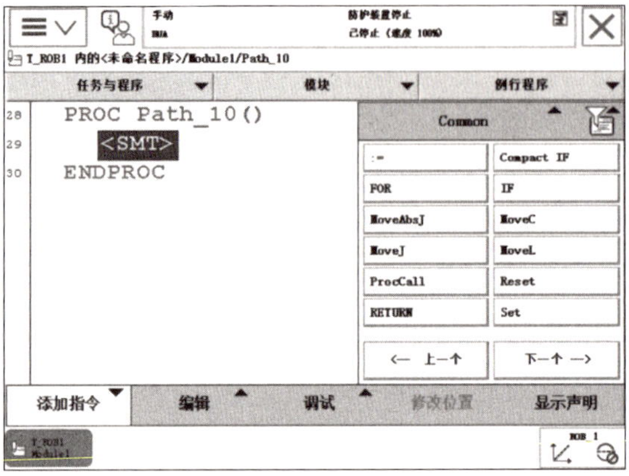

图 18-46　添加指令

4）双击“*”进入指令参数修改界面，如图 18-47 所示。

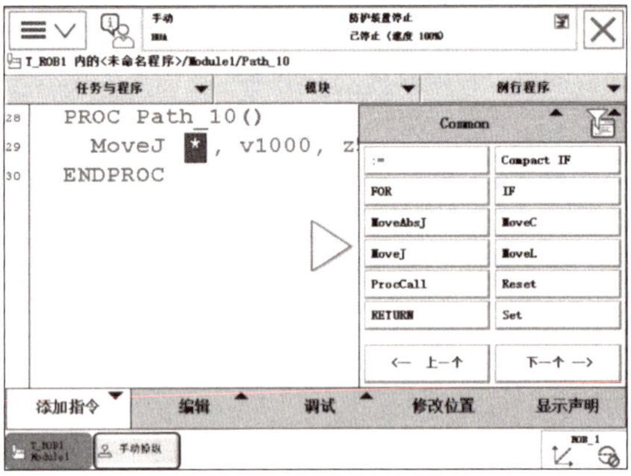

图 18-47　修改指令参数

5）单击“新建”，如图 18-48 所示。

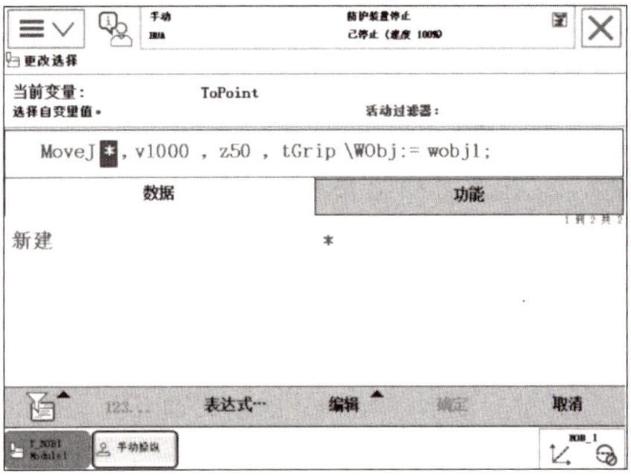

图 18-48　单击“新建”

6）确认程序数据各项参数后单击“确定”，如图 18-49 所示。

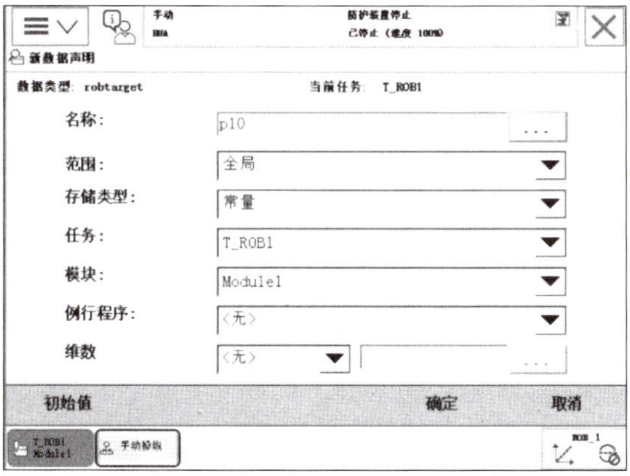

图 18-49　确认参数

7）选中“v1000”，单击黄色向下箭头，单击“v300”，把指令速度设置为“v300”，如图 18-50 所示。

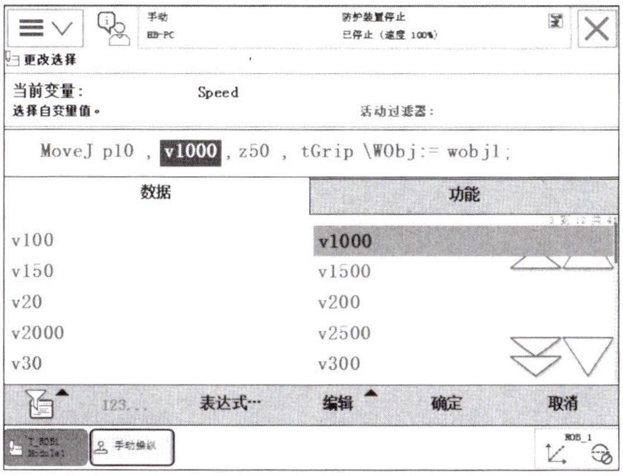

图 18-50　选中“v1000”

8）选中“z50”，单击黄色向上箭头，单击“fine”，把转弯数据设置为“fine”（精确到达），然后单击“确定”，如图 18-51 和图 18-52 所示。

9）选择合适的动作模式，使用操纵杆将机器人 TCP 运动到图 18-53 所示的位置，作为机器人运动的起点。

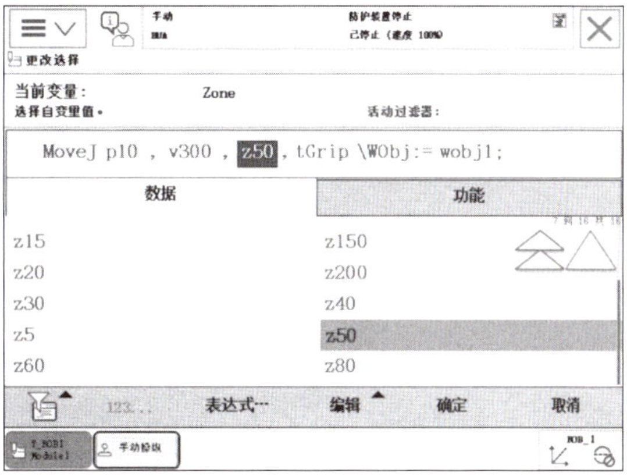

图 18-51　选中“z50”

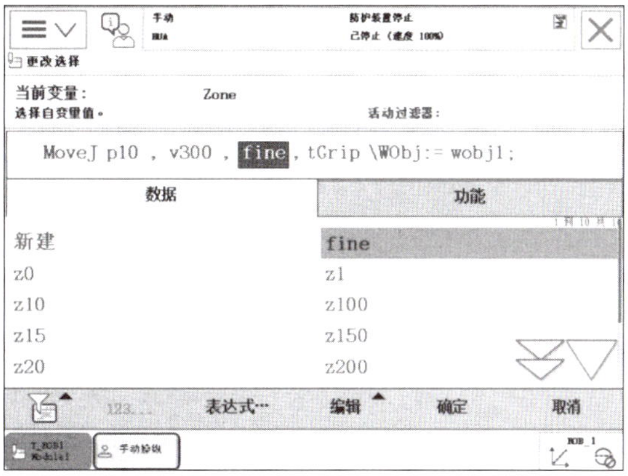

图 18-52　单击“fine”

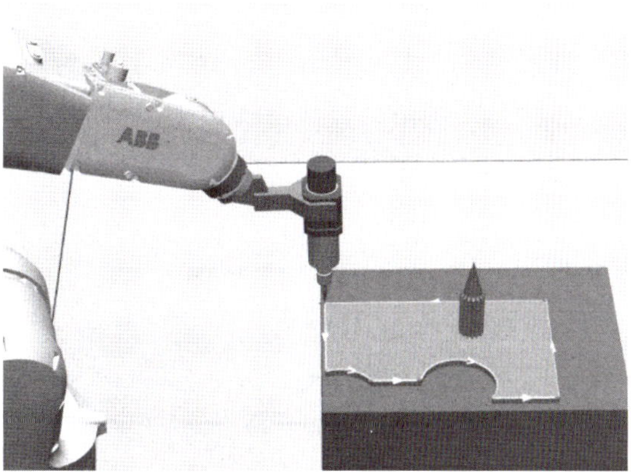

图 18-53　运动起点

10）选中“p10”目标点，单击“修改位置”，将机器人的当前位置数据记录到 p10 里，然后单击“修改”进行确认，如图 18-54 和图 18-55 所示。

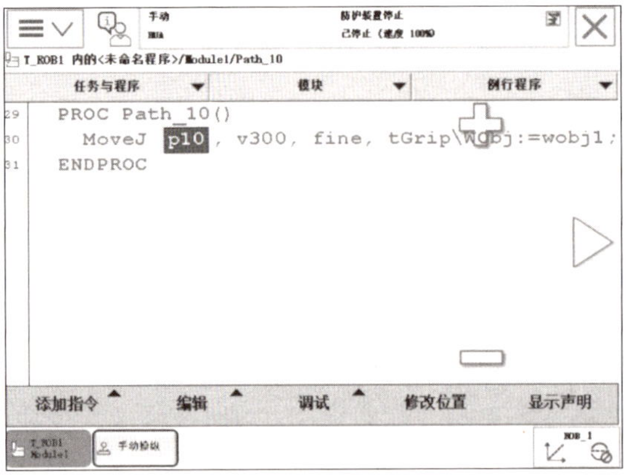

图 18-54 选中“p10”

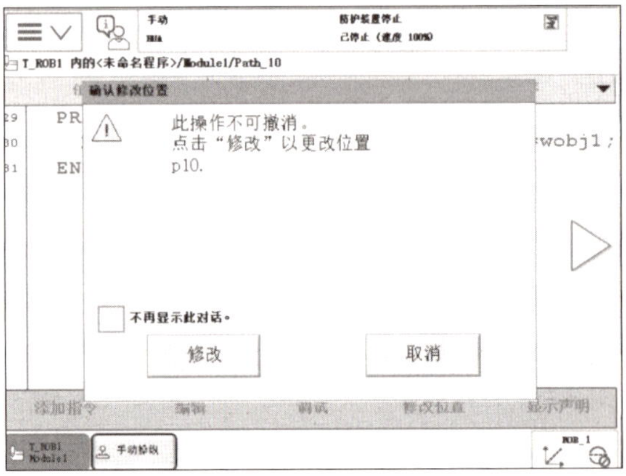

图 18-55 确认修改

11）单击“添加指令”，在指令列表中选择“MoveL”，在弹出的对话框中单击“下方”，如图 18-56 和图 18-57 所示。

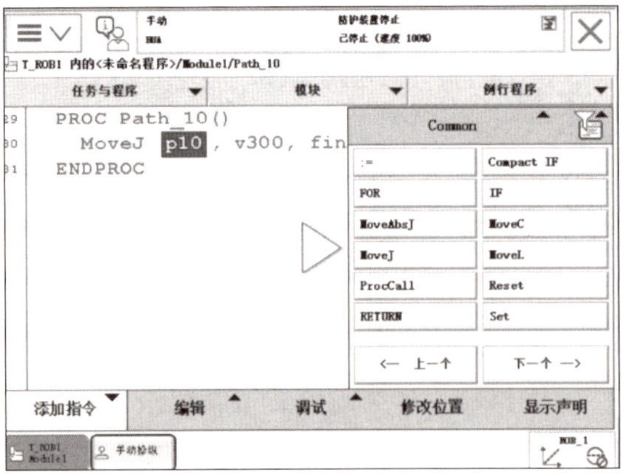

图 18-56 添加指令

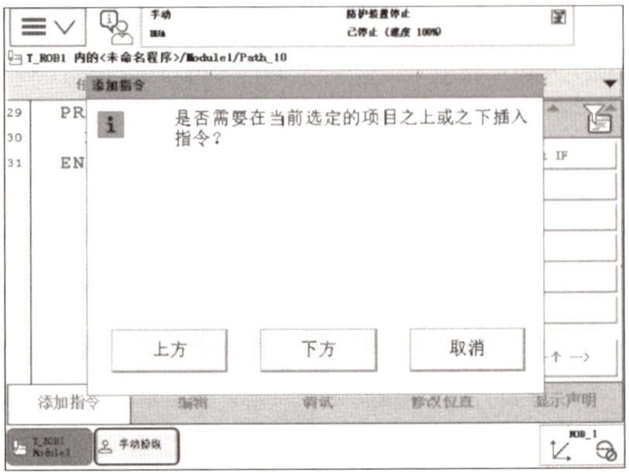

图 18-57 确认添加位置

12）依次添加图 18-58 所示指令。

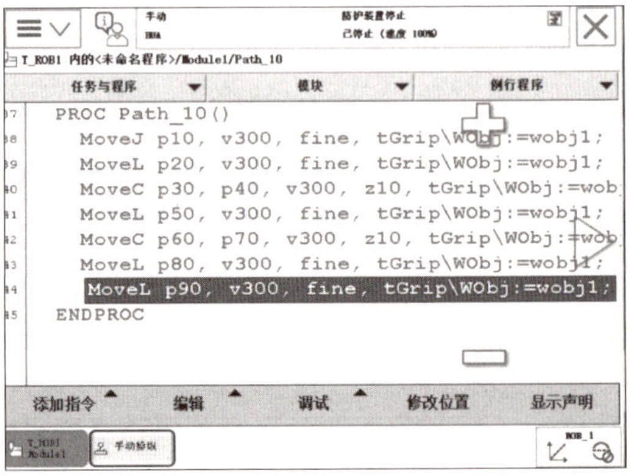

图 18-58 多次添加指令

13）选择合适的动作模式，使用操纵杆将机器人 TCP 运动到图 18-59 所示的各个位置点，并依次修改位置。

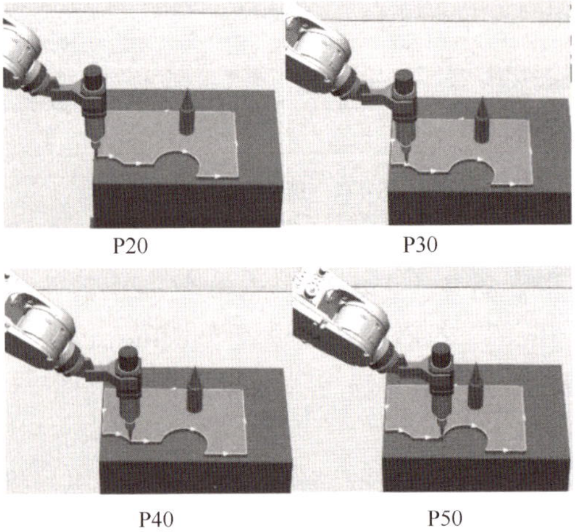

图 18-59 各目标位置

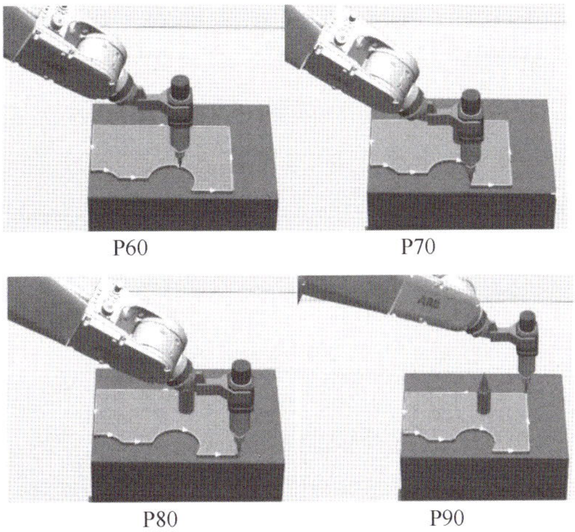

图 18-59　各目标位置（续）

14）选中第一行指令，在“编辑”菜单中单击“复制”，如图 18-60 所示。

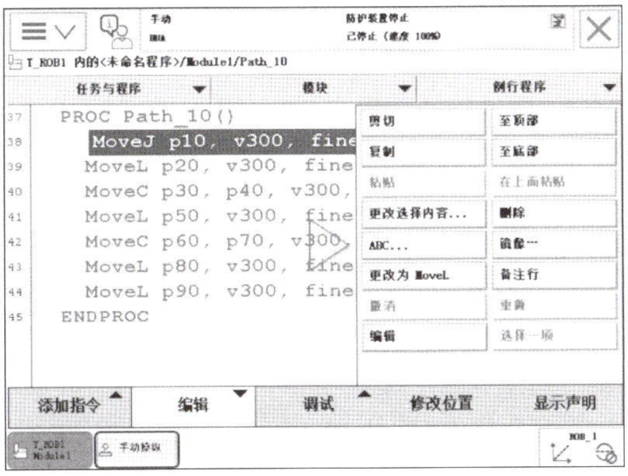

图 18-60　复制指令

15）选中最后一行指令，在“编辑”菜单中单击“粘贴”，把第一行指令粘贴到程序的最后一行，如图 18-61 所示。

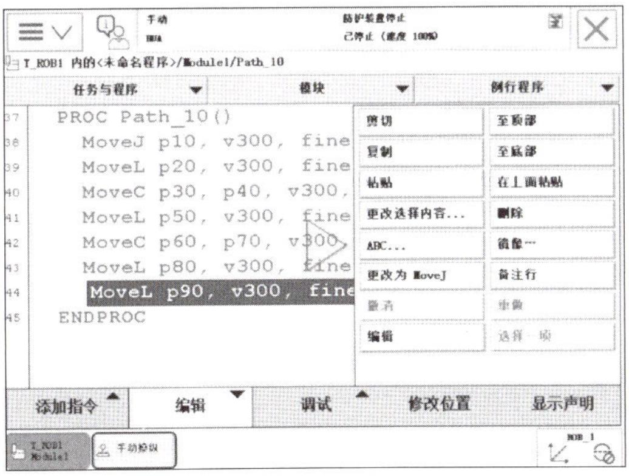

图 18-61　粘贴指令

16）选中粘贴好的指令，在“编辑”菜单中单击“更改为 MoveL”，如图 18-62 所示。

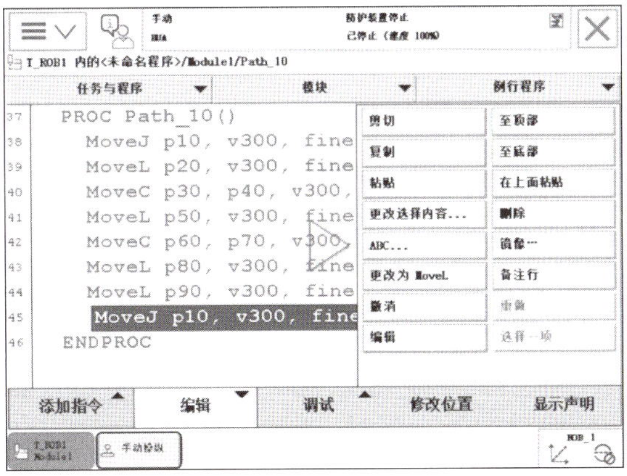

图 18-62　更改为 MoveL

17）最终程序如图 18-63 所示。

```
PROC Path_10()
  MoveJ p10, v300, fine, tGrip\WObj:=wobj1;
  MoveL p20, v300, fine, tGrip\WObj:=wobj1;
  MoveC p30, p40, v300, z10, tGrip\WObj:=wob
  MoveL p50, v300, fine, tGrip\WObj:=wobj1;
  MoveC p60, p70, v300, z10, tGrip\WObj:=wob
  MoveL p80, v300, fine, tGrip\WObj:=wobj1;
  MoveL p90, v300, fine, tGrip\WObj:=wobj1;
  MoveL p10, v300, fine, tGrip\WObj:=wobj1;
ENDPROC
```

图 18-63　最终的程序

六、调试程序

完成程序编辑之后，要进行整体调试。程序运行有两种模式，即单周和连续。单周模式为程序运行完一次之后自动停止运行；连续模式为程序运行完一次之后自动从头开始运行，即循环运行。需要根据当前工作站实际工艺需要来选择运行模式。在本任务中，机器人运行完一次程序之后即完成了当前工件的轨迹处理，机器人需要停止运行，所以在本任务中可以使用单周模式。调试步骤如下：

1）单击触摸屏右下角的快捷键，选择第三个控件，选择“单周”，然后再单击一次快捷键，即可关闭此弹出的菜单，如图 18-64 所示。

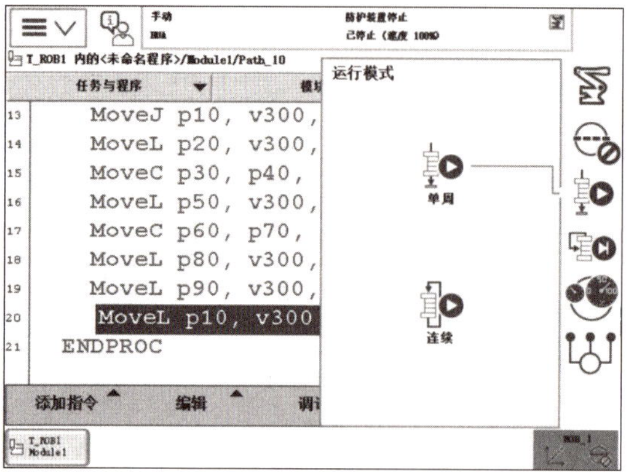

图 18-64　选择“单周”

2）打开“调试”菜单，选择“PP 移至例行程序”，如图 18-65 所示。

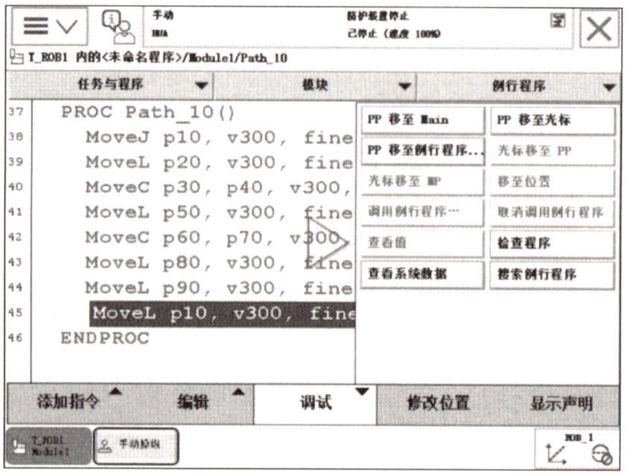

图 18-65　选择“PP 移至例行程序”

3）选中“Path_10”例行程序，然后单击“确定”，如图 18-66 所示。

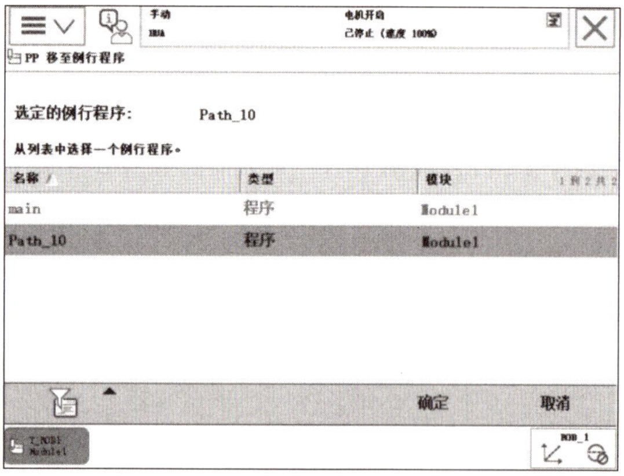

图 18-66　选中“Path_10”例行程序

4）按下虚拟示教器使能器按钮，进入“电机开启”状态，按一下“单步向前”按键，并小心观察机器人的运动。单步运行完整个程序，确认无误后，再按一下“程序启动”按键，即可连续运行整个程序，如图 18-67 所示。

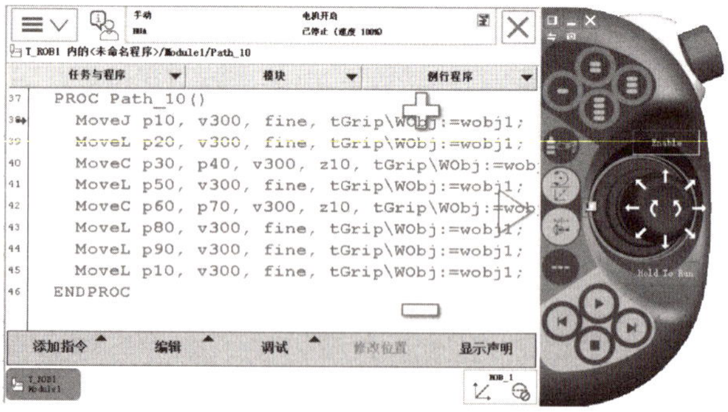

图 18-67　完成调试

任务总结

在工业机器人程序中，机器人的运动路径都是由一连串的运动指令组合而成的。运动指令是工业机器人编程的基础指令，在添加运动指令之前，一定要确认当前激活的工具坐标和工件坐标是否和预期的一致。

添加圆弧运动指令 MoveC 时需注意：必须先使用关节运动指令 MoveJ 或直线运动指令 MoveL 让机器人 TCP 运动到圆弧的起点，否则机器人会产生运行错误。

程序调试过程中，为确保安全，先在手动模式下单步运行程序，并时刻注意机器人的运动路径是否安全，以免发生碰撞，损坏机器人和周边设备。

任务评价

任务评价见表 18-1。

表 18-1　任务评价表

评价内容	评价标准	配分	得分
工作站文件解包	掌握工作站文件解包的步骤，熟悉解包过程当中的注意事项	10	
创建工具坐标	掌握创建工具坐标的步骤，理解工具坐标数据中各个数据的意义	20	
创建工件坐标	掌握创建工件坐标的步骤，理解工件坐标数据中各个数据的意义	10	
机器人手动操纵	能够快速、准确地示教程序当中的点位	10	
程序的编辑和调试	掌握常用的运动指令，进一步掌握编写、调试程序的步骤	50	

每课寄语

奋斗新时代，奋进新征程，担当新使命。

拓展练习

一、填空题

1. 默认工具（tool0）的 TCP 位于________。

2. 机器人常用的运动指令有__________、__________、__________和__________。

3. 只需要定义__________个点，就可以建立一个工件坐标。

二、简答题

1. 简述机器人工具坐标的含义。

2. 简述机器人工件坐标的含义。

任务十九　机器人搬运工作站编程

扫码看视频

任务目标

1. 知识目标
（1）了解机器人搬运的应用场合。
（2）了解机器人搬运的技术要求。
2. 技能目标
（1）学会建立机器人有效载荷数据。
（2）掌握机器人常用指令。
（3）掌握机器人搬运的特点及编程方法。
（4）掌握机器人自动运行程序的步骤。
3. 素质目标
（1）培养实际动手操作能力。
（2）培养机器人编程能力。

任务布置

建立一个机器人程序，当程序启动后，机器人使用真空吸盘将工作台 A 上的三个工件依次搬运到工作台 B 上对应的位置，如图 19-1 所示。

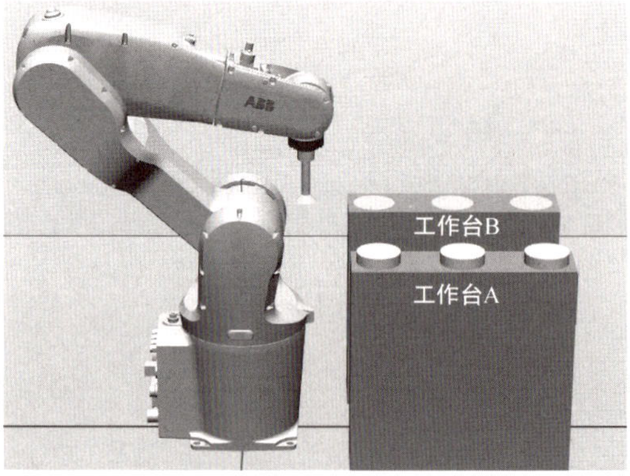

图 19-1　机器人搬运工作站

任务分析

工业机器人在搬运方面有众多成熟的解决方案，在 3C、食品、医药、化工、汽车制造、金属加工等领域均有着广泛的应用。采用机器人搬运取代人工搬运，可大幅提高生产效率、节省劳动成本、降低搬运过程中的产品损坏率。

要完成本任务，需要依次完成程序数据创建、目标点示教、程序编写及调试，最终完成整个搬运任务。

相关知识

一、知识储备

1. 信号参数配置

本任务中使用真空吸盘来吸取工件。真空吸盘的打开与关闭需要通过置位、复位数字输出信号 Do_XiPan 来控制；工件的吸取、放置是否完成需要通过判断数字输入信号 di_ZhenKongOK 的值来确定。本工作站已经提前配置好相应的信号，无须再配置。关于信号配置的方法，请感兴趣的同学自行查阅相关资料。

2. 创建有效载荷数据 loadfull

loaddata 用于设置机器人六轴上安装法兰的负载载荷数据。载荷数据常常定义机器人的有效负载或抓取物的负载（通过指令 GripLoad 或

MechUnitLoad 来设置)，即机器人夹具所夹持的负载。同时将 loaddata 作为 tooldata 的组成部分，以描述工具负载。下面的示例介绍了有效载荷数据 loadfull：

```
PERS loaddata loadfull: =[0.5,[0, 0, 10],[1, 0, 0, 0], 0, 0, 0];
```

有效载荷数据 loadfull 定义的内容如下：重量为 0.5kg，重心为 X=0、Y=0 和 Z=10mm，相对于工具坐标系。有效载荷数据 loadfull 的创建步骤如下：

1）在示教器“手动操纵”界面选择“有效载荷”，如图 19-2 所示。

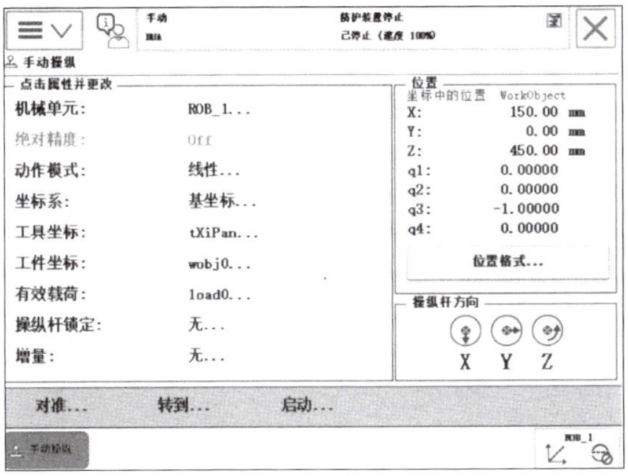

图 19-2 选择“有效载荷”

2）单击“新建”，如图 19-3 所示。

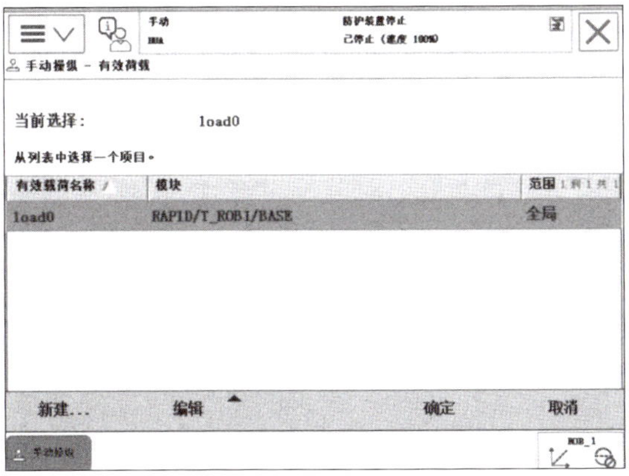

图 19-3 单击“新建”

3）将数据名称设置为“loadfull”，然后单击“初始值”，如图 19-4 所示。

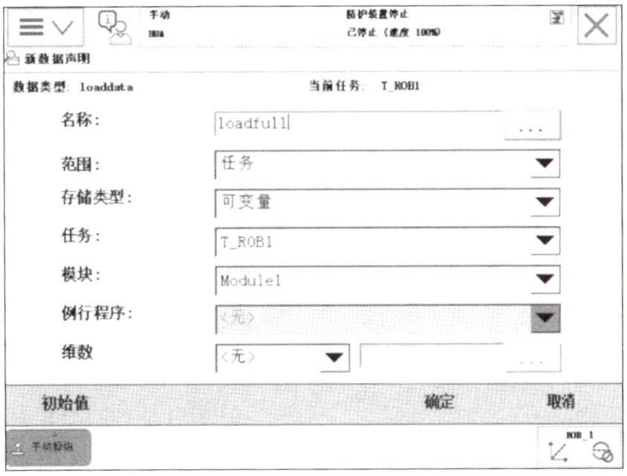

图 19-4 名称改为“loadfull”

4）输入对应的数值，然后单击“确定”，如图 19-5 所示。

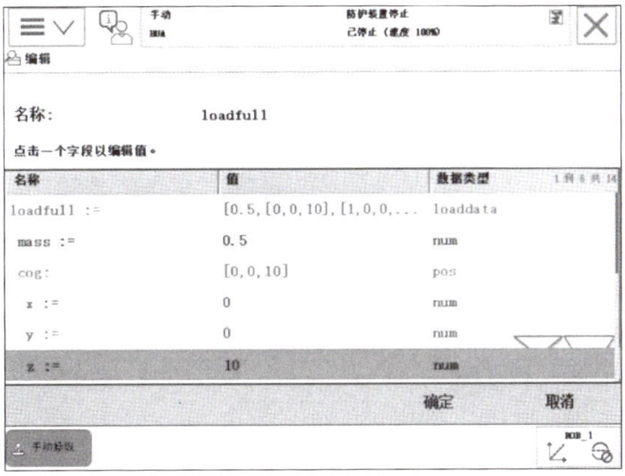

图 19-5 修改初始值

5）单击“确定”，完成有效载荷数据创建，如图 19-6 所示。

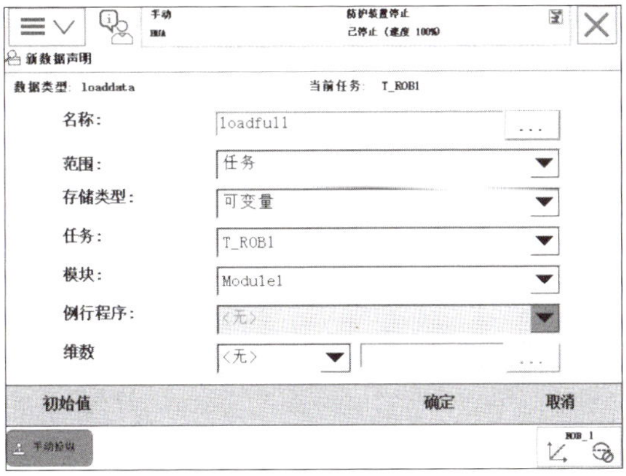

图 19-6 完成创建

3. 常用指令介绍

（1）赋值指令“: =”　赋值指令“: =”对系统内所有变量或可变量数据进行赋值，在数据赋值时可以进行相应计算。程序通过赋值指令可以自动改变数据值，从而控制程序运行逻辑。例如：

reg1: = 8;　　　　将 reg1 赋值为 8

reg2: = reg2+1;　　每运行一次该指令，reg2 的值都会在之前的基础上加 1

接下来以添加指令行“reg2: = reg2+1;”为例进行说明：

1）新建一个例行程序，选中“<SMT>”，在“添加指令”菜单中选择“: =”，如图 19-7 所示。

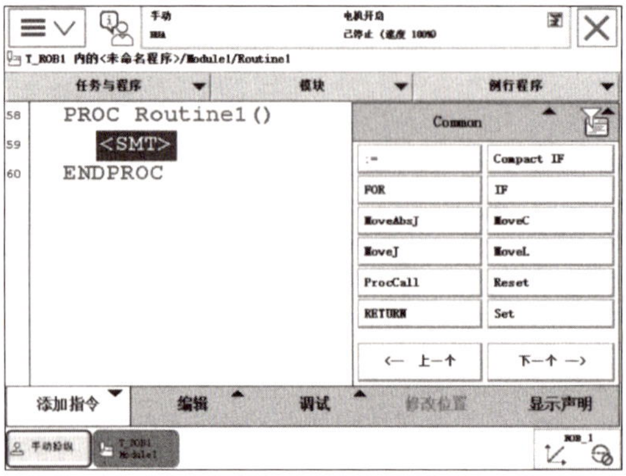

图 19-7　新建程序

2）单击“reg2”，如图 19-8 所示。如果当前显示的数据类型和想要赋值的数据类型不一致，则需单击界面下方的“更改数据类型”来找到对应的程序数据类型。

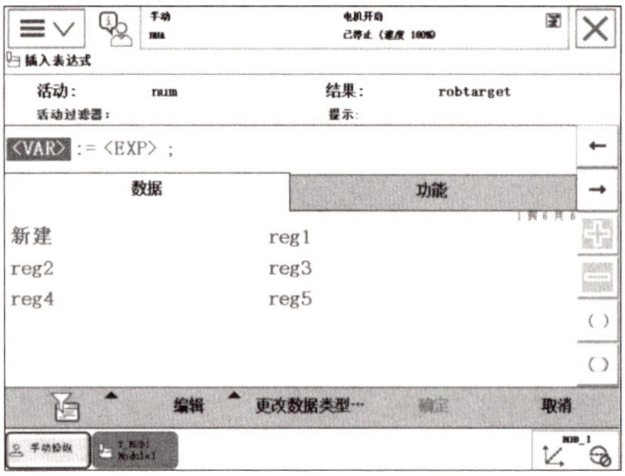

图 19-8　更改数据类型

3）单击“<EXP >”，如图 19-9 所示。

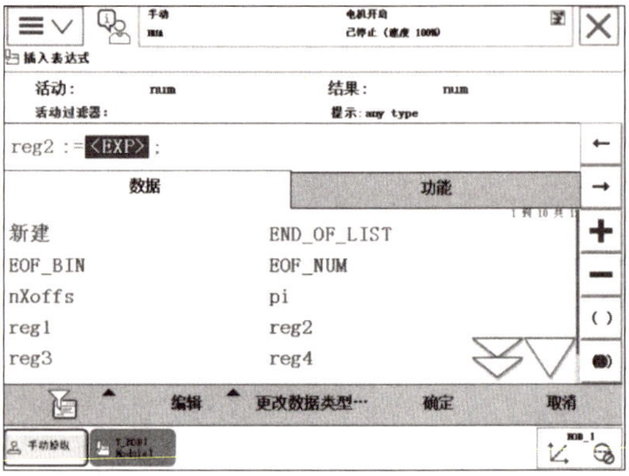

图 19-9　单击“<EXP>”

4）依次单击“reg2”和右边的紫色“+”号，如图 19-10 所示。

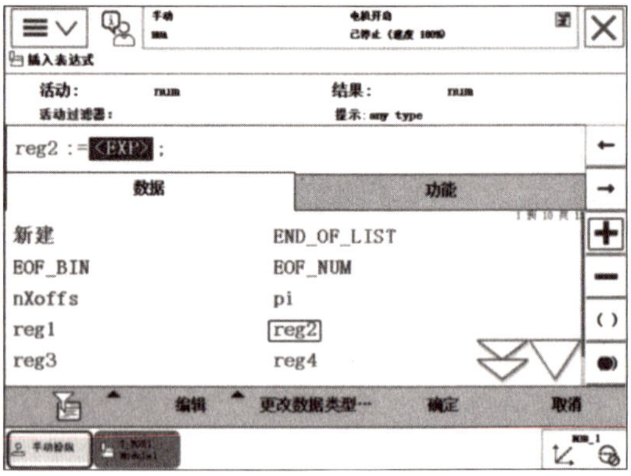

图 19-10　依次单击“reg2”和“+”号

5）单击“<EXP>”，再打开“编辑”菜单，选择“仅限选定内容”，如图 19-11 所示。

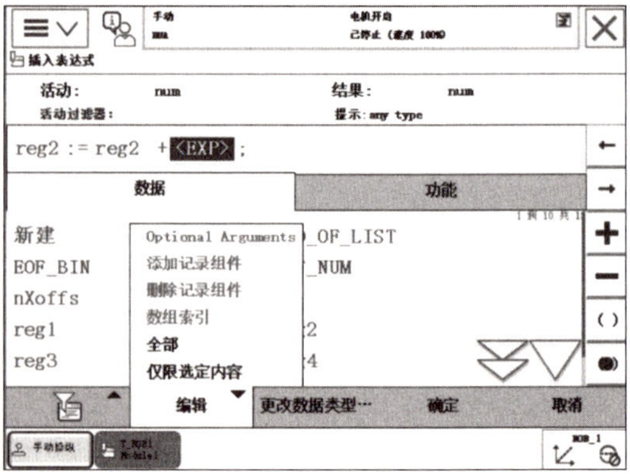

图 19-11　选择“仅限选定内容”

6）通过软键盘输入数字“1”，然后单击“确定”，如图 19-12 所示。

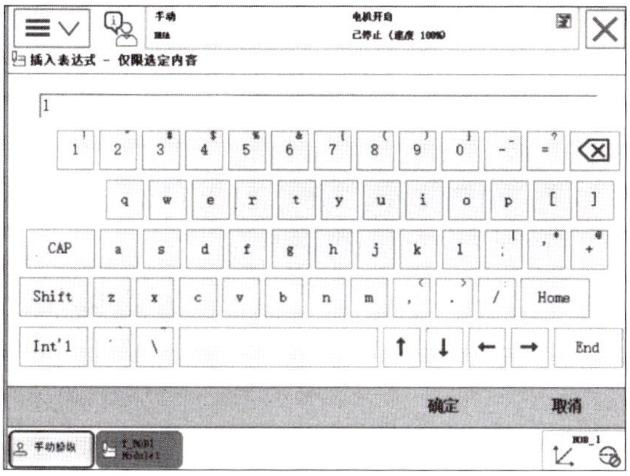

图 19-12　输入数字“1”

7）单击“确定”，如图 19-13 所示。

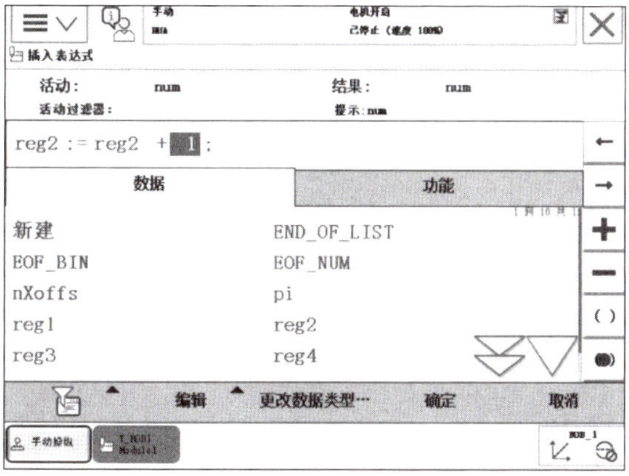

图 19-13　单击“确定”

8）指令添加完成，如图 19-14 所示。

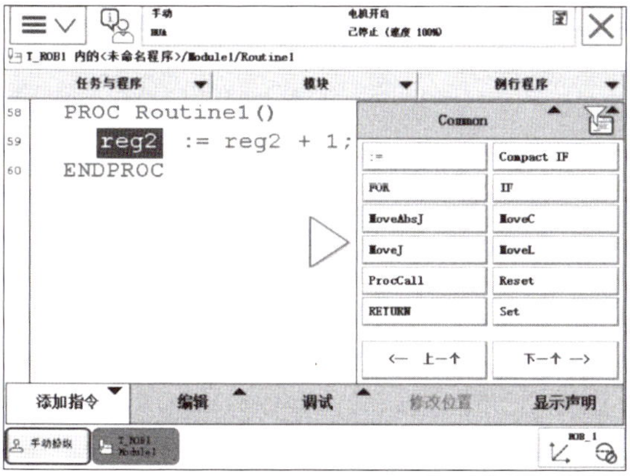

图 19-14　完成指令添加

（2）数字信号置位指令 Set　数字信号置位指令 Set 用于将数字输出（Digital Output）信号置为 1，例如：

Set do_XiPan;　将数字输出信号 do_XiPan 置为 1

指令添加步骤如下：

1）选中“<SMT>”，在“添加指令”菜单中选择“Set”，如图 19-15 所示。

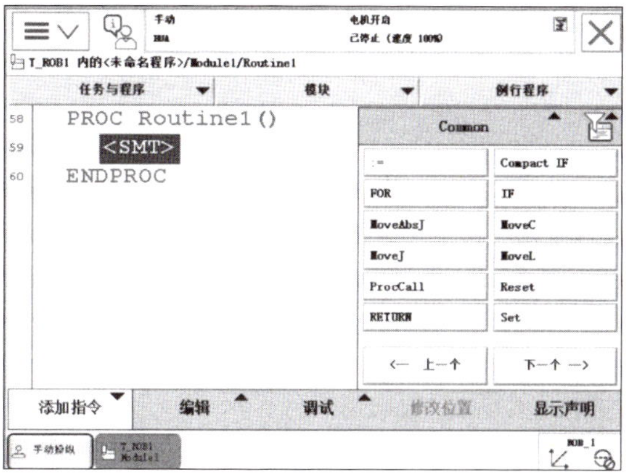

图 19-15　选中“<SMT>”

2）选中“do_XiPan”，然后单击“确定”，如图 19-16 所示。

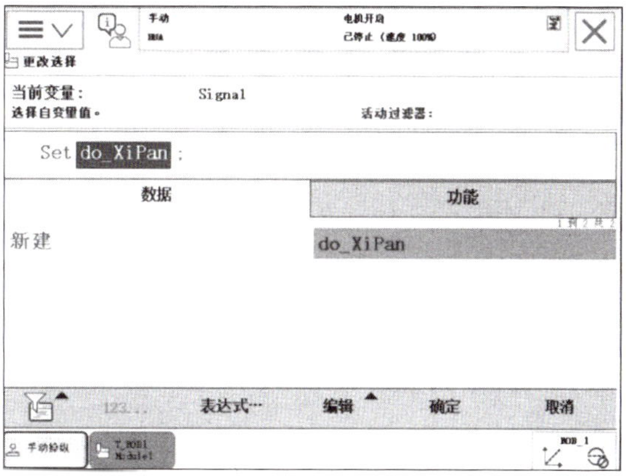

图 19-16　选中“do_XiPan”

（3）数字信号复位指令 Reset　数字信号复位指令 Reset 用于将数字输出信号置为 0，例如：

Reset do_XiPan;　将数字输出信号 do_XiPan 置为 0

指令添加步骤如下：

1）选中刚才添加的 Set 指令，在“添加指令”菜单中选择“Reset”，如图 19-17 所示。

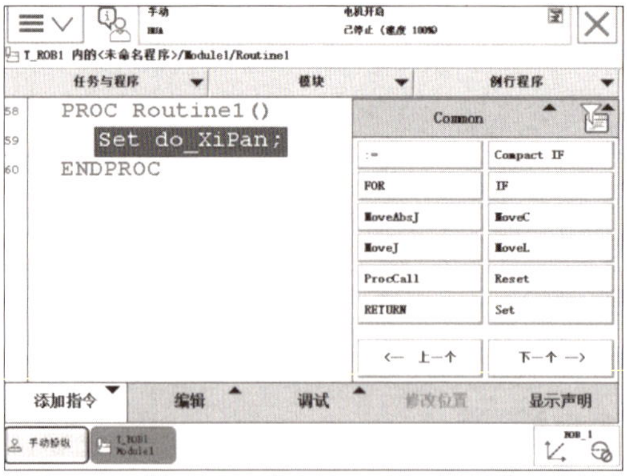

图 19-17　选中 Set 指令

2）单击“下方”，如图 19-18 所示。

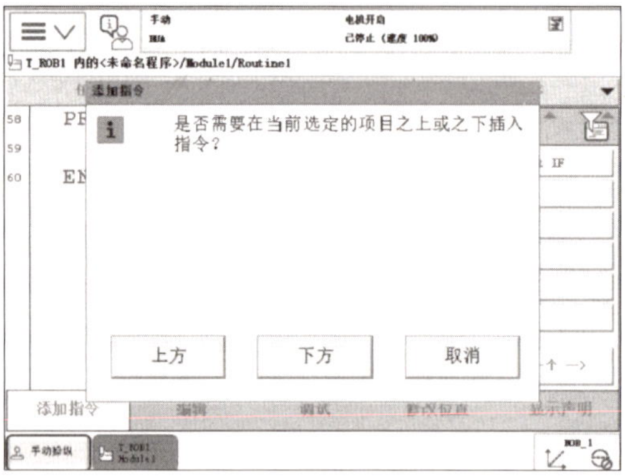

图 19-18　单击“下方”

3）“Reset do_XiPan；”添加成功，如图 19-19 所示。

图 19-19　完成指令添加

（4）数字输入信号判断指令 WaitDI　数字输入信号判断指令 WaitDI 用于判断数字输入信号的值是否与目标的一致，例如：

```
WaitDI di_ZhenKongOK, 1;
```

程序执行此指令时，等待 di_ZhenKongOK 的值为 1。如果 di_ZhenKongOK 的值为 1，则程序继续往下执行；如果到达最大等待时间 300s（此时间可根据实际进行设定）以后，di_ZhenKongOK 的值还不为 1，则机器人报警或进入出错处理程序。

指令添加步骤如下所示：

1）选中刚才添加的 Reset 指令，在“添加指令”菜单中单击“下一个”，如图 19-19 所示。

2）单击“WaitDI”，如图 19-20 所示。

图 19-20　单击“WaitDI”

3）选中“di_ZhenKongOK”，然后单击“确定”，如图 19-21 所示。

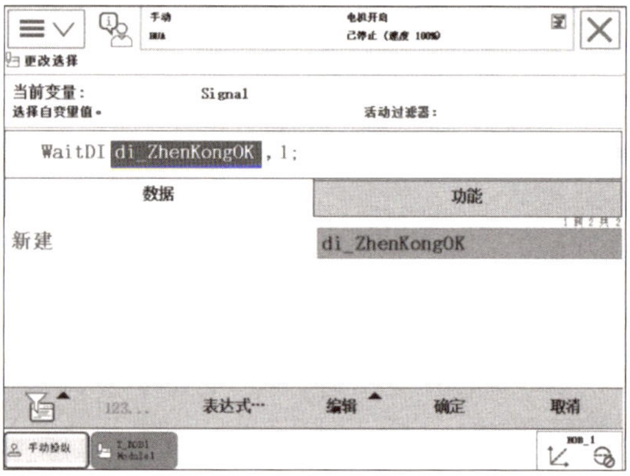

图 19-21　选中“di_ZhenKongOK”

4）指令添加完成，如图 19-22 所示。

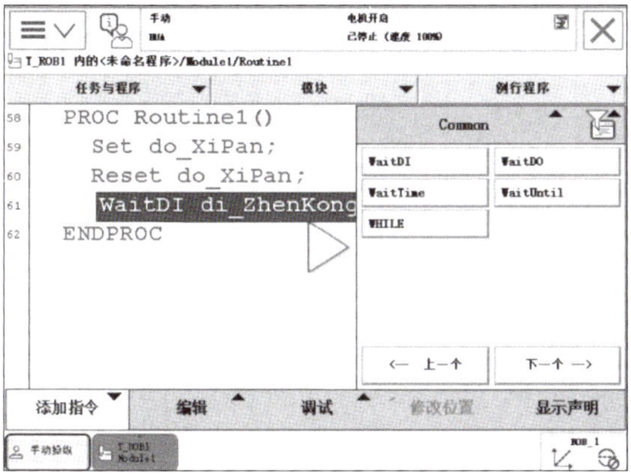

图 19-22　指令添加完成

（5）调用例行程序指令 ProcCall　使用调用例行程序指令 ProcCall 可以在指定的位置调用例行程序。

（6）重复执行判断指令 FOR　重复执行判断指令 FOR 通过将循环判断标识从初始值逐渐更改至最终值，从而控制程序循环次数。如果不使用参变量［STEP］，循环标识每次更改值为 1；如果使用参变量［STEP］，循环标识每次更改值为参变量的设置值。通常情况下，初始值、最终值与更改值为整数，循环判断标识使用 i、j、k 等小写字母，这是标准的机器人循环指令。

（7）偏移功能 Offs　偏移功能 Offs 以选定的目标点（数据类型 robtarget）为基准，使目标沿着选定工件坐标系的 X、Y、Z 轴方向偏移一定的距离。例如：

```
MoveJ Offs(pPick, 0, 0, 100), v1000, z10, tXiPan/Wobj: =wobj0;
```

意思为将机器人 TCP 移动至以 pPick 为基准点，沿着 wobj0 的 Z 轴正方向偏移 100mm 的位置。

指令添加步骤如下：

1）选中“<SMT>”，在“添加指令”菜单中单击“MoveJ”，如图 19-23 所示。

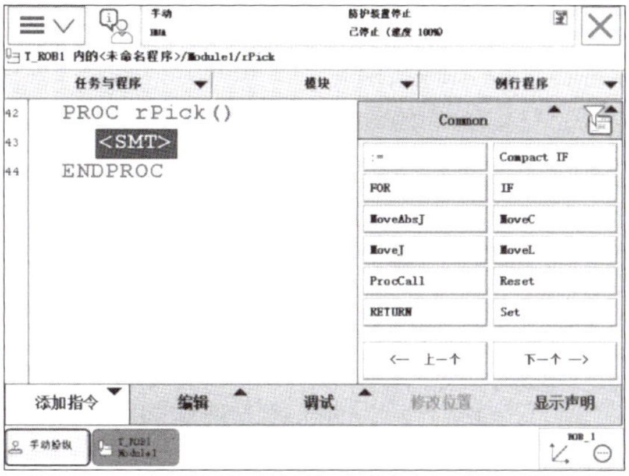

图 19-23　选中“<SMT>”

2）双击“*”，如图 19-24 所示。

图 19-24　双击“*”

3）单击“功能”，选择“Offs”，如图 19-25 所示。

图 19-25　选择“Offs”

4）Offs 中有 4 个参数，第一个参数为偏移基准目标点，此处设置为“pPick”，如图 19-26 所示。后续三个参数分别为 X、Y、Z 方向的偏移量。

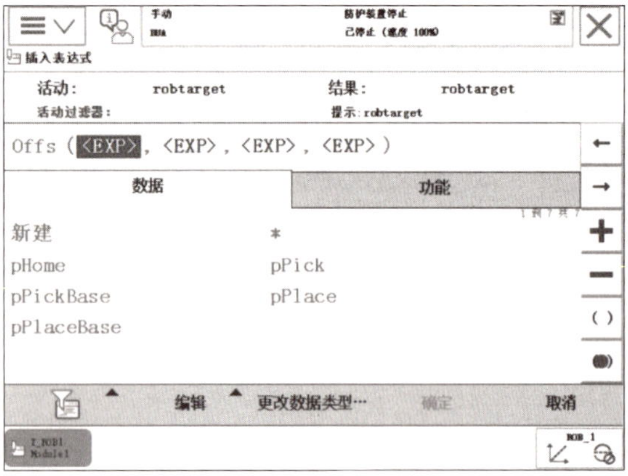

图 19-26　设置第一个参数

5）选中第二个“<EXP>”，单击“编辑”，选择“全部”对后续三个参数进行设置，如图 19-27 所示。

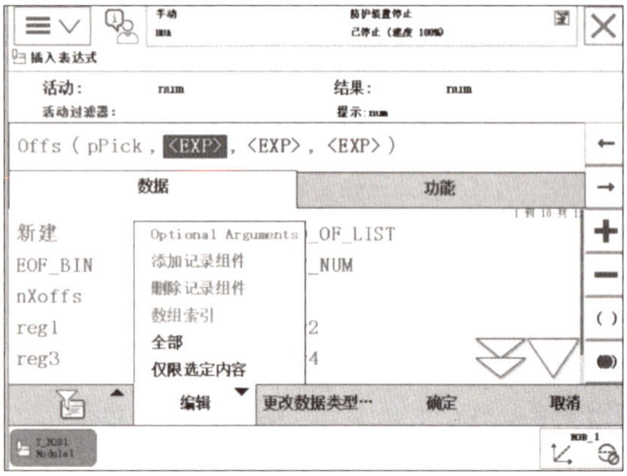

图 19-27　设置后续三个参数

6）将后续的三个参数设置为“0，0，100”，即将此位置设置为相对于 pPick 沿着当前工件坐标系的 Z 轴正方向偏移 100mm，单击“确定”，如图 19-28 所示。

7）单击“确定”，参数设置完成，如图 19-29 所示。

8）添加完成的指令如图 19-30 所示。

图 19-28　将后续三个参数设置为“0，0，100”

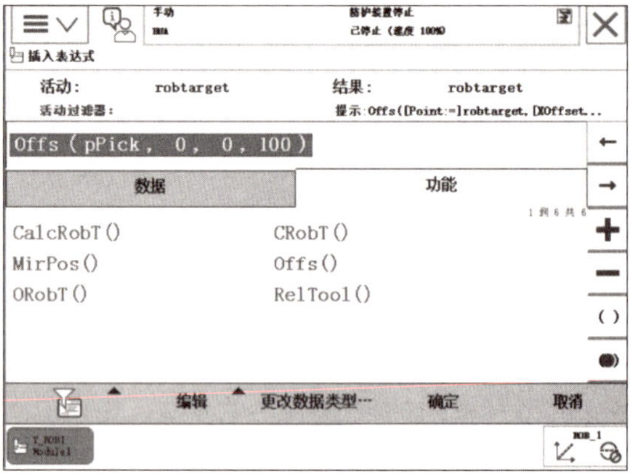

图 19-29　确认参数

图 19-30　指令添加完成

二、任务实施

1. 工作站解包

参考任务十八中的工作站解包步骤，把本任务的打包文件“carry”解包。

2. 工具坐标说明

在本搬运应用中，工具坐标系的设置较为简单，无须使用上个任务中的TCP标定法来标定，只需相对于系统默认工具坐标系tool0沿着其Z方向偏移一定的距离即可，如图19-31所示，吸盘下表面距离法兰盘100mm，工具重心距离法兰盘40mm，重量为1kg。创建步骤如下：

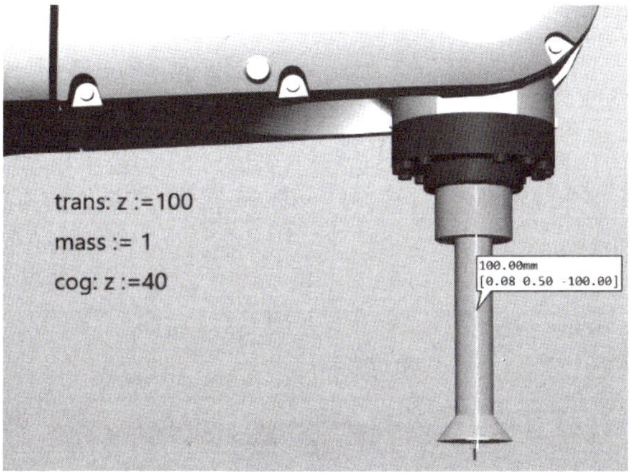

图19-31　设置工具坐标

1）在“手动操纵”界面选择“工具坐标”，然后单击“新建”，如图19-32所示。

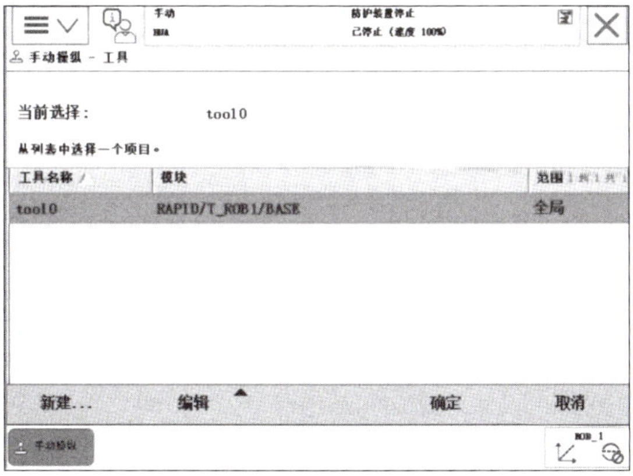

图19-32　新建工具坐标

2）将名称设置为“tGrip”，然后单击“初始值”，如图19-33所示。

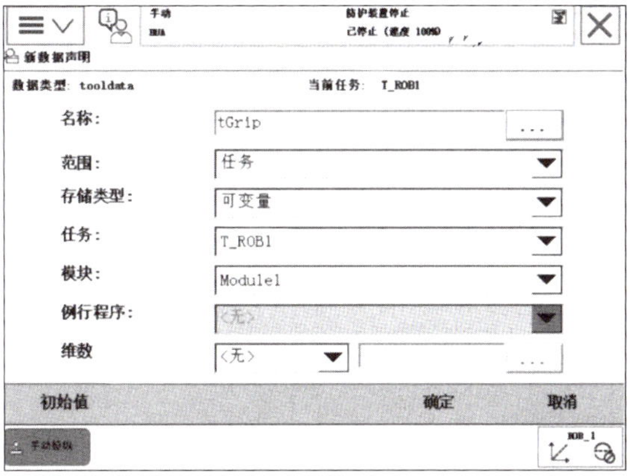

图19-33　更改名称为tGrip

3）单击向下箭头，找到图19-31中的对应参数，输入数据后连续单击“确定”，如图19-34所示。

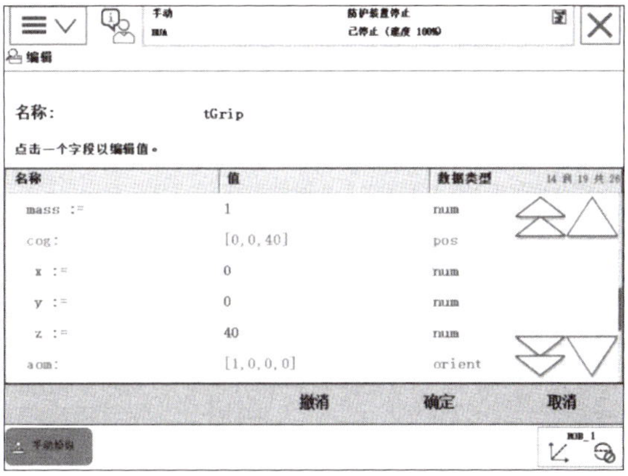

图19-34　设置初始值

3. 工件坐标说明

在本任务中，直接使用的是系统默认的工件坐标系Wobj0，未创建工件坐标系。在类似应用中，是否创建工件坐标系取决于编程习惯。因为在本任务应用中涉及的点位比较少，而且工件的排列方向可以直接参考Wobj0的方向，因此可以不创建工件坐标系。

4. 有效载荷数据说明

在搬运应用中还需要设置有效载荷数据，

用以表示拾取物料的重量相关信息。在本任务中其对应的即为需要搬运的工件，工件的重量估算为 0.5kg，其重心相对于 TCP 来说为沿着其 Z 方向偏移 10mm。本任务之前已创建对应的有效载荷数据 loadfull。此外，一般还会创建一个空的载荷数据，在名称上与有效载荷数据 loadfull 对应，用以表示空载荷，也可以直接使用系统默认的有效载荷数据 Load0。

5. 建立其他程序数据

为了方便程序编写，在本任务中还需创建表 19-1 所示的程序数据，并示教图 19-35 所示的目标点位。

表 19-1　需创建的程序数据

数据名称	存储类型	数据类型	数据值	数据说明
pHome	常量	robtarget	手动示教（见图 19-35a）	工作原点
pPickBase	常量	robtarget	手动示教（见图 19-35b）	吸取工件基准点
pPlaceBase	常量	robtarget	手动示教（见图 19-35c）	放置工件基准点
pPick	可变量	robtarget	程序中赋值	吸取工件位置
pPlace	可变量	robtarget	程序中赋值	放置工件位置
nXoffs	常量	num	150	工件之间的间隔距离

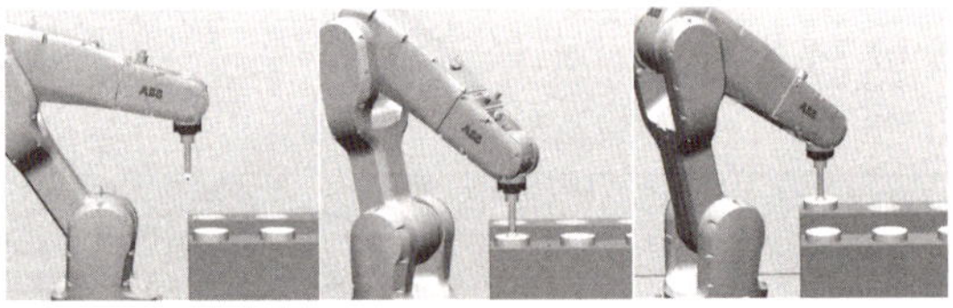

a) pHome　　b) pPickBase　　c) pPlaceBase

图 19-35　目标点位

6. 编写程序

1）打开“程序编辑器”界面，建立 3 个例行程序，分别是主程序“main”，取件例行程序“rPick”，放件例行程序“rPlace”，如图 19-36 所示。

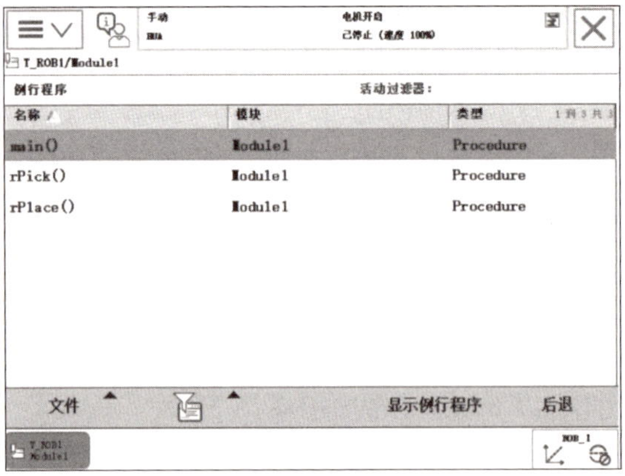

图 19-36　建立 3 个例行程序

2）选择例行程序“rPick”，单击“显示例行程序”，在程序中添加图 19-37 所示指令。

图 19-37　例行程序 rPick 中的指令

3）选择例行程序“rPlace”，单击“显示例行程序”，在程序中添加图 19-38 所示指令。

4）选择例行程序“main”，单击“显示例行程序”，在程序中添加一条 MoveJ 指令，指令参数如图 19-39 所示。

5）单击“添加指令”菜单中单击“FOR”，如图 19-40 所示。

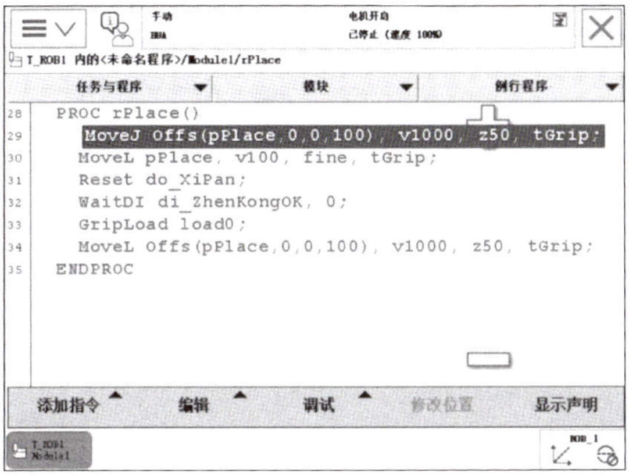

图 19-38　例行程序 rPlace 中的指令

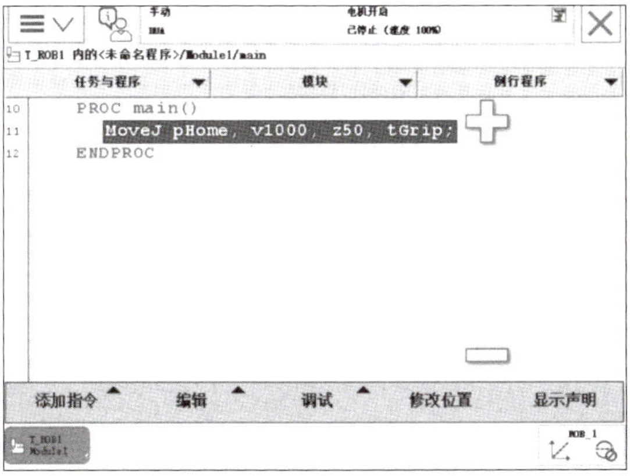

图 19-39　添加 MoveJ 指令

图 19-40　选择“FOR”

6）在弹出的对话框中单击“下方”，如图 19-41 所示。

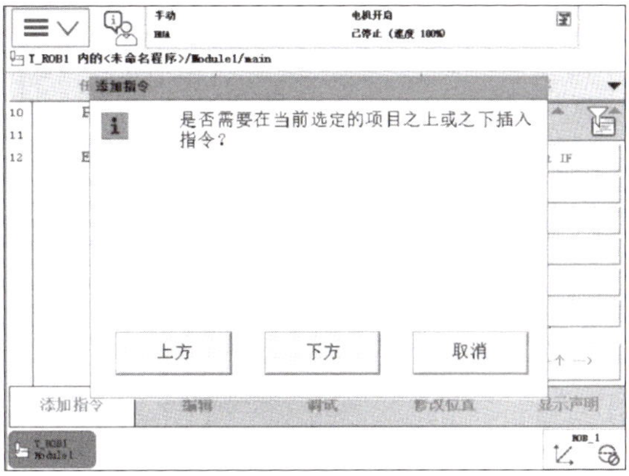

图 19-41　单击“下方”

7）在添加的 FOR 指令中双击“<ID>”，如图 19-42 所示。

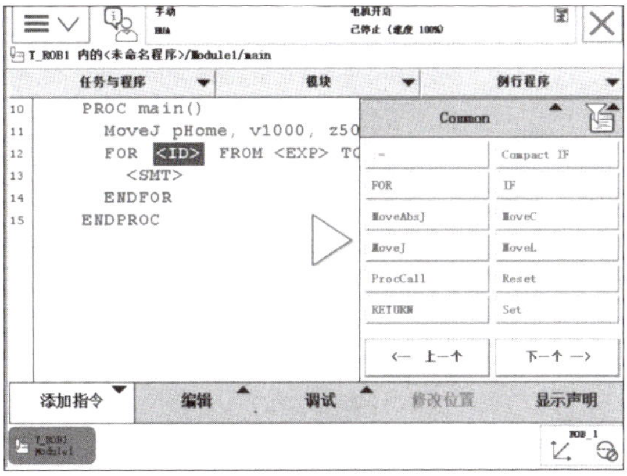

图 19-42　双击“<ID>”

8）使用软键盘输入字母“a”，然后连续单击“确定”，如图 19-43 所示。

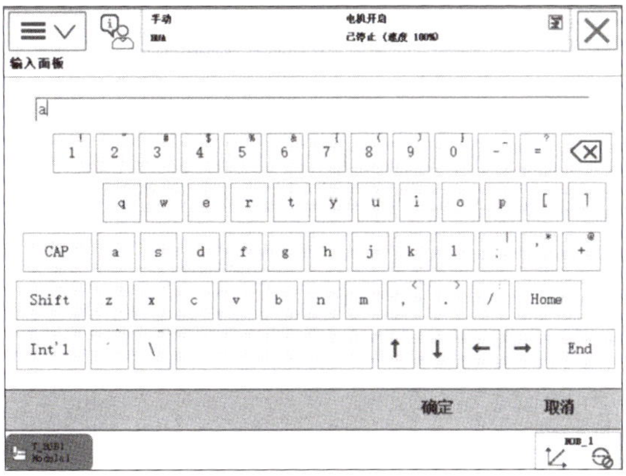

图 19-43　输入字母“a”

9）双击“<EXP>”，如图 19-44 所示。

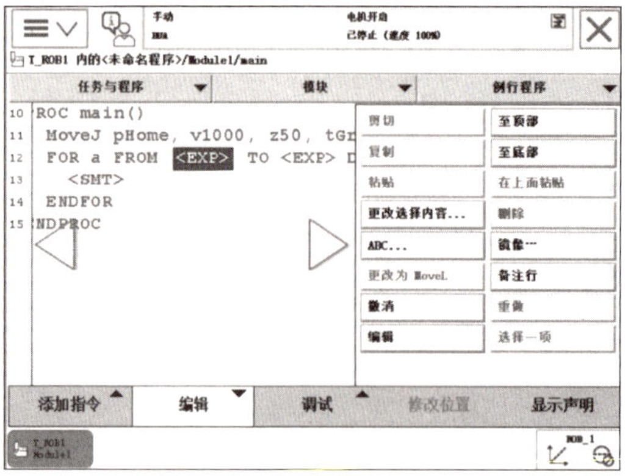

图 19-44　双击“<EXP>”

10）在“编辑”菜单中单击“仅限选定内容”，如图 19-45 所示。

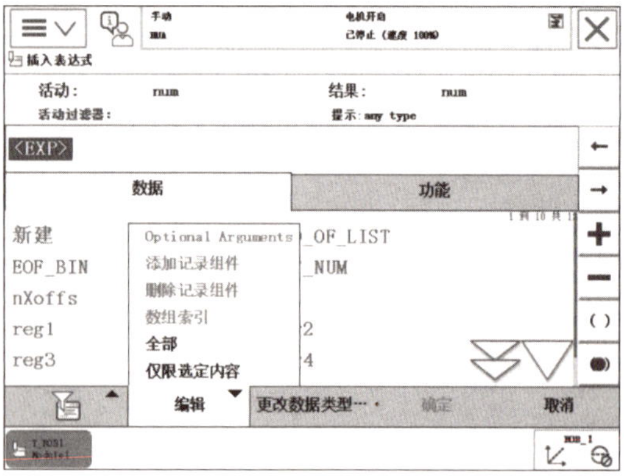

图 19-45　单击“仅限选定内容”

11）使用软键盘输入数字“0”，然后单击“确定”，如图 19-46 所示。

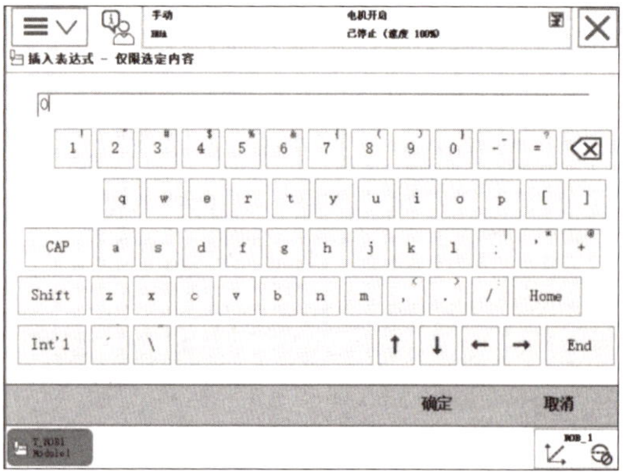

图 19-46　输入数字“0”

12）按照步骤 9~ 步骤 11 的操作，把另一个“<EXP>”设置为“2”，如图 19-47 所示。

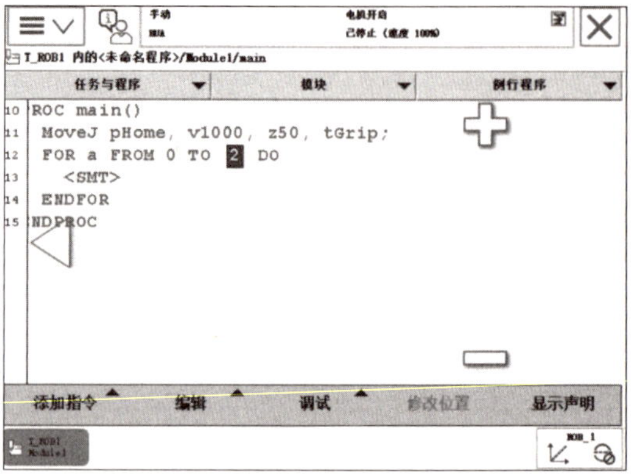

图 19-47　把另一个“<EXP>”设置为“2”

13）选中“<SMT>”，在“添加指令”菜单中单击“:=”，如图 19-48 所示。

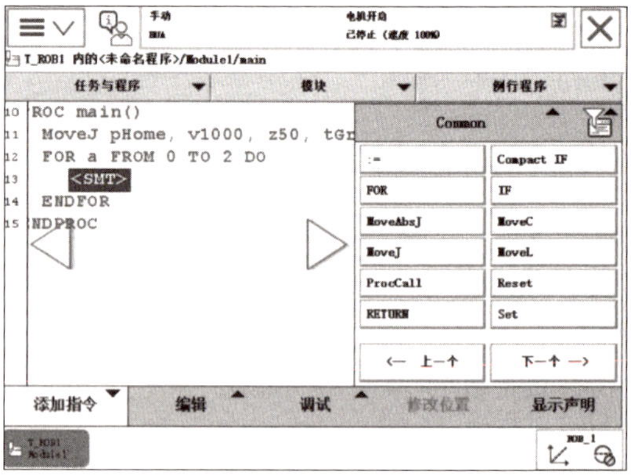

图 19-48　选中“<SMT>”

14）单击“更改数据类型”，如图 19-49 所示。

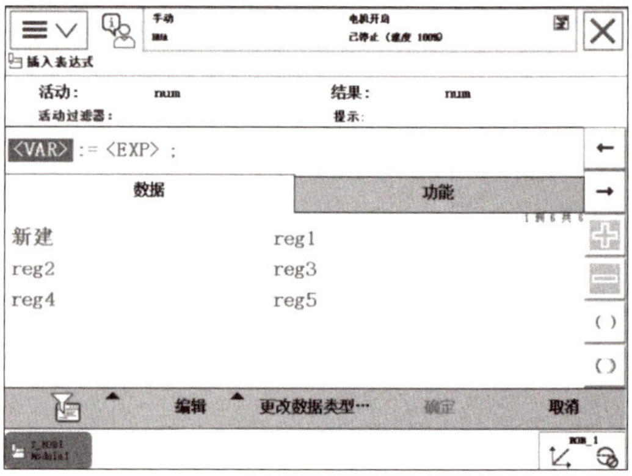

图 19-49　单击“更改数据类型”

15）单击“视图”，选择“已用数据类型”，如图 19-50 所示。

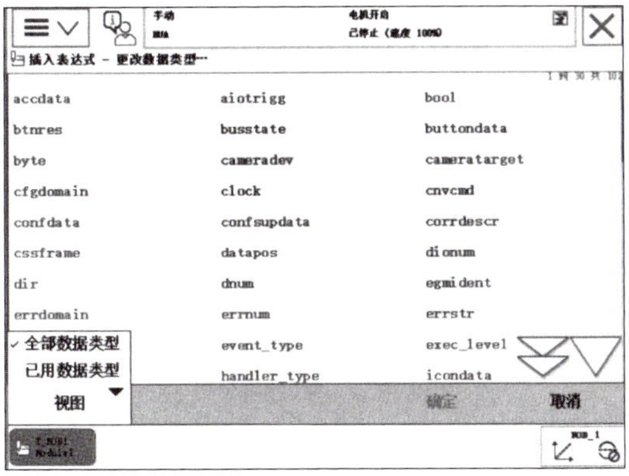

图 19-50　选择“已用数据类型”

16）选中“robtarget”，单击“确定”，如图 19-51 所示。

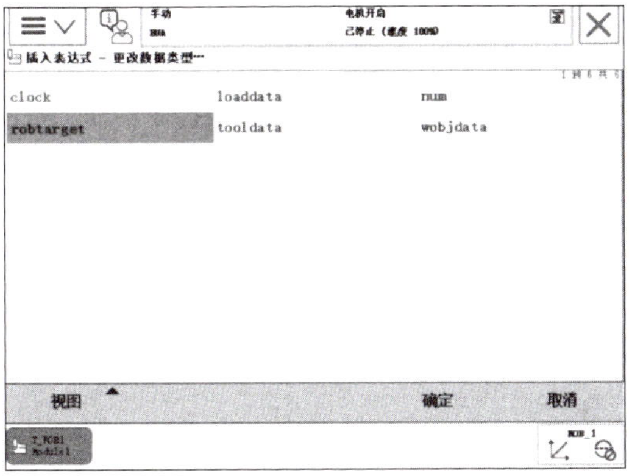

图 19-51　选中“robtarget”

17）单击“pPick”，如图 19-52 所示。

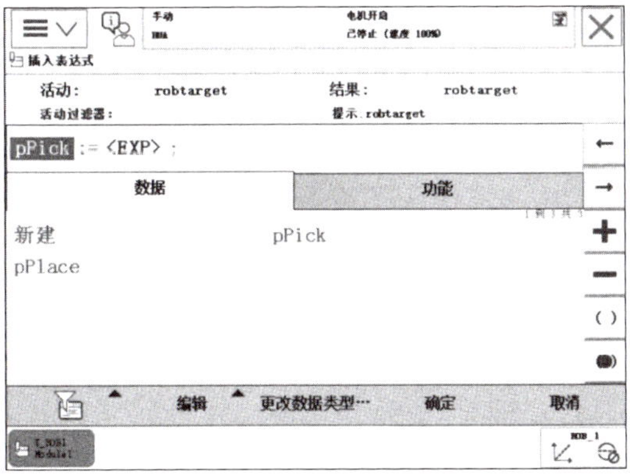

图 19-52　单击“pPick”

18）选中“<EXP>”，单击“功能”，再单击“Offs”，如图 19-53 所示。

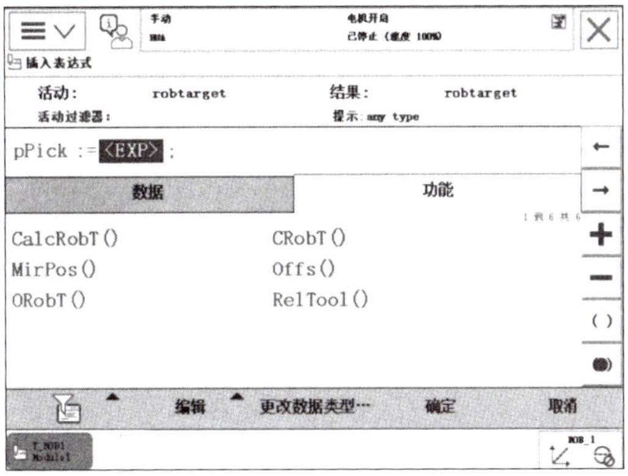

图 19-53　选中“<EXP>”后单击“功能”

19）第一个参数设置为“pPickBase”，然后选中第二个参数，单击“a”，如图 19-54 和图 19-55 所示。

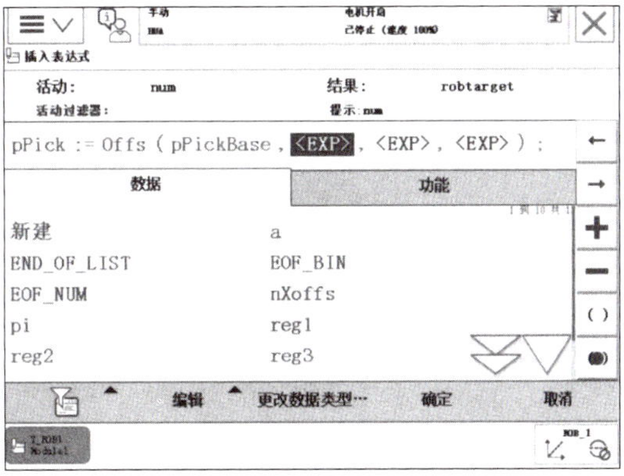

图 19-54　选中第二个参数

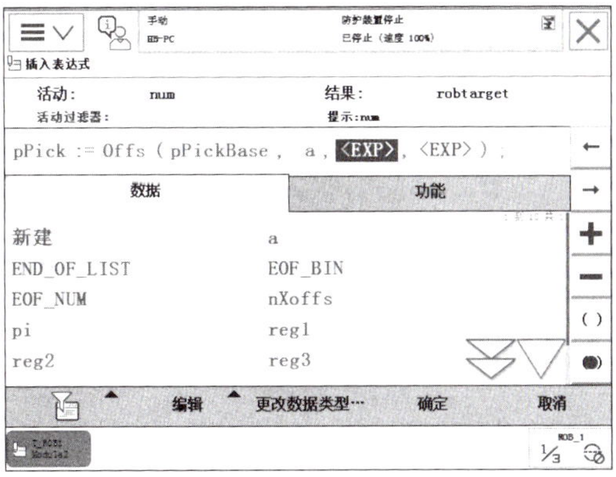

图 19-55　将第二个参数设置为“a”

20）单击第二个参数“a”，再单击右边紫色的“+”，如图 19-56 所示。

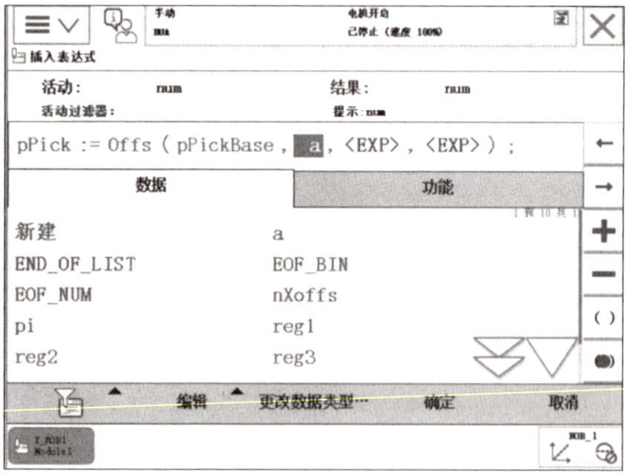

图 19-56　单击“a”

21）单击“*”，如图 19-57 所示。

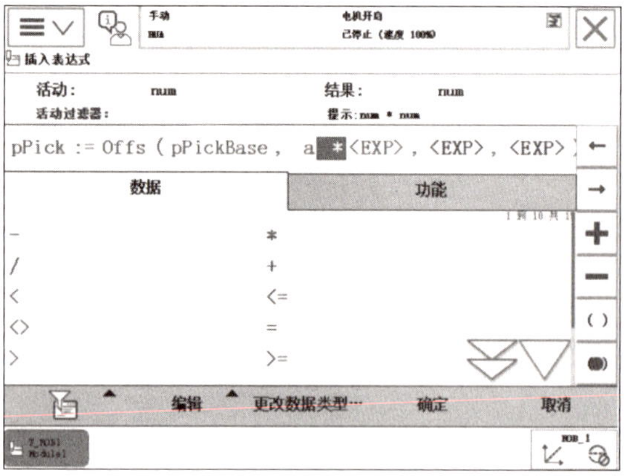

图 19-57　单击“*”

22）单击“nXoffs”，如图 19-58 所示。

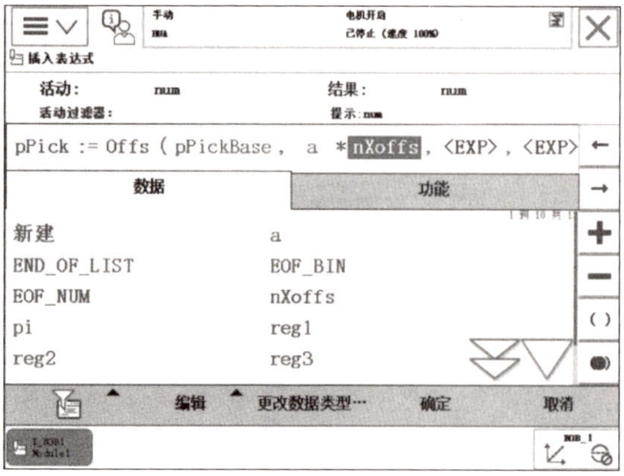

图 19-58　单击“nXoffs”

23）依次在“编辑”菜单中单击“仅限选定内容”，使用软键盘输入数字“0”，然后单击“确定”，把后面两个参数都设置为“0”，如图 19-59 所示。

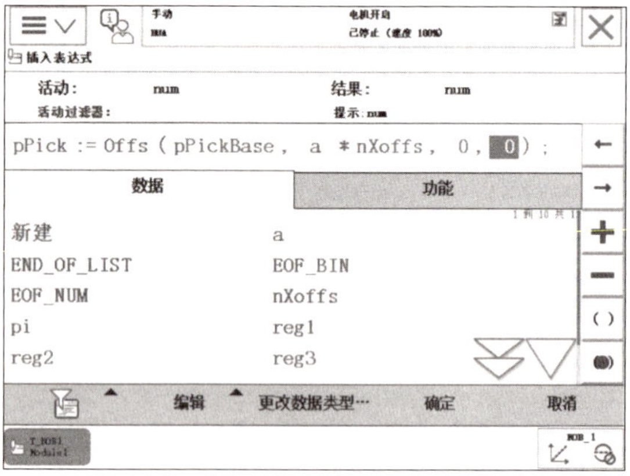

图 19-59　把后面两个参数都设置为“0”

24）单击“确定”，指令添加完成后如图 19-60 所示。

图 19-60　完成指令添加

25）按照上述步骤 13~ 步骤 24 再添加图 19-61 所示指令。

26）在“添加指令”菜单中单击“ProcCall”（调用例行程序指令），如图 19-62 所示。

27）选中取件例行程序“rPick”，然后单击“确定”，如图 19-63 所示。

28）按照上述操作，再调用放件例行程序“rPlace”，如图 19-64 所示。

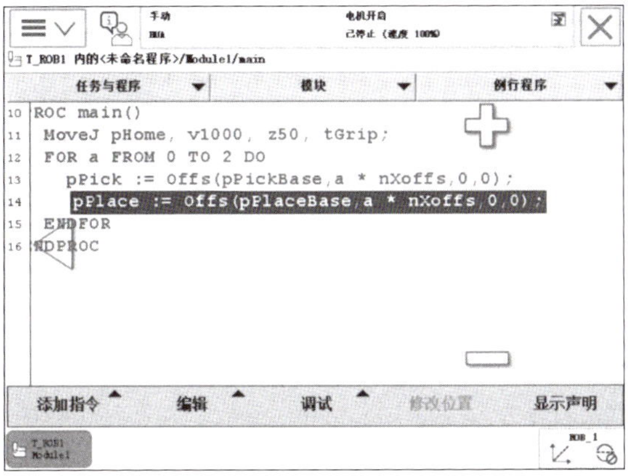

图 19-61　再次添加指令

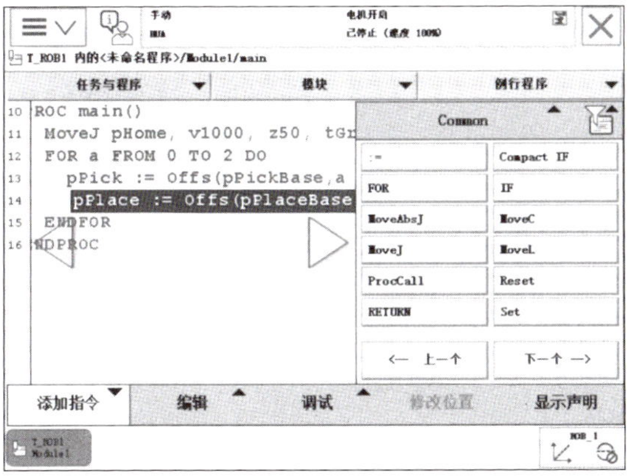

图 19-62　单击“ProcCall”

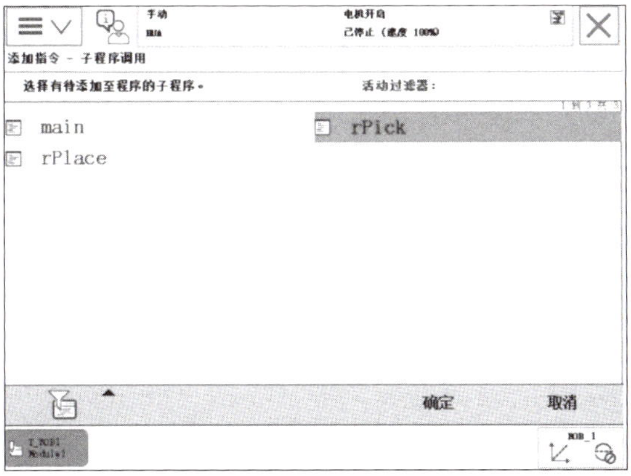

图 19-63　选中“rPick”

29）选中程序中第一条运动指令，在“编辑”菜单中选择“复制”，如图 19-65 所示。

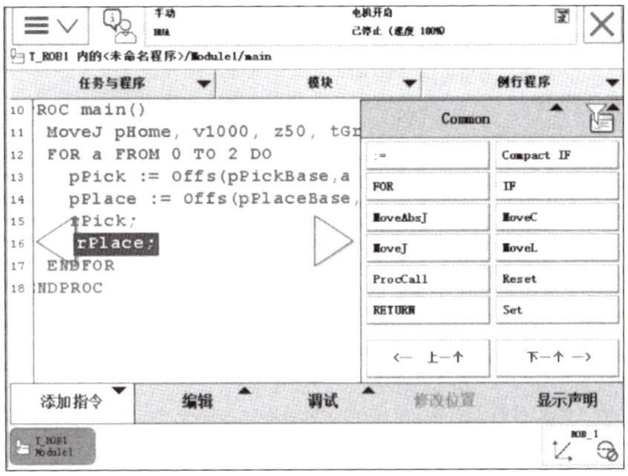

图 19-64　调用“rPlace”

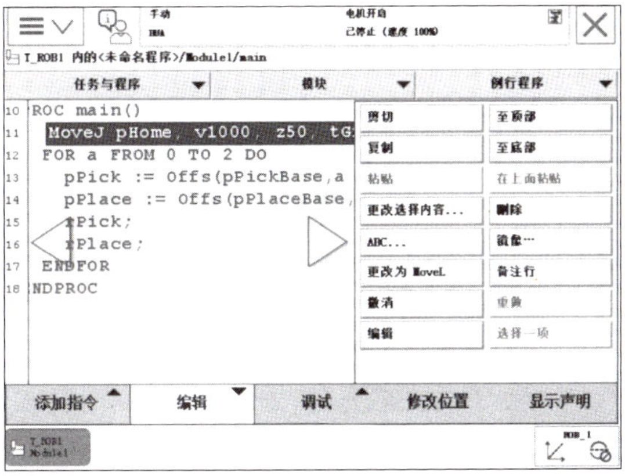

图 19-65　复制指令

30）选中整个 FOR 指令，再在“编辑”菜单中选择“粘贴”，把刚才复制的指令粘贴在 FOR 指令下方，如图 19-66 所示。

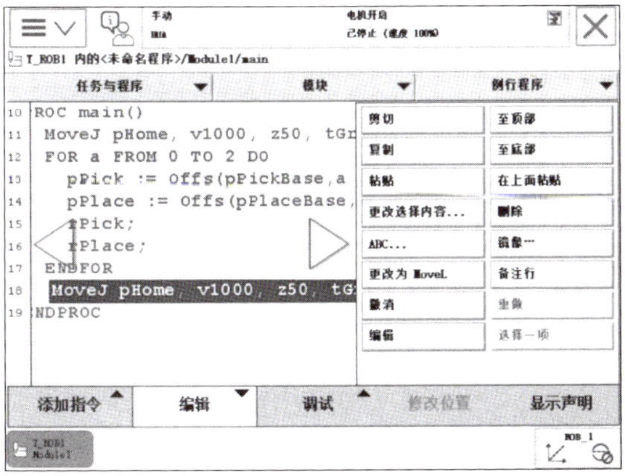

图 19-66　粘贴指令

至此，程序编辑完成。

7. 程序代码说明

MODULE Module1

CONST robtarget pHome：=[[400，0，520]，[5.48258E-08，7.83677E-09，1，-9.74705E-09]，[-1，0，-1，0]，[9E+09，9E+09，9E+09，9E+09，9E+09，9E+09]]；

！定义机器人工作原点 pHome；

CONST robtarget pPickBase：=[[250，-150，420]，[2.87011E-8，2.53999E-8，1，2.27611E-8]，[-1，0，-1，0]，[9E+9，9E+9，9E+9，9E+9，9E+9，9E+9]]；

！定义机器人吸取工件基准点 pPickBase；

CONST robtarget pPlaceBase：=[[250，150，420]，[1.55742E-07，5.33869E-08，1，3.5084E-08]，[0，-1，0，0]，[9E+09，9E+09，9E+09，9E+09，9E+09，9E+09]]；

！定义机器人放置工件基准点 pPlaceBase；

PERS robtarget pPlace：=[[550，150，420]，[1.55742E-7，5.33869E-8，1，3.5084E-8]，[0，-1，0，0]，[9E+9，9E+9，9E+9，9E+9，9E+9，9E+9]]；

！定义机器人放置工件位置，在程序中通过赋值指令以 pPlaceBase 为基准点进行偏移赋值；

PERS robtarget pPick：=[[550，-150，420]，[2.87011E-8，2.53999E-8，1，2.27611E-8]，[-1，0，-1，0]，[9E+9，9E+9，9E+9，9E+9，9E+9，9E+9]]；

！定义机器人吸取工件位置，在程序中通过赋值指令以 pPickBase 为基准点进行偏移赋值；

TASK PERS loaddata loadFull：=[0.5,[0，0，10]，[1，0，0，0]，0，0，0]；

！定义机器人吸取物料时对应的载荷数据；

CONST num nXoffs：=150；

！定义工件之间的间隔距离为 150mm；

TASK PERS tooldata tGrip：=[TRUE，[[0，0，100]，[1，0，0，0]]，[1，[0，0，40]，[1，0，0，0]，0，0，0]]；

！定义工具坐标系数据；

PROC main ( )

！声明主程序；

MoveJ pHome，v1000，z50，tGrip；

！机器人运动至工作原点 pHome；

FOR a FROM 0 TO 2 DO

！使用 FOR 循环指令，循环内的指令运行三次，循环标识 a 的值从 0 开始依次增加，即第一次为 0，第二次为 1，第三次为 2；

pPick：=Offs (pPickBase，a*nXoffs，0，0)；

！使用 Offs 偏移功能给吸取工件位置 pPick 赋值，以 pPickBase 为基准点，向工件坐标的 X 方向偏移，偏移值取决于循环标识 a 的值；

pPlace：=Offs (pPlaceBase，a*nXoffs，0，0)；

！使用 Offs 偏移功能给放置工件位置 pPlace 赋值，以 pPlaceBase 为基准点，向工件坐标的 X 方向偏移，偏移值取决于循环标识 a 的值；

rPick；

！调用取件程序；

rPlace；

！调用放件程序；

ENDFOR

！FOR 循环结束语句；

MoveJ pHome，v1000，z50，tGrip；

！机器人回到工作原点 pHome；

ENDPROC

！主程序结束语句；

PROC rPick ( )

！声明取件程序；

MoveJ Offs(pPick, 0, 0, 100), v1000, z50, tGrip;

！机器人 TCP 运动至取件点上方；

MoveL pPick, v100, fine, tGrip;

！机器人 TCP 运动至取件点；

Set do_XiPan;

！置位吸盘工具控制信号，产生真空，吸取工件；

WaitDI di_ZhenKongOK, 1;

！等待真空反馈信号为 1（说明已吸取工件）；

GripLoad loadFull;

！吸取完成后，加载有效载荷数据 loadFull；

MoveL Offs(pPick, 0, 0, 100), v1000, z50, tGrip;

！机器人 TCP 运动至取件点上方；

ENDPROC

！取件程序结束；

PROC rPlace()

！声明放件程序；

MoveJ Offs(pPlace, 0, 0, 100), v1000, z50, tGrip;

！机器人 TCP 运动至放件点上方；

MoveL pPlace, v100, fine, tGrip;

！机器人 TCP 运动至放件点；

Reset do_XiPan;

！复位吸盘工具控制信号，关闭真空，放下工件；

WaitDI di_ZhenKongOK, 0;

！等待真空反馈信号为 0（说明已放下工件）；

GripLoad load0;

！放置完成后，加载有效载荷数据 load0；

MoveL Offs(pPlace, 0, 0, 100), v1000, z50, tGrip;

！机器人 TCP 运动至放件点上方；

ENDPROC

！放件程序结束；

ENDMODULE

8. 程序调试

完成程序的编辑以后，接下来的工作就是对这个程序进行调试。调试的目的有以下两个：一是检查程序的位置点是否正确，二是检查程序的逻辑控制是否有不完善的地方。程序调试步骤如下：

1）单击“调试”，单击“PP 移至 Main”；之后单击电动机上电按钮，再依次单击单步向前按钮，如图 19-67 所示。逐步运行程序，观察机器人的运动是否满足要求。

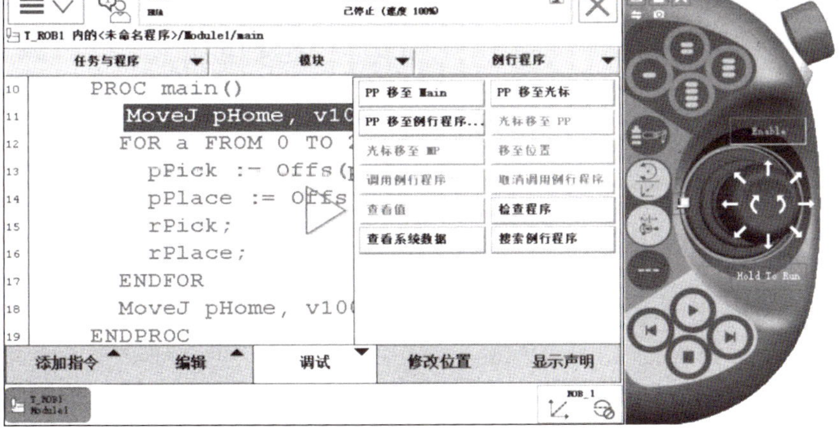

图 19-67 单击“调试”

2）若手动运行程序没问题，接下来切换至自动模式来运行程序。若是在真实工作站中，需要在控制柜面板上通过钥匙将机器人切换至左侧的自动模式；若是在虚拟工作站中，则在虚拟示教器操纵杆旁的按钮弹出窗口中，用鼠标单击左侧的自动模式，如图 19-68 所示。之后在弹出的提示框中单击“确定”。

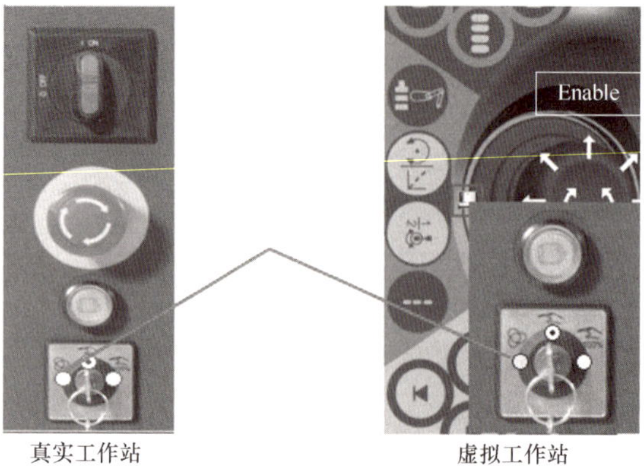

图 19-68　切换至自动模式

3）示教器屏幕会自动切换至自动生产窗口，单击“PP 移至 Main”，然后在弹出的提示框中单击“是”，从主程序开始运行，如图 19-69 所示。

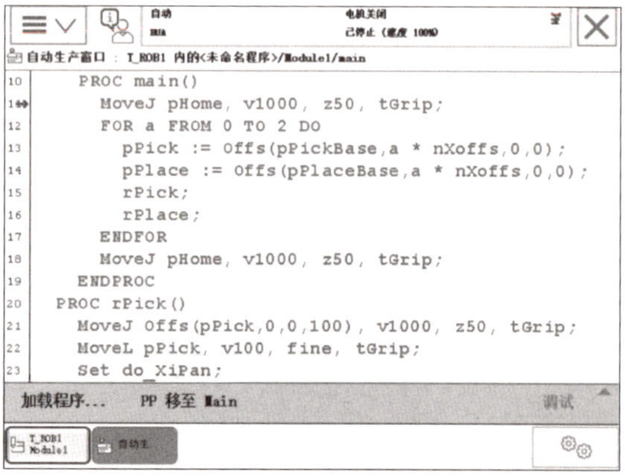

图 19-69　单击“PP 移至 Main”

4）之后控制电动机上电，若是在真实工作站中，需要单击一下控制器面板上面的白色电动机上电按钮；若是在虚拟工作站中，需要单击虚拟示教器操纵杆旁按钮弹出窗口中的白色上电按钮，如图 19-70 所示。

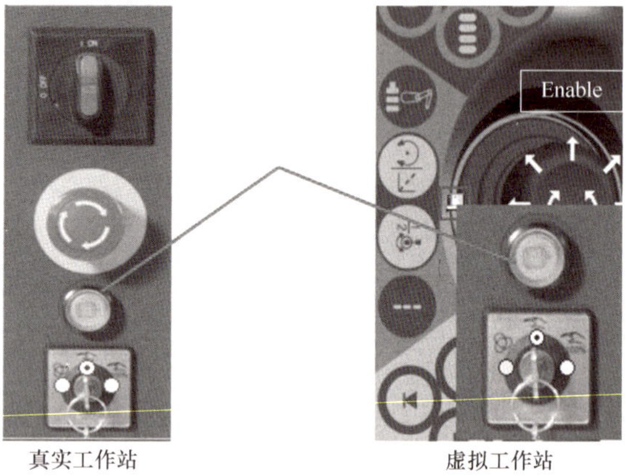

图 19-70　电动机上电

5）首次自动运行，建议先将程序运行速度降低，运行没问题后再恢复至 100% 速度运行；单击触摸屏右下角快捷键，在弹出的窗口中单击第 5 个图标，然后修改运行速度百分比，例如修改为 25%，如图 19-71 所示。之后启动程序，观察机器人运动是否满足要求，如果没有问题的话即可将速度修改为 100%，再次启动查看最终运行效果。

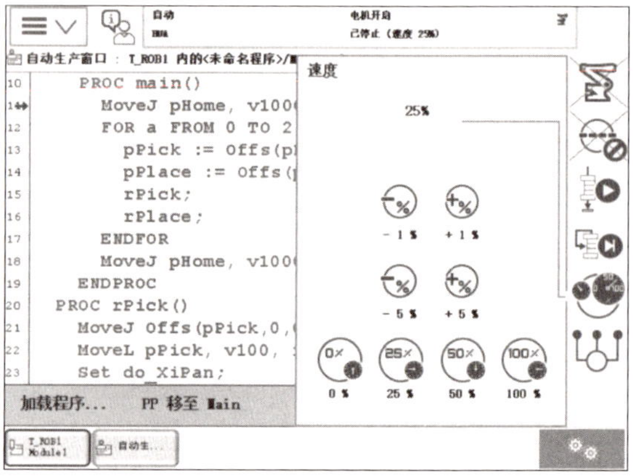

图 19-71　修改运行速度

任务总结

通过完成此次搬运任务，能够让大家进一步掌握机器人编程、调试的步骤，对创建程序数据、建立程序，以及一些常用的指令、功能也更加熟悉。

程序中使用的指令都是常用的基本指令，掌握这些指令的用法是学习机器人编程的必要步骤。FOR 重复执行判断指令是一个常用的逻辑控制指令，在一些需要重复执行的任务当中，使用该指令能够简化编程步骤、优化程序结构。

任务中用到的 Offs 偏移功能是一种在搬运应用中经常用到的功能，掌握该功能函数的使用，可以大量减少程序当中的位置点，从而节省编程时间。

任务评价

任务评价见表 19-2。

表 19-2 任务评价表

评价内容	评价标准	配分	得分
创建有效载荷数据	掌握创建有效载荷数据的步骤，理解工具坐标数据中各个数据的意义	10	
机器人手动操纵	能够快速、准确地示教程序中的目标点位	25	
程序编辑	掌握赋值指令、WaitDI 信号判断指令、FOR 循环指令、Offs 偏移功能的用法	50	
程序调试	掌握手动、自动调试程序的步骤	15	

每课寄语

立志做有理想、敢担当、能吃苦、肯奋斗的新时代好青年。

拓展练习

1. Set 指令是把数字输出信号的值设置为____________。

2. Reset 指令是把数字输出信号的值设置为____________。

3. Offs 偏移功能以选定的目标点为基准，使目标沿着____________的 X、Y、Z 轴方向偏移一定的距离。

4. FOR 重复执行判断指令通过将循环判断标识从____________逐渐更改至____________，从而控制程序循环次数。如果不使用参变量［STEP］，循环标识每次更改值为____________。

任务二十　工业机器人应用岗位与发展前景

任务目标

1. 知识目标

（1）了解工业机器人应用人才市场。

（2）了解工业机器人应用岗位。

（3）了解工业机器人专业人才职业规划。

2. 技能目标

（1）查阅、研读有关工业机器人应用岗位的学习资料。

（2）探索展望工业机器人的发展前景。

3. 素质目标

（1）保持对工业机器人行业发展的关注。

（2）培养工业机器人专业人才职业素质。

任务布置

通过教材知识以及网络拓展搜集资料，完成对工业机器人行业的了解，自己制作一份未来的职业规划。

任务分析

利用对工业机器人应用人才市场的了解、对工业机器人应用岗位的认知，以及对工业机器人专业人才的职业规划，完成自己以后的职业规划。

相关知识

一、工业机器人应用人才市场

一台工业机器人（机械臂）能否投入到生产当中去，以及能发挥多大的作用，取决于生产工艺的复杂性、产品的多样性还有周边设施的配套程度，还需要工程师们通过编程操控机器人来完成特定的任务，而解决这些问题都需要相关的操作维护和集成应用人才。

1. 国内最具人才吸引力的十大机器人产业园

国内目前主要有以下机器人产业园：东莞松山湖国际机器人产业基地、上海机器人产业园、沈阳机器人产业园、安徽芜湖国家级机器人产业集聚区、深圳南山机器人产业园、昆山高新区机器人产业园、常州机器人产业园、青岛机器人产业园、湖南工业机器人产业园、重庆两江机器人产业园。

2. 国内工业机器人行业薪资分析

当我们确定以后从事工业机器人应用这一行业，一定很想了解工业机器人应用岗位的薪资待遇如何，下面对这个问题作简单分析。

1）工业机器人工程师薪酬分析如图 20-1 和图 20-2 所示。

可以看到，6K-8K 占比 22.7%，10K-15K 占比 19.3%，这两个区间的人数比例是最多的，当然 20K-30K 占比 12.2% 也不少，这三个区间占比之和已过半。

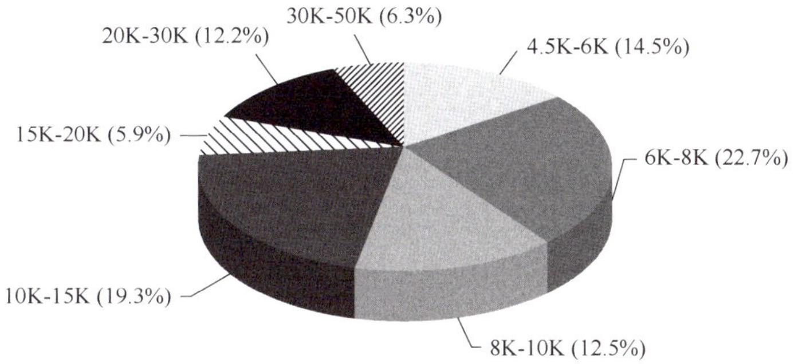

图 20-1　薪酬分析一

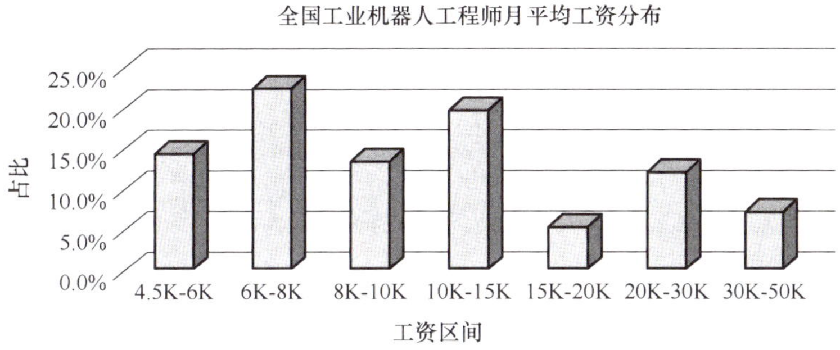

图 20-2　薪酬分析二

2）影响工业机器人工程师薪酬的因素分析：

① 区域差异。如图 20-3 所示，工业机器人工程师在北京地区月均薪酬最高，为 13750 元，其次是深圳，为 12780 元。

广泛来说，一线城市高于二线城市，南方城市高于北方城市，北京、深圳是工资最高的区域。另一个数据无法显示的现象是，越是城市化水平高的地区，工业机器人工程师的就业选择机会就越多。

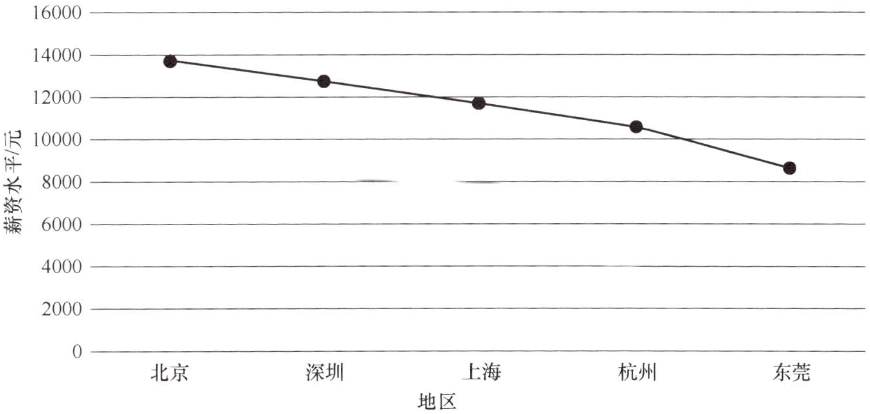

图 20-3　全国工业机器人工程师薪酬区域竞争力分析

② 职位差异。如图 20-4 所示，工业机器人工程师分很多种，如研发、调试、应用、维护，其中以机器人应用工程师月均薪酬最高，为 8720 元；其次是机器人自动化工程师，为 7270 元。一般来讲，做研发和应用的人员起薪会略高于做调试维护的，并且以后上升速度也要快一些。

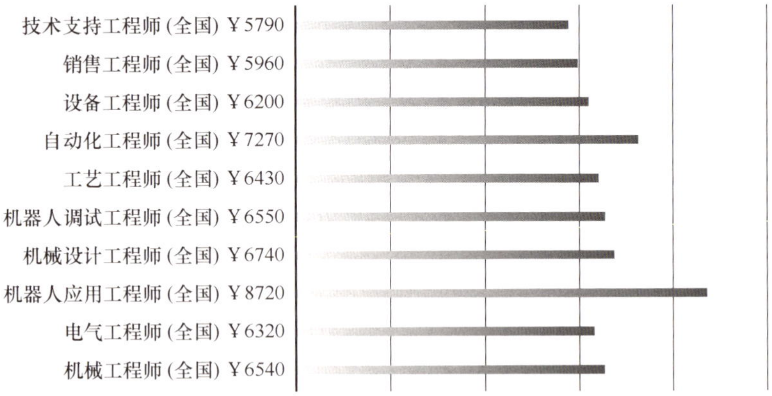

图 20-4　工业机器人工程师职位差异分析

③ 个人差异。如图 20-5 所示，工业机器人工程师岗位对经验与学历有一定的要求。其实，表面上是经验与学历的差异，实际却是个人能力的差异。刚毕业就拿五位数收入的工程师比比皆是，工作两三年还是五六千的也大有人在。个人能力在最初几年的差距体现不出很多，越是随着时间的推移，人与人之间的差距越是明显。

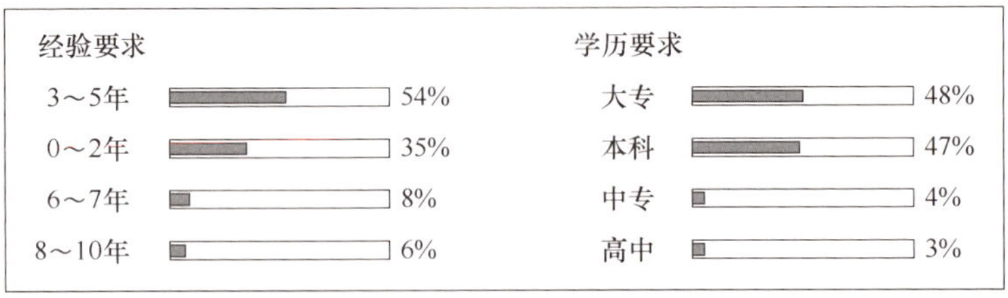

图 20-5　工业机器人工程师经验与学历要求分析

二、工业机器人应用岗位

工业机器人专业属于装备制造大类（代码 46）、自动化类（代码 03）下设专业。本专业实行 1+X 职业技能等级证书制度，除毕业证书外，本专业学生至少还应拥有以下证书中的一种：工业机器人系统集成应用（初、中级）、工业机器人应用编程（初、中级）、工业机器人系统操作员（中级、高级）、工业机器人系统运维员（中级、高级）。

1. 工业机器人自动化控制岗位

1）岗位要求：熟悉工业机器人机械自动化和电气自动化流程，掌握电气设计软件、电气控制技术、PLC 编程技术，以及变频控制、伺服控制、触摸屏工控等技能。

2）就业去向：工业机器人应用企业。

2. 工业机器人工作站应用岗位

1）岗位要求：熟悉工业机器人应用方案设计，掌握 3D 设计软件、机械结构设计、电气控制技术，以及工业机器人操作及工作站生产工艺和设备常规维护等技能。

2）就业去向：自动化设备制造企业、工业机器人集成企业、工业机器人应用企业。

3. 工业机器人生产线设计岗位

1）岗位要求：熟悉自动化生产线规划布置、设计，掌握工业机器人三维制图和仿真设计、机械结构设计、电气控制技术等技能，精通主要品牌各型号工业机器人的系统结构、性能参数。

2）就业去向：工业机器人集成企业、工业机器人应用企业。

4. 工业机器人操控与编程岗位

1）岗位要求：熟悉国内外主要品牌工业机器人的编程指令和调试方法，掌握工业机器人现场示教编程和操控调试等技能。

2）就业去向：工业机器人制造企业、工业机器人应用企业。

5. 工业机器人安装与调试岗位

1）岗位要求：熟悉主要品牌型号的工业机器人系统，掌握工业机器人本体装配、工作站安装调试，工业机器人各种应用工艺流程，工业机器人操作编程调试等技能。

2）就业去向：工业机器人制造企业、工业机器人应用企业。

6. 工业机器人销售技术支持岗位

1）岗位要求：熟悉主要品牌工业机器人的各项技术参数、工业机器人典型应用的基本功能，掌握工业机器人应用推广及设备保养维修，以及营销技巧和客服沟通等技能。

2）就业去向：工业机器人集成企业、工业机器人制造企业。

7. 工业机器人操作维护岗位

1）岗位要求：熟悉工业机器人自动化生产线的工艺流程，掌握工业机器人操作与周边设备的性能，以及工业机器人及周边设备的检测、维护和维修等技能。

2）就业去向：工业机器人应用企业。

8. 工业机器人运行管理岗位

1）岗位要求：熟悉工业机器人自动化生产线的工艺流程，掌握工业机器人生产线工艺操作、常规保养及产品生产现场管理等技能。

2）就业去向：工业机器人应用企业。

三、工业机器人专业人才职业素养

职业素质是指从业者在一定生理和心理条件基础上，通过教育培训、职业实践、自我修炼等途径形成和发展起来的，在职业活动中起决定性作用的、内在的、相对稳定的基本品质。职业素质是后天学习、实践、培训得来的，其重要性表现在：它是决定职场成败的重要因素，是职场制胜、事业成功的第一法宝；它可以改变人生；它是人才选用的第一标准。

工业机器人专业人才的职业素质培养主要包含两个方面：

（1）应具备的社会能力

① 遵守社会公德、职业道德和法律法规。

② 自我定位，爱岗敬业，踏实工作。

③ 通过语言和书面文字与他人进行良好沟通和交流。

④ 规划整理工作和生活环境，有良好的节能和环保意识。

⑤ 配合团队工作，和团队成员进行良好协作。

⑥ 自我调节，正确面对工作和生活中的成绩和挫折，及时总结和反思，不断提高。

（2）工业机器人专业人才应具备的方法能力

① 具有对新知识、新技术的学习能力，通过不同途径获取信息的能力，以及对工作结果进行评估的方法能力。

② 具有决策、迁移能力，能记录、收集、处理、保存各类专业技术信息资料的方法能力。

③ 具有及时发现问题、正确处理工作中出现的各种问题，并提出实际解决方案的方法能力。

④ 具有自主确定和调整学习、工作计划，不断总结，提升质量，以满足岗位需求的能力。

⑤ 具有创新意识和创新能力，能根据企业的发展及需求改造和革新原有设备的能力。

四、工业机器人专业职业规划书写大纲

1. 自我认知

（1）自我评价　自己对自己的评价，包括兴趣、能力、价值观、性格、经历、获奖情况。

（2）他人评价　父母、朋友、同学、领导、老师等人的全面评价。

（3）职业测评　职业兴趣、职业价值观、职业能力等。

（4）个人小结　从优势、劣势等方面归纳。

2. 职业环境认知

1）社会环境。

2）行业环境（要求比较详细）。

3）地区环境。

4）学校环境（侧重于专业力量）。

5）家庭环境。

3. 职业目标确立

（1）SWOT 分析　其中，S 代表 Strength（优势），W 代表 Weakness（弱势），O 代表 Opportunity（机会），T 代表 Threat（威胁），S、W 是内部因素，O、T 是外部因素。优劣势分析主要着眼于自身的实力及其与竞争对手的比较，而机会和威胁分析将注意力放在外部环境的变化及对自身的可能影响上。在分析时，应把所有的内部因素集中在一起，然后用外部的力量来对这些因素进行评估。

（2）确立职业目标　结合个人情况和环境因素，根据人职匹配的思想，确立自己的职业目标，比如职业目标是工业机器人研发部经理（要求具体点）。

（3）目标职业所需具备的素质　目标职业所需具备的素质包含政治素质、思想素质、道德素质、业务素质、审美素质、劳技素质、身体素质、心理素质等。例如：是否有勇气积极主动承担责任，有持续的学习欲望和良好的学习习惯，有永不言败、坚忍不拔的意志，有良好的组织和协调能力，善于处理好人际关系，拥有良好的品质等。

4. 职业发展路径

1）弥补差距的行动方案。

2）大学阶段（要求比较详细）。

3）职业发展初期。

4）职业发展中期。

5）职业发展后期。

6）调整评估。如多久评估一次，评估内容是什么，评估方法是什么。

7）备选方案。如果条件不允许，以上的发展路径不能够实现，那么采取的第二套方案是什么。

五、工业机器人专业职业规划书写要求

（1）职业规划设计的完整性　内容要求真实、完整，分析透彻，主要包括自我认知、职业认知、职业目标、实施路径、评估调整、职业道德等方面。

（2）职业规划设计的科学性　要基本体现人职匹配的思路，目标确定和路径设计要符合自身和外部环境实际，不主观臆想，科学合理。

（3）职业规划设计的可操作性　要求思维缜密、目标明确，分析有深度，可操作性强，要有一定的分阶段目标，尤其是近期目标规划（大学至毕业后三至五年），分析要具有说服力。

（4）职业规划设计的逻辑性　要求逻辑清晰、组织合理，准确把握职业规划设计的核心

和关键。

任务总结

要做好自己的工业机器人专业职业规划，首先需要准确分析好自己的性格、自己要掌握的工业机器人相关专业知识和技能，确认自己和岗位相吻合的条件，以及不足之处，然后通过学习来提高自己这方面的知识和技能，让自己在工作中立于不败之地。其次需要确认好自己的发展目标，也就是说认准了自己的发展目标，要围绕这个发展目标，让自己更快地接近或实现目标。

任务评价

任务评价见表20-1。

表20-1 任务评价表

评价内容	评价标准	配分	得分
工业机器人应用人才市场	了解工业机器人应用人才市场	20	
工业机器人应用岗位	了解工业机器人应用岗位	30	
工业机器人专业人才职业规划	1）了解工业机器人专业人才职业规划的制作 2）制作自己的职业规划	50	

每课寄语

一技在手，终身受益。精湛的技能，一样可以让人生精彩纷呈。

拓展练习

一、选择题

1. 国内最具吸引力和增长潜力的十家机器人产业园是根据（　　）因素梳理出来的。

①企业入住率　②地域优势　③园区企业竞争力　④园区产值

A. ①②③④　　B. ①②③
C. ②③④　　D. ①②④

2. 影响工业机器人工程师薪酬的主要因素有（　　）。

①区域差异　②职位差异　③学历差异　④个人差异

A. ①②③④　　B. ①②③
C. ②③④　　D. ①②④

3. 自己对自己的评价应包括（　　）。

①兴趣和能力　②价值观　③性格和经历　④获奖情况

A. ①②③④　　B. ①②③
C. ②③④　　D. ①②④

二、判断题

1. 目前中国工业机器人的销量占到全球总销量的约1/2。（　　）

2. 工业机器人应用技术人才就业去向有工业机器人制造企业、集成企业、应用企业。（　　）

3. 职业素质是后天学习、实践、培训得来的。（　　）

参考文献

[1] 姚屏. 工业机器人技术基础 [M]. 北京：机械工业出版社，2020.

[2] 张明文. 工业机器人技术基础及应用 [M]. 哈尔滨：哈尔滨工业大学出版社，2017.

[3] 李瑞峰. 工业机器人设计与应用 [M]. 哈尔滨：哈尔滨工业大学出版社，2017.

[4] 董春利. 机器人应用技术 [M]. 北京：机械工业出版社，2015.

[5] 兰虎. 工业机器人技术及应用 [M]. 北京：机械工业出版社，2014.